表　ラプラス変換表(その2)

| | $f(t)$ | $F(s)$ | |
|---|---|---|---|
| 21 | $e^{-\alpha t}\cosh\beta t$ | $\dfrac{s+\alpha}{(s+\alpha)^2-\beta^2}$ | |
| 22 | $\dfrac{1}{\alpha\beta}+\dfrac{\beta e^{-\alpha t}-\alpha e^{-\beta t}}{\alpha\beta(\alpha-\beta)}$ | $\dfrac{1}{s(s+\alpha)(s+\beta)}$ | |
| 23 | $\dfrac{a}{\alpha\beta}+\dfrac{a-\alpha}{\alpha(\alpha-\beta)}e^{-\alpha t}-\dfrac{a-\beta}{\beta(\alpha-\beta)}e^{-\beta t}$ | $\dfrac{s+a}{s(s+\alpha)(s+\beta)}$ | |
| 24 | $\dfrac{e^{-\alpha t}}{(\beta-\alpha)(\gamma-\alpha)}+\dfrac{e^{-\beta t}}{(\alpha-\beta)(\gamma-\beta)}+\dfrac{e^{-\gamma t}}{(\alpha-\gamma)(\beta-\gamma)}$ | $\dfrac{1}{(s+\alpha)(s+\beta)(s+\gamma)}$ | |
| 25 | $\dfrac{(a-\alpha)e^{-\alpha t}}{(\beta-\alpha)(\gamma-\alpha)}+\dfrac{(a-\beta)e^{-\beta t}}{(\alpha-\beta)(\gamma-\beta)}+\dfrac{(a-\gamma)e^{-\gamma t}}{(\alpha-\gamma)(\beta-\gamma)}$ | $\dfrac{s+a}{(s+\alpha)(s+\beta)(s+\gamma)}$ | |
| 26 | $\dfrac{1}{\alpha^2}(1-\cos\alpha t)$ | $\dfrac{1}{s(s^2+\alpha^2)}$ | |
| 27 | $\dfrac{a}{\alpha^2}-\dfrac{(a^2+\alpha^2)^{1/2}}{\alpha^2}\cos(\alpha t+\varphi)$ | $\dfrac{s+a}{s(s^2+\alpha^2)}$ | $\varphi\equiv\tan^{-1}\dfrac{\alpha}{a}$ |
| 28 | $\dfrac{t}{\alpha}-\dfrac{1}{\alpha^2}(1-e^{-\alpha t})$ | $\dfrac{1}{s^2(s+\alpha)}$ | |
| 29 | $\dfrac{a-\alpha}{\alpha^2}e^{-\alpha t}+\dfrac{a}{\alpha}t-\dfrac{\alpha-a}{\alpha^2}$ | $\dfrac{s+a}{s^2(s+\alpha)}$ | |
| 30 | $\dfrac{1-(1+\alpha t)e^{-\alpha t}}{\alpha^2}$ | $\dfrac{1}{s(s+\alpha)^2}$ | |
| 31 | $\dfrac{a}{\alpha^2}\left\{1-\left[1+(1-\dfrac{\alpha}{a})\alpha t\right]e^{-\alpha t}\right\}$ | $\dfrac{s+a}{s(s+\alpha)^2}$ | |
| 32 | $\omega_o{}^2>\alpha^2$<br>$\dfrac{1}{\omega_o{}^2}\left[1-\dfrac{\omega_o}{\omega}e^{-\alpha t}\sin(\omega t+\varphi)\right]$<br>$\omega_o{}^2=\alpha^2$<br>$\dfrac{1}{\omega_o{}^2}\left[1-e^{-\alpha t}(1+\alpha t)\right]$<br>$\omega_o{}^2<\alpha^2$<br>$\dfrac{1}{\omega_o{}^2}\left[1-\dfrac{\omega_o{}^2}{n-m}(\dfrac{e^{-mt}}{m}-\dfrac{e^{-nt}}{n})\right]$ | $\dfrac{1}{s(s^2+2\alpha s+\omega_o{}^2)}$ | $\varphi\equiv\tan^{-1}\dfrac{\omega}{\alpha}$<br>$\omega^2=\omega_o{}^2-\alpha^2$<br>$m$ と $n$ は，$s^2+2\alpha s+\omega_o{}^2$<br>の根 |

JSMEテキストシリーズ

# 制御工学

Control Engineering

日本機械学会

# 序

「JSME テキストシリーズ」は，大学学部学生のための機械工学への入門から必須科目の修得までに焦点を当て，機械工学の標準的内容をもち，かつ技術者認定制度に対応する教科書の発行を目的に企画されました．

日本機械学会が直接編集する直営出版の形での教科書の発行は，1988 年の出版事業部会の規程改正により出版が可能になってからも，機械工学の各分野を横断した体系的なものとしての出版には至りませんでした．これは多数の類書が存在することや，本会発行のものとしては機械工学便覧，機械実用便覧などが機械系学科において教科書・副読本として代用されていることが原因であったと思われます．しかし，社会のグローバル化にともなう技術者認証システムの重要性が指摘され，そのための国際標準への対応，あるいは大学学部生への専門教育への動機付けの必要性など，学部教育を取り巻く環境の急速な変化に対応して各大学における教育内容の改革が実施され，そのための教科書が求められるようになってきました．

そのような背景の下に，本シリーズは以下の事項を考慮して企画されました．

① 日本機械学会として大学における機械工学教育の標準を示すための教科書とする．

② 機械工学教育のための導入部から機械工学における必須科目まで連続的に学べるように配慮し，大学学部学生の基礎学力の向上に資する．

③ 国際標準の技術者教育認定制度〔日本技術者教育認定機構(JABEE)〕，技術者認証制度〔米国の工学基礎能力検定試験(FE)，技術士一次試験など〕への対応を考慮するとともに，技術英語を各テキストに導入する．

さらに，編集・執筆にあたっては，

① 比較的多くの執筆者の合議制による企画・執筆の採用，

② 各分野の総力を結集した，可能な限り良質で低価格の出版，

③ ページの片側への図・表の配置および 2 色刷りの採用による見やすさの向上，

④ アメリカの FE 試験（工学基礎能力検定試験(Fundamentals of Engineering Examination)）問題集を参考に英語による問題を採用，

⑤ 分野別のテキストとともに内容理解を深めるための演習書の出版，

により，上記事項を実現するようにしました．

本出版分科会として特に注意したことは，編集・校正には万全を尽くし，学会ならではの良質の出版物になるように心がけたことです．具体的には，各分野別出版分科会および執筆者グループを全て集団体制とし，複数人による合議・チェックを実施し，さらにその分野における経験豊富な総合校閲者による最終チェックを行っています．

本シリーズの発行は，関係者一同の献身的な努力によって実現されました． 出版を検討いただいた出版

事業部会・編修理事の方々，出版分科会を構成されました委員の方々，分野別の出版の企画・進行および最終版下作成にあたられた分野別出版分科会委員の方々，とりわけ教科書としての性格上短時間で詳細な形式に合わせた原稿の作成までご協力をお願いいただきました執筆者の方々に改めて深甚なる謝意を表します．また，熱心に出版業務を担当された本会出版グループの関係者各位にお礼申し上げます．

本シリーズが機械系学生の基礎学力向上に役立ち，また多くの大学での講義に採用され技術者教育に貢献できれば，関係者一同の喜びとするところであります．

2002 年 6 月

社団法人 日本機械学会
JSME ﾃｷｽﾄｼﾘｰｽﾞ 出版分科会
主 査 宇 高 義 郎

# 演習制御工学　刊行に当たって

本書は，JSME テキストシリーズの一つ「制御工学」の姉妹編です．章立ては「制御工学」と同様にし，各章には「制御工学」のエッセンスを抜き書きし，それに新たな例題を用いて簡便な解説としてまとめました．

例題は全部で 81 題を網羅し，また章末の演習問題は合計 98 問としました．また，例題中の 27 問を，また演習問題中の 46 問を英語の問題としました．これは「制御工学」と同様，学生の皆さんが英語による制御工学の理解を促すためです．

章末の演習問題には，実際的なものと理論的なものが混在しています．学生の皆さんが，特に実際的問題をこなすことによって，具体的イメージを描きながら制御方策を見つけ出すことに親しんでいただければ幸いです．

章末の演習問題は，使いやすさのために 3 つのカテゴリーに分類しました．是非挑戦していただきたい問題は，【問題*.*】と青字で示し，手数のかかると考えられる問題や比較的難問と思われる問題の番号には*をつけました．どちらのカテゴリーにも属さない問題で，余力があればこなしていただきたい問題の番号は黒字のままとしました．巻末につけた演習問題の解法が，より深い理解の助けとなると思います．

2004 年 6 月 23 日
JSME テキスト出版分科会
演習制御工学
主査　喜多村　直

## 制御工学　執筆者・出版分科会委員

| | | | |
|---|---|---|---|
| 執筆者・委員 | 喜多村直 | （九州工業大学） | 第 1 章~第 3 章，第 5 章，第 7 章，索引 |
| 執筆者 | 林英治 | （九州工業大学） | 第 2 章，第 3 章 |
| 執筆者 | 早川義一 | （名古屋大学） | 第 4 章，第 6 章 |
| 執筆者 | 岡田昌史 | （東京大学） | 第 5 章，第 7 章 |
| 執筆者・委員 | 加藤典彦 | （三重大学） | 第 8 章~第 12 章 |
| 執筆者・委員 | 松野文俊 | （東京工業大学） | 第 11 章，第 12 章 |

# 目 次

# 第 1 章

# 制御の基礎概念

## Fundamental Concepts of Control

### 1・1　制御とは何か？ (What is control?)

「機械を制御する」とは，簡単にいえば「ユーザの目的通りに機械を動かすこと」である．このことを学ぶために，図 1.1 の人が台車を押しながら制御する作業の流れを細かく書くと次のようになる．

台車の方向制御：

**台車を押す　→　目で台車の方向を知る　→　手でハンドルを操作する　→　台車を押す　→　以上を繰り返す**

台車の速度制御：

**台車を押す　→　台車が目的の速度に達したか確認する　→　台車を押す　→　以上を繰り返す**

台車の停止時の制御：

**目で停止位置を知る　→　台車にブレーキをかける　→　台車の現在位置を知る　→　台車にブレーキをかける　→　以上を繰り返す**

図 1.1　台車を押す作業

これら 3 つの作業に共通しているのは，台車の現在の状態（位置，速度，方向）を知り，その状態と目的の状態を比べて，必要に応じて手足を使って台車に働きかけることを繰り返すことである．

この一連の作業を抽象的に図 1.2 に図式化した．ここで，**脳の指令→手足の動作→台車の移動→台車の反力や位置 速度を知る→脳の指令**というこの一連の作業は，一巡する作業であることに注目していただきたい．特に台車の位置と速度を手 足 眼 を介して脳に戻す情報の流れをフィードバック(feedback)という．

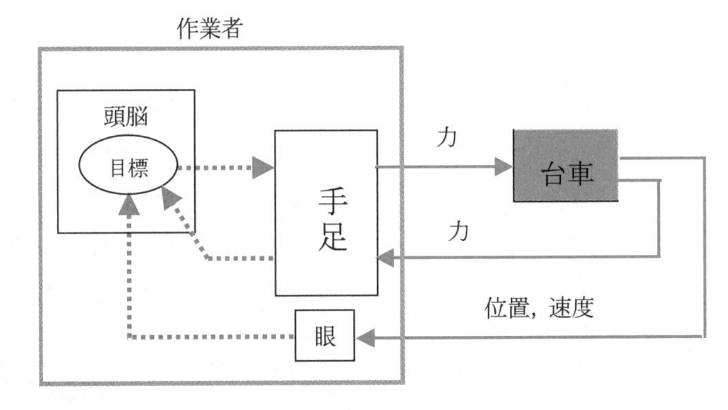


図 1.2　台車移動作業の流れ

図 1.2 の作業者を機械で実現するなら，脳がコンピュータに，手足がアクチュエータに，眼がセンサに対応する．コンピュータは，どのように力を加えたらよいかを計算する制御装置としての役割を果たす．

【例 1.1】そばを電気コンロでゆでていて，沸騰して吹きこぼれたときに，沸騰は持続させて吹きこぼれないようにコンロの火力つまみを調節する一連の過程を上の台車の例にならってできるだけ詳しく記述せよ．

【解 1.1】

沸騰した水面を見る　→　コンロつまみを火力が弱くなる方向にある程度回す　→　**(A)**水面のこぼれ具合を見る　→　以下の**(B)**または**(C)**に行く

**(B)**吹きこぼれているなら，コンロつまみを火力が弱くなる方向にさらにある

程度回す　→　(A)　に戻る

(C)沸騰していないなら，コンロつまみを火力が強くなる方向にある程度回す　→　(A)　に戻る

## 1・2　フィードバック制御 (feedback control)

フィードバックを行って台車の制御を機械で実現した場合の作業の流れを，図 1.3 に示す．これをフィードバック制御(feedback control)，または閉ループ制御(closed-loop control)とよぶ．道の傾斜やくぼみに車輪がとられるなど思わぬ事態（これを外乱=disturbance とよぶ）が起きるので，制御装置が絶えず目標位置を確認しながら，アクチュエータ(actuator)が押したり引いたりする力を自動的に加減できる．

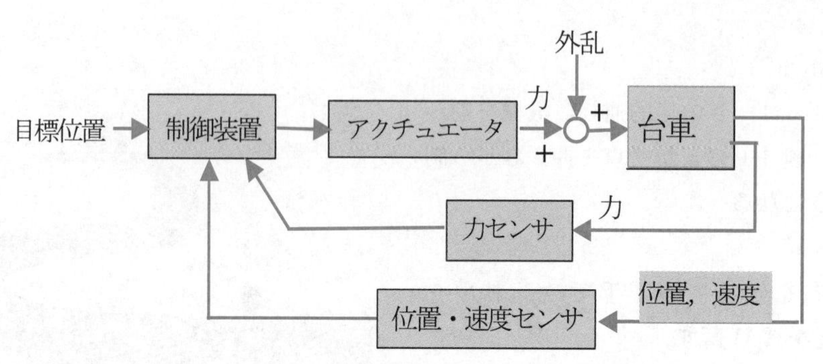


図1.3　台車移動のフィードバック制御

図 1.4　フィードバックの無い台車

図 1.3 でセンサ(sensor)が物体の位置，速度，力を常に測定し，制御装置(controller)は，その測定値と目標としている位置や速度との誤差を割り出し，その誤差をゼロにするにはどのような大きさの力を出せばよいかを算出する．次にアクチュエータは，この算出結果に基づいて実際に力を出して台車を押す（あるいは,ブレーキをかける)．

しかし，もし目標の位置や速度を実現するために必要な力が，正確に前もって得られれば，図 1.4 に示すように，フィードバックなしで力を制御対象に加えればよい．このような制御のしかたをフィードフォワード制御（feedforward control)，あるいは開ループ制御(open-loop control)と呼ぶ．しかし，フィードバック制御の方が，位置や速度の目標からのずれに応じて絶えず制御を加えるので，フィードフォワード制御より外乱に対してはるかに優れている．フィードフォワード制御は通常，フィードバック制御の補助として用いられる．

【例 1.2】Design an feedback control system for Example 1.1 and sketch the operation flow as Fig.1.3.

【解 1.2】The system should have a temperature sensor and a water level detector. It should also have an actuator to drive a current regulating knob of a cooking stove. The operation flow is shown in Fig.1.5.

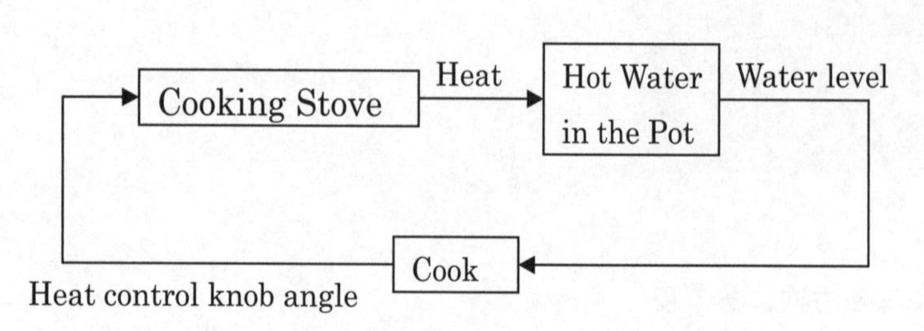


図 1.5 Block Diagram of Automatic Cooking Stove

## 1・3　ブロック線図 (block diagram)

前節の図 1.3，1.4，1.5 は，実はブロック線図(block diagram)と呼ばれ，制御システムを構成している要素の間の機能的 構造的関係を解りやすく示すのに用いられる．図 1.6 に，より一般的なフィードバック制御システムのブロック線図を示す．ブロック(block)と呼ばれる箱の中に要素の機能や名前を入れる．

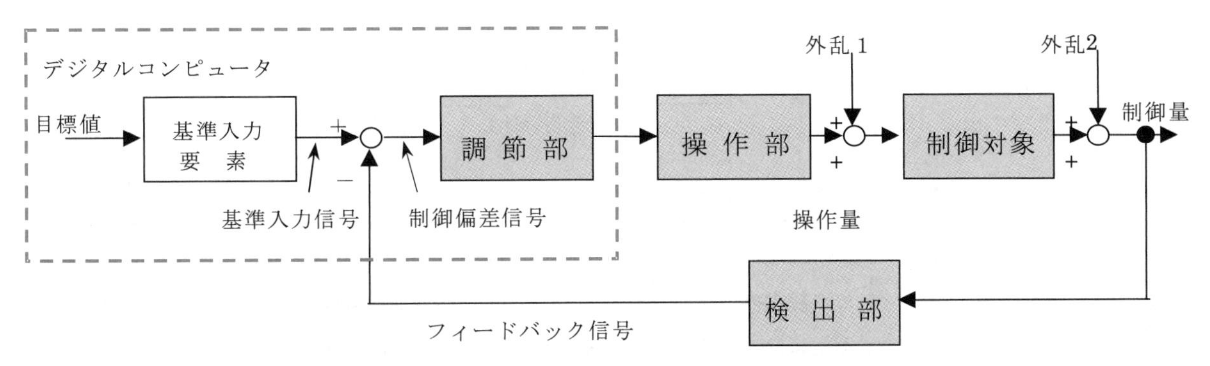


図 1.6　フィードバックシステムのブロック線

各ブロックに入る矢印は入力信号（input），出てゆく矢印は出力信号（output または応答=response）と呼ばれ，しばしば各信号を表す変数が書かれる．入力はその要素が動作する原因を，出力は動作の結果を意味する．入力に対してどれくらいの速さで応答が生じるか，あるいはブロックの中での信号処理にどれくらいの時間を要するかは，ブロック内の要素の物理的性質による．

制御したい量を制御量(controlled variable)と呼ぶ．操作量を計算する要素である制御装置は一般に調節部(controller)と呼ばれる．操作部(manipulator)はアクチュエータである．検出部(sensing unit)は計測装置を意味する．基準入力要素(input signal generator)とは，人間の与える目標値（desired value）を実際のフィードバック制御系の基準入力(referential input あるいは set point)の物理量（例えば電圧）に変換する要素である．調節部で，制御偏差信号（control error，制御誤差信号とも呼ばれる）に基づいて操作量を算出するのはアルゴリズム(algorithm)であり，このアルゴリズムを制御則(control law)と呼ぶ．

図 1.6 の外乱 1 はシステムに対して制御量を目標からずらすように働くので，これに対して制御装置をうまく設計しなければならない．台車の場合は路上の傾斜や風圧である．また外乱 2 は制御量の測定値を乱す雑音(noise)として働く．なお両方の外乱を共に雑音と書くこともある．なお、矢印と矢印が出会う点（例えば，フィードバック信号=feedback signal と制御動作信号=operating signal）を加え合わせ点(summing point)という．

## 1・4　制御システムの例 (examples of control system)

図 1.7 に示すのは水位の制御システムで，簡単なものが水洗便所の水タンクの液面制御に用いられている．水位（出力）が下がると浮きが下がり，管路断面積が増え上からの水の供給量が増える．すると今度は液面が上がるので，水路は小さくなり水の供給が減る．この一連の動作を図 1.8 にブロック線図に示す．

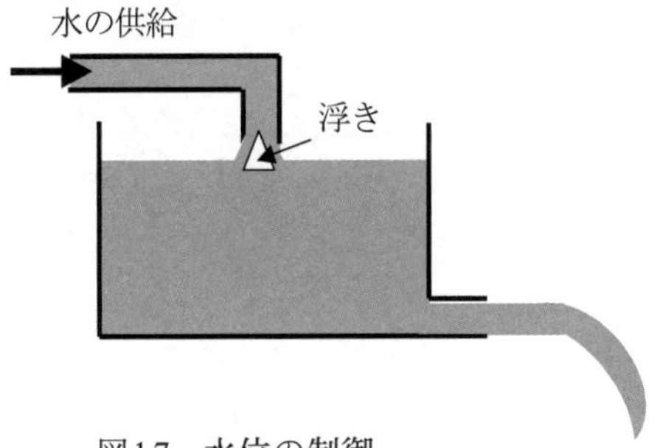


図 1.7　水位の制御

ここで，水位（出力）は浮きの特性に依存するので，下から絶えず流出が続くような場合は，目標水位をユーザがかってに決めることはむずかしい．ただし，下からの流出が止まるような用途（水洗トイレ）では，浮きで水路を完全に閉じる．この場合は，目標水位は垂直部分の管路下端位置で決まる．このシステムでは，制御対象が下部水槽，浮きが制御装置，浮き周囲の流路がアクチュエータということになる．なおブロ

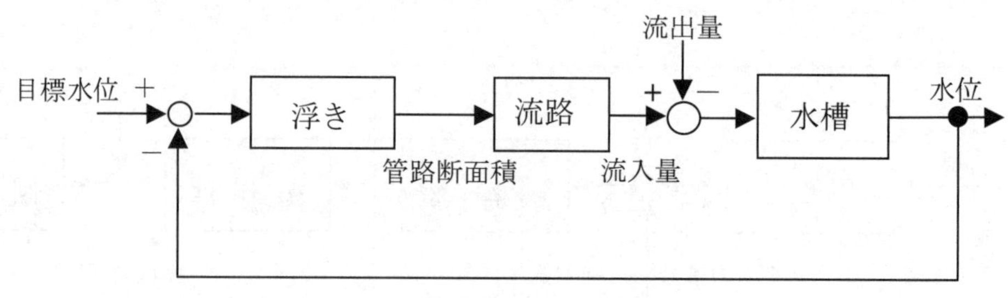


図1.8　水位制御のブロック線図

ック線図内の「流路」ブロックとは，浮き前後の圧力差に相当する一定値を意味する．また，浮きが同時に水位検出センサの役割もする．

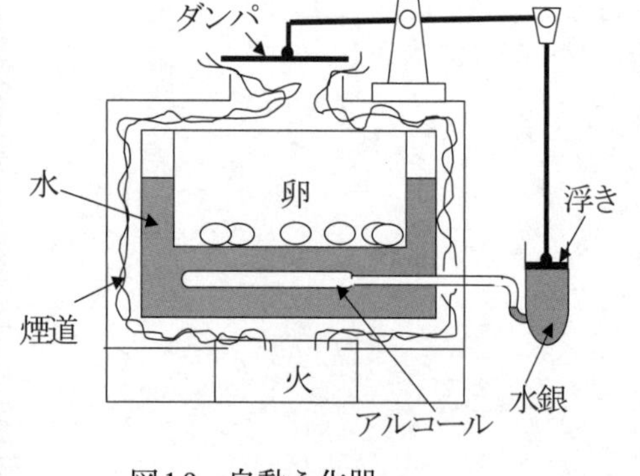


図1.9　自動ふ化器

図 1.9 は 17 世紀初頭に発明された卵の自動ふ化器である．卵を入れた箱を水槽に浮かべ，図のように水槽を下から火で熱し湯せんする．アルコールを入れたガラス容器を温度センサとして用いる．水温が上がるとアルコールが膨張し，そのガラス容器の一端に取り付けられた水銀レベルが上昇する．すると，ダンパが下がり煙突の出口を狭めるため火力が弱まり，今度は水温が下がるという具合である．水温が下がり過ぎると，ダンパが上昇し煙道出口が広がり，火力が上昇する．

【例 1.3】　図 1.9 のメカニズムで，設計者は機構のどの部分で卵の設定温度を決めることができるか考えてみよ．

【解 1.3】　温度の決め手は，卵に流入する単位時間当たりの熱量である，言い換えると，火力である．火力の増減はダンパの面積とダンパの煙道出口からの距離で決まる．ダンパの煙道出口からの距離は，ダンパの重量，浮きの重量，ダンパを支えるテコの支点の横方向位置の３つで決まる．

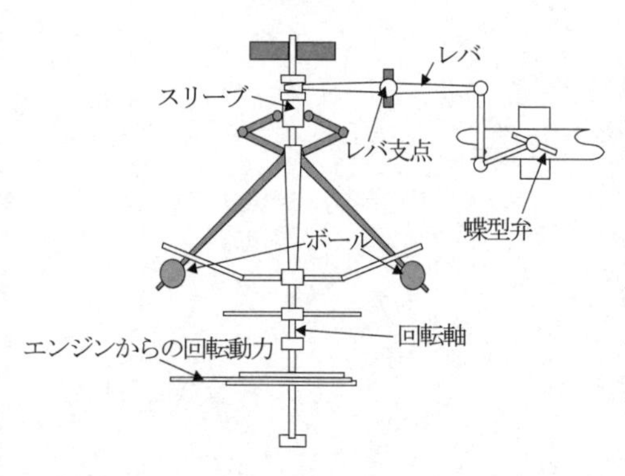


図1.10　遠心調速機

図 1.10 は，ワット(Watt. J)による遠心調速機(fly-ball governor）である．ワットはこの装置を紡績機などに使う水蒸気エンジン(steam engine)の速度制御に用いた．エンジンの回転が滑車を通じて，調速機の回転軸に伝わる．回転速度が上昇すると 2 つのボールの遠心力が増大し，スリーブとレバの機構を通して，水蒸気流路にある蝶型弁が閉じる方向に回転する仕組みである．これによって，エンジンの回転速度を制御する仕組みが可能になる．

> フィードバック制御系の設計目標
> 安定性：制御量が限りなく大きくならないだけでなく，いつまでもふらつくようなことがない
> 精度：　目標値に正確に落ち着く
> 速応性：目標値にすばやく収束する

上記の機械いずれもフィードバックシステムであるが，制御量が目標値の前後を行き来して落ち着かないことが起きる可能性がある．あるいは目標値に正確に落ち着かないかもしれない．仮に落ち着いたとしても，落ち着くまでに時間がかかり過ぎるかもしれない．このことから，右表のように，フィードバック制御システムの大事な設計目標は，安定性(stability)（制御量の動作が目標値の前後で振動しないこと），

精度(accuracy)（正確に目標値に到達させること），速応性(speed of response)（目標値をすばやく達成させること）の三点である．

## 1・5 メカトロニクスの制御 (control of mechatronics)

フィードバック制御システムの中でも，特に機械工学系の学生にとってなじみやすくかつ重要なものは，サーボ機構(servo mechanism)と呼ばれるものである．これはモータを使って位置や速度を制御するフィードバックシステムのことである．サーボ機構をもち，アクチュエータ，センサ，機構からなる制御システムを総称してメカトロニクスシステム(mechatronics system)と呼ぶ．この章の最初に紹介した「台車」はそのよい例である．

他の機械と同様，サーボ機構の制御にはコンピュータが用いられる．それを情報処理の流れとしてみると図1.11のようになる．コンピュータが計算した制御則

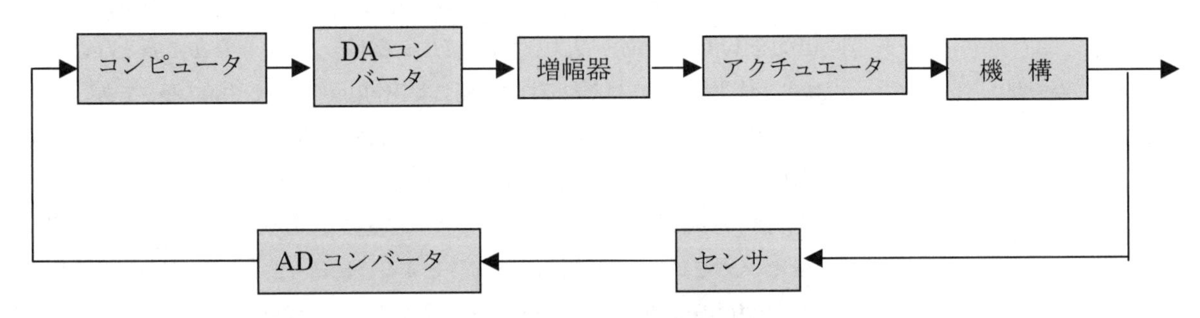


図1.11　メカトロニクスにおける情報処理の流れ

をアクチュエータによって実行させる．このとき，コンピュータ出力はDAコンバータ(digital-to-analog converter)によってディジタル信号(digital signal)からアナログ信号(analog signal)に変換され，その信号は増幅器(amplifier)によって増幅され，アクチュエータを駆動できる大きな電流となる．またセンサ信号はADコンバータ(analog-to-digital converter)によってアナログ信号をディジタル信号に変換され，コンピュータに取りこまれる．

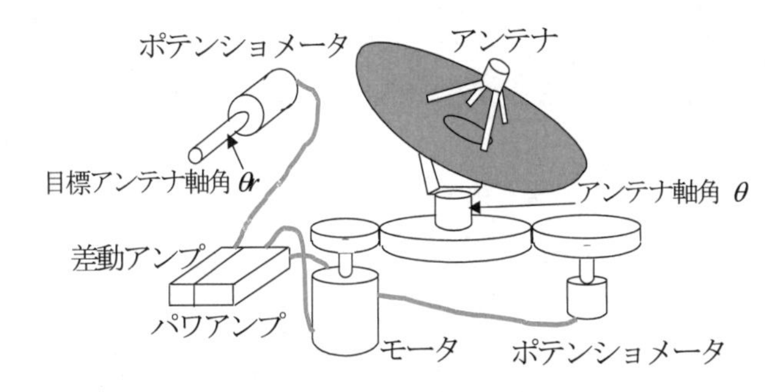


図1.12　アンテナの制御

図1.12に典型的なメカトロニクスシステムであるレーダ制御システムを示す．目標の方位角にすみやかにアンテナの位置制御を行うシステムである．制御はアンテナの主軸と上下方向の2軸の制御で，ポテンショメータを用いて角度を検出する．

【例 1.4】Draw a block diagram for Fig.1.12.

【解 1.4】A block diagram is shown in Fig.1.13

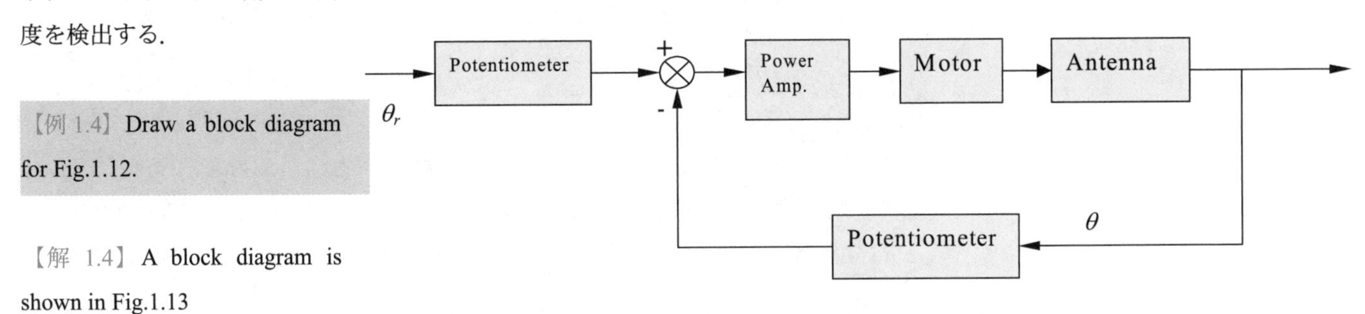


図 1.13　Block Diagram of Antenna's Azimuth Feedback Control System

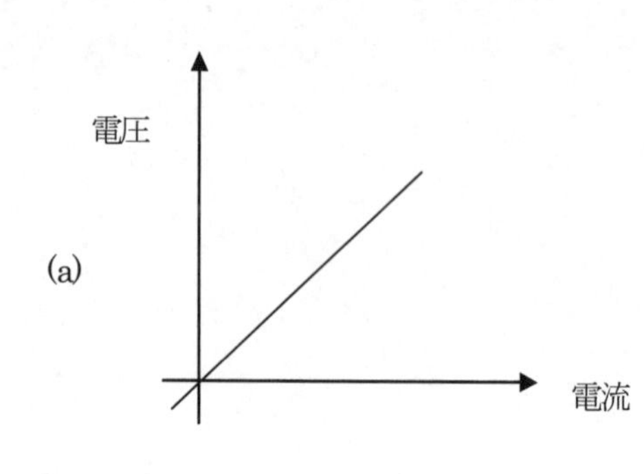


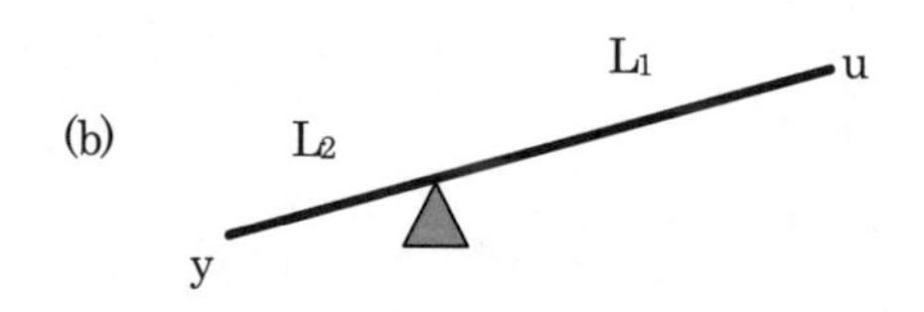


図1.14　静的システムの例

図1.15　コンデンサの入力と出力

## 1・6　制御システムの入出力関係(input-output relationship of control system)

この節では，本書で取り扱う制御システムの構成要素の入力と出力の間の関係，あるいは入出力関係(input-output relationship)はいずれも，時不変線形システム(time-invariant linear system)と呼ばれるもので，すべての要素が線形で，しかもその性質は時間がたっても変化しないようなシステムである．

### 1・6・1　動的システム(dynamic system)

動的システムを理解するために，正反対の静的システム(static system)について学ぼう．出力の現在の値が入力の現在の値しか反映しないシステムを記憶のないシステム(memoryless system)，あるいは静的システム(static system)という．逆に出力の現在の値が入力の現在の値にも過去の値にも依存するシステムを記憶のあるシステム(system with memory)という．

静的システムの典型は，電気抵抗 $R$ のみの簡単なシステムでは，図 1.14-a に示すように，出力である電圧 $e(t)=Ri(t)$は入力電流 $i(t)$の現在の値にのみ依存する．また同図 b のテコの仕組み（出力を作用点の変位 $y$，入力を力点の変位 $u$ とする）でも，$y = (L_2/L_1)$u となるので記憶がない．ただし，$L_1$，$L_2$はそれぞれ力点側および作用点側のてこの腕の長さである．

逆に，動的システム(dynamic system)とは過去の入力の記憶を持つ，あるいは別の言い方をするなら，$x$ を出力 $u$ を入力として，$dx/dt = f(x,t,u)$のように微分方程式で記述できるシステムである．簡単な例は図 1.15 に示すコンデンサ（容量 $C$）である．出力をコンデンサ両端子の電位差 $e$，入力をコンデンサを流れる電流 $i$ とすると $de/dt=i/C$ となる．これを次式のように表すと，出力電圧が過去の入力の影響を受けているという意味で，出力の中に入力が記憶されていることが分かる．

$$e(t) = e(0) + \frac{1}{C}\int_0^t i(\tau)d\tau$$

本書が広く対象とするのは動的システムで，常微分方程式で書くことができる．簡単な例は，$dx/dt = ax + bu$ である．ただし $u$ は入力，$x$ は出力である．この解は，

$$x(t) = e^{at}x_0 + \int_0^t e^{a(t-\tau)}bu(\tau)d\tau \tag{1.1}$$

で与えられる．

【例 1.5】　メカトロニクスのアクチュエータとしてはたびたび用いられる直流モータは，典型的な動的システムである．それは次の２つの微分方程式を連立して数学モデルを記述できる．

$$\begin{aligned} J\frac{d\omega}{dt} &= -c\omega - T_L + Ki \\ L\frac{di}{dt} &= -Ri - K\omega + v \end{aligned} \tag{1.2}$$

ただし，$\omega$：モータ回転角速度（出力），$v$：駆動電圧（入力），$i$：駆動電流であり，また $J$：モータ回転部の慣性モーメント，$c$：回転抵抗，$K$：トルク定数，$L$：電機子インダクタンス，$R$：電機子抵抗，$T_L$：負荷トルクである．通常，モータ回転角速度を出力，駆動電圧を入力とする．

このとき，$\omega_0$を回転数の初期値として，(1.1)を用いて(1.2)第 1 式を$\omega$について解け．ただし，$T_L$ と $i$ は与えられているものとする．

【解 1.5】 $$\omega(t) = e^{-(c/J)t}\omega_0 + \frac{1}{J}\int_0^t e^{-(c/J)(t-\tau)}\{Ki(\tau) - T_L(\tau)\}d\tau$$

## 1・6・2 時不変システム (time-invariant system)

前節の最後で，動的システムであるモータの $R$ や $C$ などのすべての係数は通常時間と共に変化しないと仮定する．このようなシステムを時不変システム(time-invariant system)と呼ぶ．これは，今与えた入力に対する出力は，例えば 1 時間後に同じシステムに同じ入力を与えた場合に同じ出力が得られるシステムのことである．

逆にもし，システムの係数の少なくとも一つが時間と共に変化する場合，時変システム(time-variant system)という． 時変システムは，たとえ入力が入らなくても，システムの性質が時間と共に変化してしまうので，今以前と同じ入力をシステムに加えても応答は以前のものと違うことに注意しなければならない．

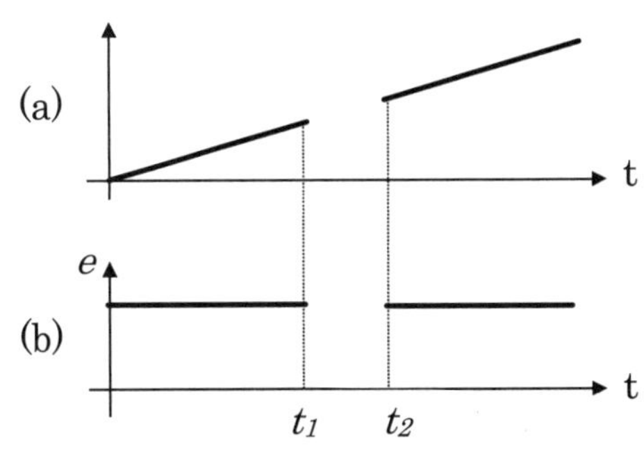

図1.16 電気抵抗と時変システム

例えば，電気抵抗が $R(t)$=0.1$t$ [Ω]のように時間と共に増加しているとする．このとき，端子電圧 $e$ を出力，電流 1[A]を入力とする．今 1[A]の電流を $t_1$ 分ながすと電圧降下は図 1.16-a のようになる．そして $t_2$ に 1[A]の電流を流したとすれば，同図のような端子電圧 $e$ が得られる．これらの応答が，抵抗が一定の場合（同図 b）と異なるのが分かる．

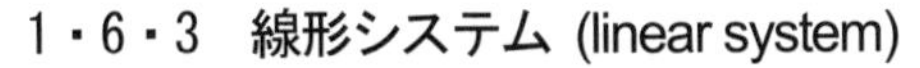

## 1・6・3 線形システム (linear system)

「システムが線形(linear)である」とは「重ね合わせの原理(principle of superposition)が成り立つ」とも言う．線形要素の簡単な例はばねである．入力である変位と出力であるばね反力の関係は線形である．「線形」の正確な定義配下のとおりである．

2 種類の入力 $u_1(t)$と $u_2(t)$が，それぞれ制御システムに独立に加わったときの出力をそれぞれ $y_1(t)$と $y_2(t)$としよう．このとき線形システムでは次の 2 つの条件が成り立つ．

C-1； 入力 $\alpha u_1(t)$（ただし，$\alpha$ は任意の実数）に対する出力は $\alpha y_1(t)$となる．

[注意 1]：線形システムでは，$u=0$ に対する出力 $y$ は $y=0$ となることに注意．なぜなら，C1 において $\alpha=0$ ならそのときの入力 $u=\alpha u_1=0$，これに対して出力 $y=\alpha y_1(t)=0$ となるからである．

C-2： 2 つの入力の和 $u(t) = u_1(t) + u_2(t)$に対する出力は $y_1(t) + y_2(t)$になる．

これら 2 つの条件の中少なくとも 1 つが満たされないシステムを非線形システム(nonlinear system)と呼ぶ．**非線形な入出力関係**の例は，図 1.7 の水槽の流路断面積（入力）と流入量（出力）の関係である．なぜ非線形かというと，浮き前後の圧力差と流量の関係は水力学から，およそ圧力差∝（流量$^2$）/（流路断面積$^k$）によって与えられ，浮き前後の圧力差を一定とみなすと，流量∝管路断面積$^{k/2}$ となるからである（図 1.17）．

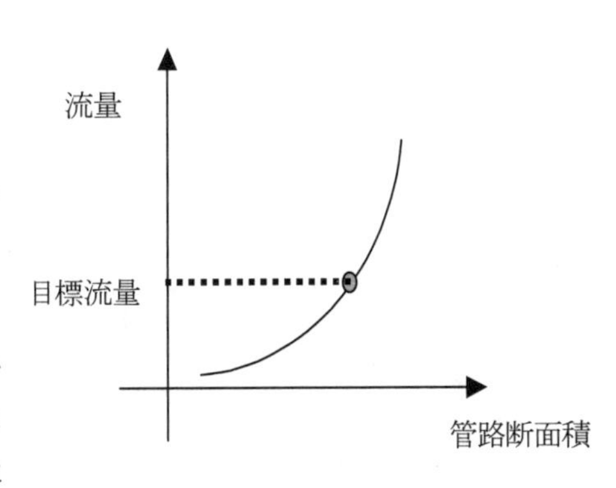

図1.17 浮き流路の特性

【例 1.6】 $y=ku^2$($k$=const.>0)において，$u$ を入力，$y$ を出力とするとき，このシステムは動的か静的か，時変か時不変か，線形か非線形か？

【解 1.6】 導関数を含まないので静的，$k$ は一定値なので時不変．また

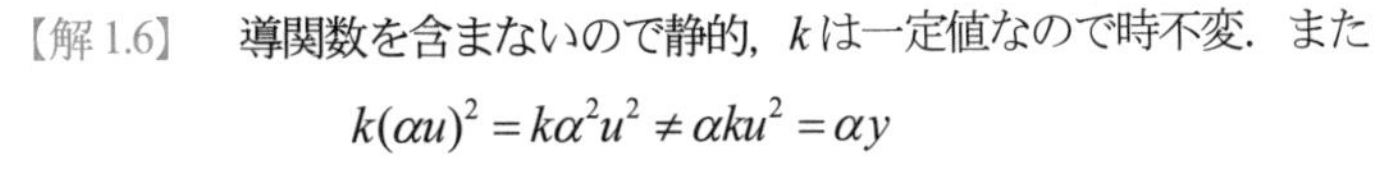

$$k(\alpha u)^2 = k\alpha^2u^2 \neq \alpha ku^2 = \alpha y$$

より，C-1 を満たさないので非線形システムである．

【例 1.7】 Is the following system linear for an output *y and an input u?*

$$y(t)=\int_0^t(\cos\omega\tau)u(\tau)d\tau$$

【解 1.7】 C-1 is satisfied because,

$$\int_0^t(\cos\omega\tau)\alpha u(\tau)d\tau=\alpha\int_0^t(\cos\omega\tau)u(\tau)d\tau=\alpha y(t)$$

The following equations show C-2 is true. This system, therefore, is linear.

$$\int_0^t(\cos\omega\tau)u_1(\tau)d\tau+\int_0^t(\cos\omega\tau)u_2(\tau)d\tau$$
$$=y_1+y_2=\int_0^t(\cos\omega\tau)\{u_1(\tau)+u_2(\tau)\}d\tau$$

## 演習問題

【問題 1.1】 風呂に目標の水位まで水を貯めたい．手で蛇口を開け閉めする場合を考えて，その作業の流れを蛇口を開ける時から詳細に書け．ただし，風呂の底から水漏れはないものとする．

【問題 1.2】 Design a feedback control system for the bath tab system in Problem 1.1, and draw the operation flow as Example 1.2.

【問題 1.3】 There is a lamp which gets on if light, and off if dark, with a light sensor. If the lamp is set close to the light sensor, what will happen?

【問題 1.4】 Suppose that temperature in the cabin of a jet plane is controlled by open loop, i.e., a temperature sensor installed outside the plane is only fed forward to the air-conditioner. Why is this open loop controller disadvantageous compared to control with a temperature sensor equipped in the cabin.

【問題 1.5】 図 1.10 の遠心調速器における制御の仕組みをブロック線図で描け．

【問題 1.6】* 遠心調速器と同じ仕組みが石臼用の風車の主軸から用途に応じた回転力を取り出すのに用いられたという話である．その方法を考案せよ．

【問題 1.7】 $i_0$ を電流の初期値として，【例 1.5】に習ってモータ式(1-2)の第 2 式を(1-1)を用いて求めよ．ただし，$\omega$と $v$ は与えられているものとせよ．

【問題 1.8】 線形システムに対する条件 C1 の下の注意 1 を次のシステムを用いて確かめよ．すなわち，次のシステムは $y_0\neq 0$ なら線形でないことを示せ．

$$y(t) = \int_0^t (\sin\omega\tau) u(\tau) d\tau + y_0$$

【問題 1.9】 Show that the system *dx/dt* =-*x* + *5u* is linear in terms of the input-output relationship.

【問題 1.10】 直流モータのブロック線図は図 1.18 に示される．次章で学ぶように，ブロック内には，その要素の入出力特性を表す数式が入る．ブロック内の数式は出力変数／入力変数と定義される．では，モータ式(1-2)を参照しながら，各ブロックにどのような数式が入るか？

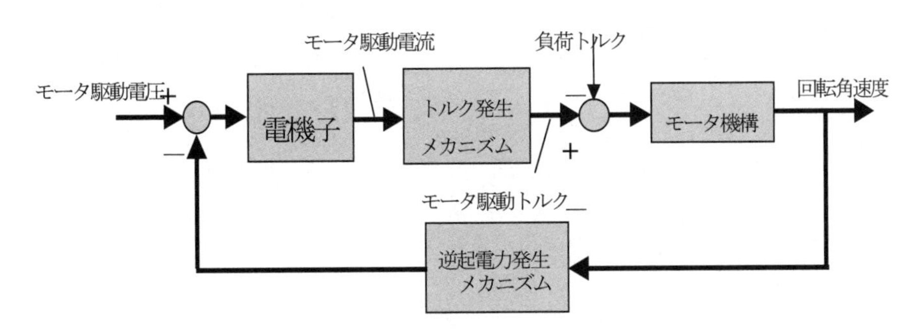


図 1.18 直流モータのブロック

【問題 1.11】 Draw a block diagram for an egg incubator shown in Fig.1.9.

第２章

# 線形モデルを作る

# Linearizing System Models

## 2・1　線形化と線形性 (Linearization and Linearity)

制御システムは，なんらかの非線形現象(nonlinear phenomena)を有している．しかしながら，この非線形な特性をそのまま表す解を見出すことは，一般に難しい．そこで，通常そのシステムの線形化を行うことが重要となる．

今 $u$ を入力，$f(x)$ を非線形関数とし，簡単のため 1 次の非線形システムを

$$\frac{dx}{dt} = f(x,u) \tag{2.1}$$

とするとき，線形化の手順は次のようになる．

(1) 重要な現象が起きる $u$ と $x$ の変動範囲を定め，その範囲内で固定された代表点をそれぞれ $u_o$，$x_o$ とし，それからの微小変化分を $\delta u$ , $\delta x$ とする．

(2) 非線形項 $f(x,u)$ を次のように代表点 $x_o$ の周りでテーラー展開(Taylor expansion)し，2 次以上の項を無視する．

$$f(\delta x + x_o, \delta u + u_o) = f(x_o, u_o) + \frac{\partial f(x,u)}{\partial x}\Big|_{x=x_o,u=u_0} \delta x + \frac{\partial f(x,u)}{\partial u}\Big|_{x=x_o,u=u_o} \delta u \tag{2.2}$$

(3) 式(2.1)に，$f(x,u)$ の代わりに式(2.2)の右辺を，$x$ の代わりに $\delta x + x_o$，$u$ の代わりに $\delta u + u_o$ を代入すると，$\delta x$ に関する線形システムが得られる．通常，$\delta x$ と $\delta u$ をそれぞれ $x$ と $u$ で置き換えることが多い．

動作点(operating point)：関心のある代表点 $u_o$，$x_o$．

動作点近傍(neighborhood of operating point)：動作点の周りの微小変動範囲

平衡点(equilibrium)：時間的に変化せず静止した状態で留まる点。

平衡点の求め方：式(2.1)において，定常入力を $u_s$ とし，時間の導関数 $dx/dt=0$, つまり，$f(x, u_s)=0$ を満たす $x$ が平衡点である．一般に $x$ は複数存在する．

動作点として平衡点を選ぶことが多い．その場合，システムの挙動の安定性が問題となる(平衡点の安定性)が，詳細は 5 章と 11 章で学ぶ，

【例 2.1】図 2.1 に示す振り子の運動に関する非線形微分方程式を求め，線形微分方程式を求めよ．振り子に取り付けられた質点の質量を $m$ とし，振り子の偏角は，振り子が自然に静止した位置を $\theta = 0$ とし，振り子の長さは変わることはなく，その長さを $L$ として一定とする．

【解 2.1】振り子の入力は回転中心の支点の位置，あるいは，錘に加わる変位や変位強制力など考えられるが，錘をその出力とした場合には，錘の変位と時間の関数 $f(x)$ は一次関数ではなく $\sin\theta$ によって表され，非線形現象が伴

う．したがって，このときの運動方程式は，

$$mL\frac{d^2\theta}{dt^2} = -mg\sin\theta \tag{2.3}$$

となる．さらに，式(2.1)の両辺から$m$を消去し，整理すると非線形微分方程式を得る．

$$\frac{d^2\theta}{dt^2} + \frac{g}{L}\sin\theta = 0 \tag{2.4}$$

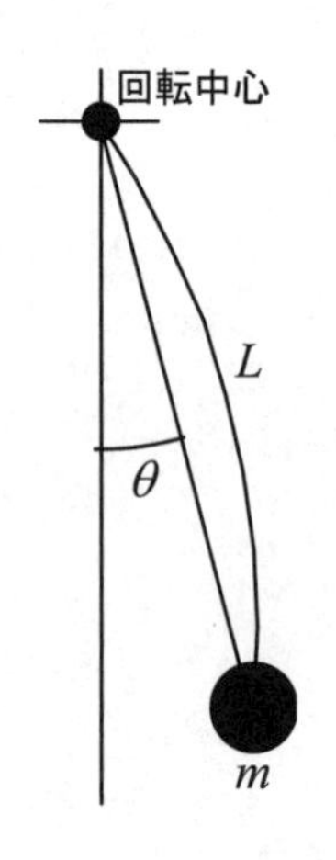


図 2.1　振り子

となる．このような振り子を非線形振り子と呼び，非線形振り子の復元力$-mg\sin\theta$は，$\theta$に依存するのである．したがって，この場合の線形化は，

$$\sin\theta \approx \theta \tag{2.5}$$

となる．このとき，上記の関係は図 2.2 に示すようになる．題意より，平衡点および動作点は$\theta$であり，その動作点近傍は$\theta$の直線と$\sin\theta$とほぼ一致する範囲となる．つまり，$\theta$によって$\sin\theta$の線形化をほどこしたことになる．したがって，非線形微分方程式(2.2)は，式(2.3)の関係を用いることにより，以下の線形微分方程式を得る．

$$\frac{d^2\theta}{dt^2} + \frac{g}{L}\theta = 0 \tag{2.6}$$

【例 2.2】 図 2.2 の$x-f(x)$座標系上の非線形な関数を想定し，この関数を点$A(x_o, f(x_o))$の近傍で動作させるものとし，点 A の近傍で傾きを$K$として線形化を行え．

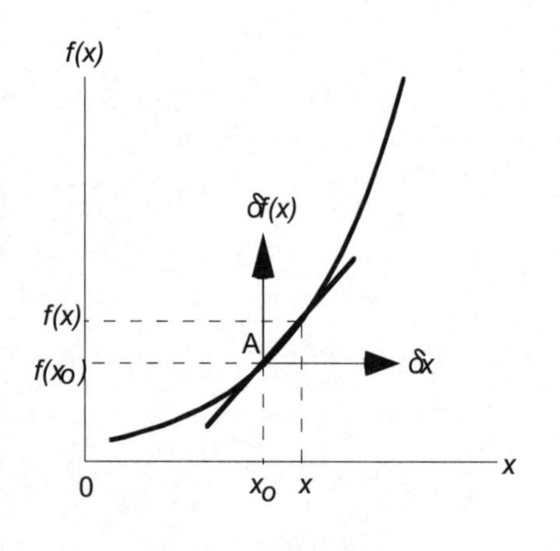


図 2.2　関数の線形化

【解 2.2】まず，点 A を原点とする$\delta x-\delta f(x)$座標系を新たに設定し，点 A 近傍の曲線に適当な傾きの直線を与え，そのときの傾きが$K$であるとする．いま，点 A からの入力変位$\delta x$は小さいものとすると，その出力$\delta f(x)$は，傾き$K$の直線に近づけることができる．したがって，非線形な曲線と直線の関係は，点 A の近傍では，

$$\left[f(x) - f(x_o)\right] \approx K(x - x_o) \tag{2.7}$$

となる．さらに，$\delta x$と$\delta f(x)$を用いて表すと，

$$\delta f(x) \approx K\delta x \tag{2.8}$$

となり，以下のような関係が成り立つ．

$$f(x) \approx f(x_o) + K(x - x_o) \approx f(x_o) + K\delta x \tag{2.9}$$

上述した関係を図で表すと，図 2.2 の直線ようになる．

【例 2.3】 Linearize the following function:

$$f(x) = 4\cos x \tag{2.10}$$

for small excursion about $x = \pi/2$.

【解 2.3】 First, we find the derivative of $f(x)$ as,

$$\frac{df}{dx} = -4\sin x \tag{2.11}$$

Then substituting $x = \pi / 2$ into (2.11) gives,

$$\left. {df}\middle/{dx} \right|_{x=\frac{\pi}{2}} = -4 \tag{2.12}$$

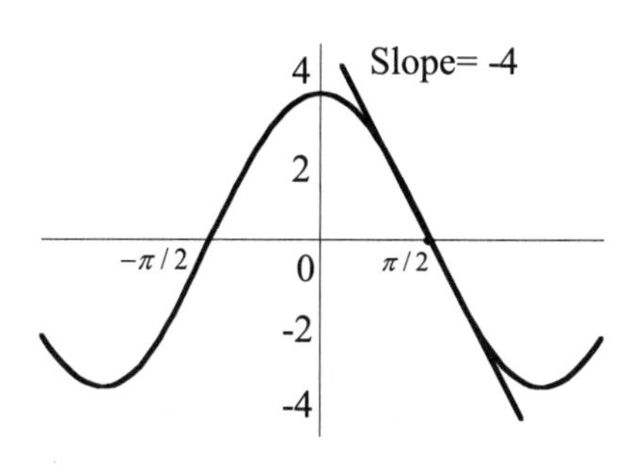

図 2.3　動作点 $x = \pi / 2$ での線形化

Also, we get,

$$f(x) = f(\pi/2) = 4\cos(\pi/2) \tag{2.13}$$

Thus, from (2.11) the linearized function is represented for small excursion about $x = \pi / 2$ as follows.

$$f(x) = -4(x - \frac{\pi}{2}) \tag{2.14}$$

As shown in Fig.2.3, the cosine curve looks like a straight line of slope=-4 near $x = \pi / 2$.

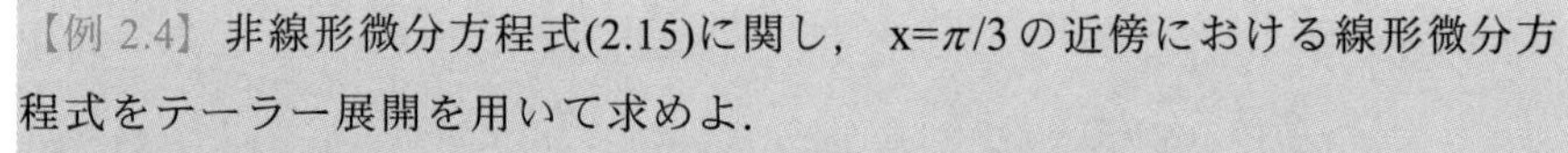

【例 2.4】 非線形微分方程式(2.15)に関し，x=$\pi$/3 の近傍における線形微分方程式をテーラー展開を用いて求めよ．

$$\frac{d^2x}{dt^2} + 2\frac{dx}{dt} + \cos x = 0 \tag{2.15}$$

【解 2.4】 上式では，x=$\pi$/3 の近傍で $\cos\theta$ を線形化する必要があるので，

$$x = \delta x + \frac{1}{3}\pi \tag{2.16}$$

を用いる．ここで，$\delta x$ は x=$\pi$/3 の近傍で，その動作範囲が小さいものとする．そして，式(2.15)に式(2.16)を代入し，

$$\frac{d^2(\delta x + \frac{1}{3}\pi)}{dt^2} + 2\frac{d(\delta x + \frac{1}{3}\pi)}{dt} + \cos(\delta x + \frac{1}{3}\pi) = 0 \tag{2.17}$$

となるが，左辺の第 1 項，第 2 項はそれぞれ以下のように表すことができる．

$$\frac{d^2(\delta x + \frac{1}{3}\pi)}{dt^2} = \frac{d^2\delta x}{dt^2} \tag{2.18}$$

$$\frac{d(\delta x + \frac{1}{3}\pi)}{dt} = \frac{d\delta x}{dt} \tag{2.19}$$

そこで，$\cos(\delta x + \pi / 3)$ のみを対象とし，テーラー展開(Taylor expansion)し $\delta x$ の高次の項を無視することによって線形化すればよいことになる．

$$f(x) = f(x_o) + \left.\frac{df}{dx}\right|_{x=x_o} \frac{(x - x_o)}{1!} + \left.\frac{d^2 f}{dx^2}\right|_{x=x_o} \frac{(x - x_o)^2}{2!} + \cdots \tag{2.20}$$

すなわち，$f(x)=\cos(\delta x+\pi/3)$，$f(x_o)=f(\pi/3)=\cos(\pi/3)$，$(x - x_o) = \delta x$ とすると，関数 $f(x)$ は $x = x_o$ まわりで，式(2.20)のテーラー級数の最初の 2 項を用いて近似することができ，

$$\cos(\delta x+\frac{1}{3}\pi)-\cos(\frac{1}{3}\pi)=\left.\frac{d\cos x}{dx}\right|_{x=\frac{1}{3}\pi}\delta x=-\sin(\frac{1}{3}\pi)\delta x \tag{2.21}$$

が与えられる．そして，上式を整理して，以下の式を得る．

$$\cos(\delta x+\frac{1}{3}\pi)=\cos(\frac{1}{3}\pi)-\sin((\frac{1}{3}\pi)\delta x=\frac{1}{2}-\frac{\sqrt{3}}{2}\delta x \tag{2.22}$$

これまでに得られた式(2.18)，(2.19)，(2.22)を式(2.17)に代入すると，以下のように $\delta x$ に関する線形微分方程式を得ることができる．

$$\frac{d^2\delta x}{dt^2}+2\frac{d\delta x}{dt}-\frac{\sqrt{3}}{2}\delta x=\frac{1}{2} \tag{2.23}$$

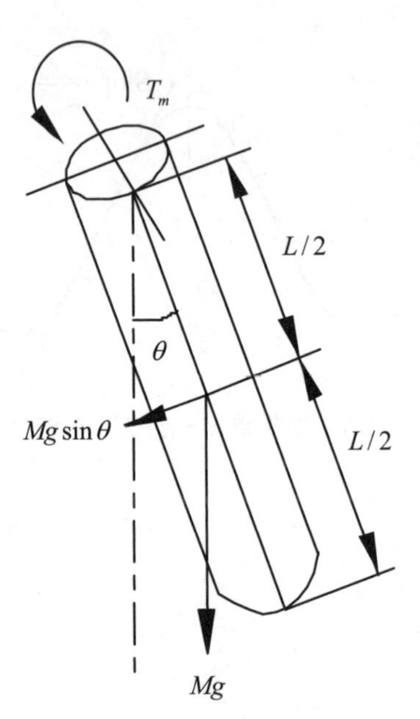

図 2.4　アームの力学モデル

【例 2.5】 図 2.4 に示す人間のアーム(手首から肘まで)の運動は，回転角に応じた非線形なトルクに依存する．この運動は，以下のような微分方程式で与えられる．

$$J\frac{d^2\theta}{dt^2}+D\frac{d\theta}{dt}+Mg\frac{L}{2}\sin\theta=T_m(t) \tag{2.24}$$

ただし，二の腕の筋肉で発生する力が肘関節へのトルクを入力とし，そのときのアームの回転角を出力とする．肘関節に供給される筋肉のトルクを $T_m(t)$，粘性抵抗 $D$，慣性モーメント $J$ とする．また，アームの全質量 $M$，重力加速度 $g$ とし，また，アームの密度は均一とし，その重心位置は $L/2$ にあると仮定する．

そこで，入力をゼロとした時，この系の平衡点を求めよ．また，その平衡点を動作点として線形化したシステム方程式を求めよ．

【解 2.5】 $T_m(t)=0$ として平衡点を求めよう．今，平衡点を $\theta=\theta_E$ とすると，$\theta_E$ は定数であるから，

$$\frac{d\theta_E}{dt}=\frac{d^2\theta_E}{dt^2}=0 \tag{2.25}$$

すると，(2.24)は．$\sin\theta_E=0$ となることがわかる．したがって，上式を満たす $\theta_E$ は，

$$\theta_E=0,\pi \tag{2.26}$$

となり，2 つの平衡点が求まる．

次に，線形化のための動作点として $\theta_E=0$，つまりアームが鉛直下向きであるとすると動作点近傍では．

$$\sin(\theta_E+\delta\theta)\simeq\sin\theta_E+(\cos\theta_E)\delta\theta=\delta\theta,\quad (|\delta\theta|\ll 1) \tag{2.27}$$

となる．上式を式(2.24)に代入すると，以下のような線形微分方程式を得る．

$$J\frac{d^2\delta\theta}{dt^2}+D\frac{d\delta\theta}{dt}+Mg\frac{L}{2}\delta\theta=T_m(t) \tag{2.28}$$

次に，$\theta_E=\pi$ を動作点とするとアームは鉛直上向きになる．前と同様に線形化手順を踏むと，

$$\sin(\theta_E+\delta\theta)\simeq\sin\pi+(\cos\pi)\delta\theta=-\delta\theta,\ |\delta\theta|\ll 1 \tag{2.29}$$

を得る．このとき，システム方程式は次式となる．

$$J\frac{d^2\delta\theta}{dt^2}+D\frac{d\delta\theta}{dt}-Mg\frac{L}{2}\delta\theta=T_m(t) \tag{2.30}$$

上で，$\theta=0$ のとき，入力がゼロならアームはその位置に静止し，安定である．しかし，$\theta=\pi$ のときは，アームは鉛直上向きとなり，これは倒立振り子と同様で，入力がなければ静止し続けることは難しく，不安定となる．

このような安定か不安定かの議論は系の安定性問題として扱われ，第5章で学ぶ特性方程式の特性根を得て，安定か不安定かを判別する．

## 2・2　機械系・流体系・電気電子系 (mechanical systems, fluidic systems, electrical and electronic system)

機械系：

【例 2.6】 Spring–Damper Mechanical System: Find the differential equation for the spring-damper mechanical system shown in Fig.2.5. In the system $m$ is mass, and $C$ is damper, the force $f(t)$ is applied to the end of the spring.

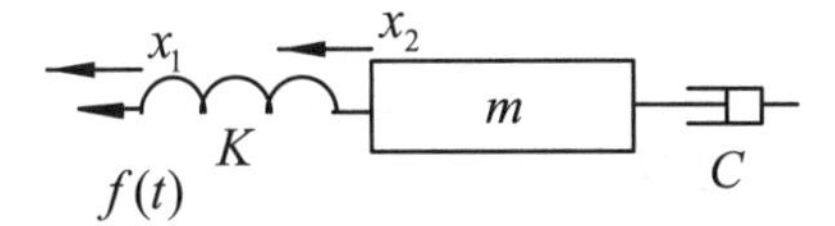


Fig.2.5　Spring damper mechanism

【解 2.6】 When the force is applied to the left end of spring, the spring length changes. For that reason we have to consider two displacements $x_1(t)$ and $x_2(t)$ for the spring force balanced with $f(t)$. Thus, we find the two differential equations as follows.

$$f(t)=K(x_1(t)-x_2(t)) \tag{2.31}$$

$$m\frac{d^2x_2(t)}{dt^2}+C\frac{dx_2(t)}{dt}=K(x_1(t)-x_2(t)) \tag{2.32}$$

【例 2.7】 Torsion Mechanical System: In Fig.2.6, $J$ is inertia moment, $K$ is spring constant of the torsion bar, and $C$ is rotational damper. Find the system equation when for input $\theta_i$ and output $\theta_o$.

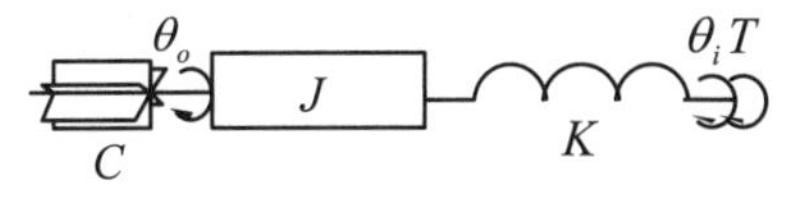


Fig.2.6　Torsion bar mechanism

【解 2.7】 When input rotation $\theta_i$ is applied to the right side of the spring, the bar is twisted by $\theta_o$. Then, torque $T(t)$ is produced at the spring depending on $\theta_o$ - $\theta_i$ as,

$$T(t)=K(\theta_i(t)-\theta_o(t)) \tag{2.33}$$

Considering rotational friction due to C, we get,

$$J\frac{d^2\theta_o(t)}{dt^2}=T(t)-C\frac{d\theta_o(t)}{dt} \tag{2.34}$$

Substituting (2.33) into (2.34) yields the following equation.

$$J\frac{d^2\theta_o(t)}{dt^2}+C\frac{d\theta_o(t)}{dt}+K\theta_o(t)=K\theta_i(t) \tag{2.35}$$

電気系：

【例 2.8】 Given the network of Fig.2.7 find the differential equation for the input voltage $e_i(t)$ and the output voltage $e_o(t)$.

【解 2.8】 To find the differential equation we have the following equations for the voltage using the currents $i_1(t)$ and $i_2(t)$ shown in Fig.2.7.

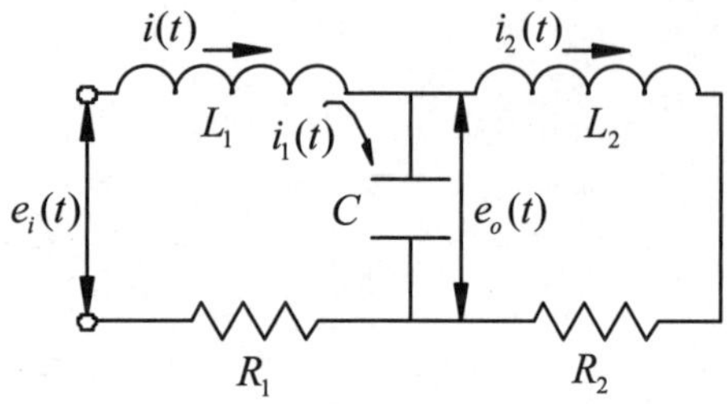

$$i(t) = i_1(t) + i_2(t) \tag{2.36}$$

$$L_1 \frac{di(t)}{dt} + R_1 i(t) + L_2 \frac{di_2(t)}{dt} + R_2 i_2(t) = e_i(t) \tag{2.37}$$

$$L_2 \frac{di_2(t)}{dt} + R_2 i_2(t) = \frac{1}{C} \int i_1(t) dt \tag{2.38}$$

$$e_o(t) = \frac{1}{C} \int i_1(t) dt \tag{2.39}$$

Canceling $i(t)$, $i_1(t)$ and $i_2(t)$ we obtain the following differential equation.

$$L_1 L_2 C \frac{d^2 e_o}{dt^2} + L_1 R_2 C \frac{de_o}{dt} + L_1 e_o + R_1 L_2 C \frac{de_o}{dt} + R_1 R_2 C e_o + R_1 \int e_o dt + L_2 e_o + R_2 \int e_o dt$$
$$= L_2 e_i + R_2 \int e_i dt \tag{2.40}$$

流体系：

【例 2.9】図 2.8 に示すような円筒状のタンクが左右一方向に結合した 2 つのタンク $A$,タンク $B$ がある．左右それぞれのタンクの断面積を $A_1$，$A_2$ $m^2$，タンク $A$ の流入量を $q_1$，タンク $A$ の流出量(タンク $B$ への流入量) $q_2$，タンク $B$ の流出量 $q_3$ とし，タンク $A$ の液面高さを $h_1(t)$，タンク $B$ の液面高さを $h_2(t)$ とする．入力を $q_1$，出力を $h_2(t)$ としたときの微分方程式を求めよ．

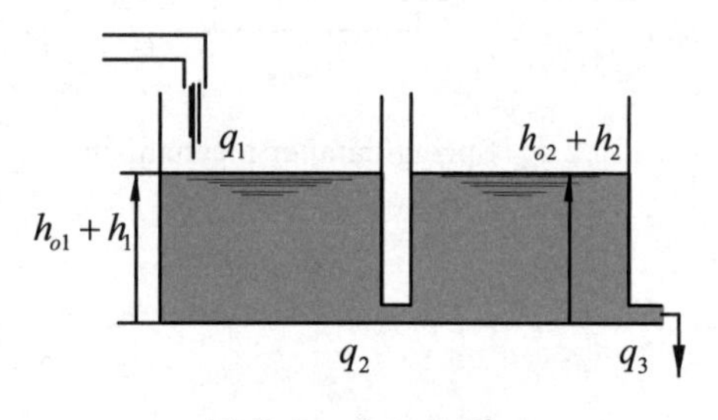

図 2.8　タンク系

【解 2.9】まず，タンク $A$ について考える．タンク内の液面の変動量は，

$$A \frac{dh_1}{dt} = q_1 - q_2 \tag{2.41}$$

となる．また，液面の高さが一定である平衡状態にあるときの流出量 $q_2$ の変化と液面変化 $h$ の関係は，ベルヌイの定理より，

$$q_2 = ca\sqrt{2gh_1} \tag{2.42}$$

と表すことができる．ここで，$c$ は流量係数，$a$ は流出口の断面積である．この両式から $q_2$ を消去することによって，タンク系の入力 $q_1$ と出力 $h$ との関係を表す非線形微分方程式を以下のように得ることができる．

$$A_1 \frac{dh_1}{dt} = q_1 - ca\sqrt{2gh_1} \tag{2.43}$$

上式の線形化を行うために，入力である流入量 $q_1$ が平衡状態である一定値 $q_{01}$ から僅かに変動した場合の変化分を $\Delta q_1$ とすると，

$$q_1 \equiv q_{01} + \Delta q_1 \quad (\text{ただし，} |\Delta q_1| \ll 1) \tag{2.44}$$

となり，さらに，液面の水位の平衡状態 $h_{o1}$ からの変化分 $h_1$，流出量の平衡状

態 $q_2$ からの変化分は $\Delta q_2 \equiv \Delta q_1$ であるから，

$$q_2 + \Delta q_1 = ca\sqrt{2g(h_{o1} + h_1)} \tag{2.45}$$

となる．この右辺の $ca\sqrt{2g(h_{o1} + h_1)}$ を二項定理で展開すると，

$$q_2 + \Delta q_1 = ca\sqrt{2g(h_{o1} + h_1)}$$

$$= ca\sqrt{h_{o1}}(1 + \frac{h_1}{h_{o1}})^{\frac{1}{2}} = ca\sqrt{h_{o1}}\{1 + \frac{1}{2}\frac{h_1}{h_{o1}} - \frac{1}{8}(\frac{h_1}{h_{o1}})^2 + \cdots\} \tag{2.46}$$

となる．そして，$\Delta h \ll h_o$ であるとすると，右辺の 2 次以上の項を無視することできるので，上式は以下のようになる．

$$q_2 + \Delta q_1 = ca\sqrt{2gh_{o1}}(1 + \frac{1}{2}\frac{h_1}{h_{o1}}) \tag{2.47}$$

さらに，平衡状態の場合を考慮すると,右辺はゼロとなり，$q_2 \equiv q_{01}$ より，式(2.45)は，

$$\Delta q_1 = \frac{q_{o1}}{2h_{o1}} h_1 \tag{2.48}$$

となる．したがって，式(2.38)を用いて，式を整理すると，

$$A_1 \frac{dh_1}{dt} + \frac{q_o}{2h_o} h_1 = \Delta q_1 \tag{2.49}$$

となり，$R_1 = 2h_{o1} / q_{o1}$ とおくと，以下のような線形化微分方程式を得る．

$$A_1 \frac{dh_1}{dt} + \frac{1}{R_1} h_1 = \Delta q_1 \tag{2.50}$$

ここで，注意が必要なのは，抵抗 $R_1$ の近傍を流れる流量は図中に示す $q_2$ のような一方向とはならない．実際には，タンク $A$ の液面高さとタンク $B$ の液面高さの差によって決まる．したがって，式(2.48)は，以下のようになる．

$$A_1 \frac{dh_1}{dt} + \frac{1}{R_1}(h_1 - h_2) = \Delta q_1 \tag{2.51}$$

ただし，水位が大きく変化する場合，$R_1$ は定数ではなくなる．

タンク $B$ についても，同様にして求めると，このタンク系の線形微分方程式は以下のようになる．

$$\begin{cases} A_1 \dfrac{dh_1}{dt} + \dfrac{1}{R_1}(h_1 - h_2) = \Delta q_1 \\ A_2 \dfrac{dh_2}{dt} + \dfrac{1}{R_2} h_2 = \dfrac{1}{R_1}(h_1 - h_2) \end{cases} \tag{2.52}$$

ここで，$R_2$ は $R_2 = 2h_{o2} / q_{o2}$ である．

## 演習問題

【問題 2.1】 Linearize the following equations for small excursions about $x$ and $\theta$.

(1) $f(x)=2\log x \qquad x=2$

(2) $f(x)=5\sin\theta \qquad \theta={}^{\pi}\!/_{3}$

【問題 2.2】 以下の微分方程式に関し，$x$=5$\pi$/6 の近傍における線形微分方程式を求めよ．

$$\frac{d^2x}{dt^2}+\frac{dx}{dt}+\sin x=0$$

【問題 2.3】 Write the differential equation of the network shown in Fig.2.9 between the input $e_i(t)$ and the output $e_o(t)$.

図 2. 9　電気回路

【問題 2.4】* 図 2.10 に示す電気回路に関し，入力を電圧 $e_i(t)$，出力を電圧 $e_o(t)$ としたときの回路の方程式を求めよ．

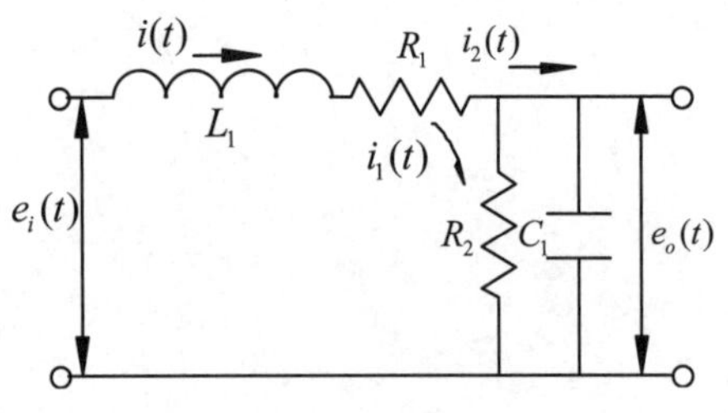


図 2. 10　電気回路

【問題 2.5】 For the mechanical system shown in Fig.2.11 find the equation of motion when the force $f(t)$ is applied to the bottom of $m_1$. In the system $m_1$ and $m_2$ are masses, $k_1$ and $k_2$ spring constants, $D_1$ and $D_2$ dampers.

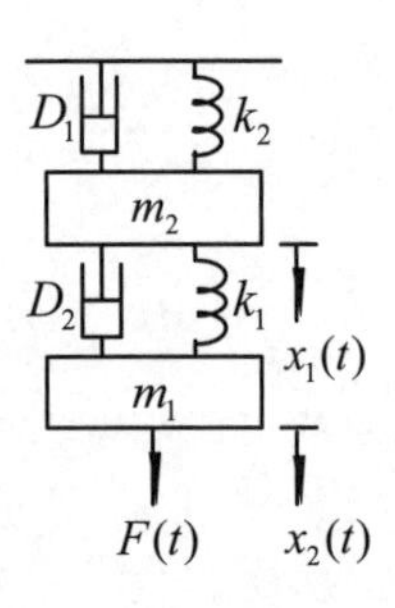


図 2.11　2 質点系(例 2.5)

【問題 2.6】* 図 2.12 に示すのは，機械式加速度計をモデル化したものである．$x$は，加速度計が搭載されている車などの変位であり，$y$は加速度計の質量 $M$ の変位である．また，$k$，$c$は質量を支えているバネのバネ定数および粘性である．今，入力を変位 $x$，出力を $y$ としたとき，このシステムの運動方程式を求めよ．

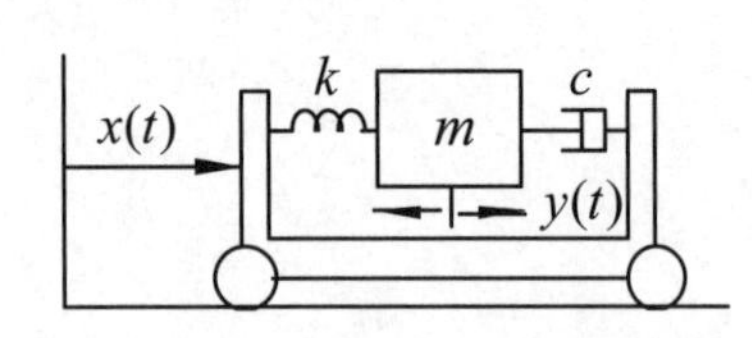


図 2.12　機械式加速度

【問題 2.7】* 図 2.13 に示すのは，ベルトープーリ機構である．プーリの半径を $r$，ベルト上の負荷を $M$，モータ軸の回転数を $\omega_m$ とする．今，入力をモータのトルク $T$，出力をモータ軸の回転数としたとき，このシステムの運動方程式を求めよ．

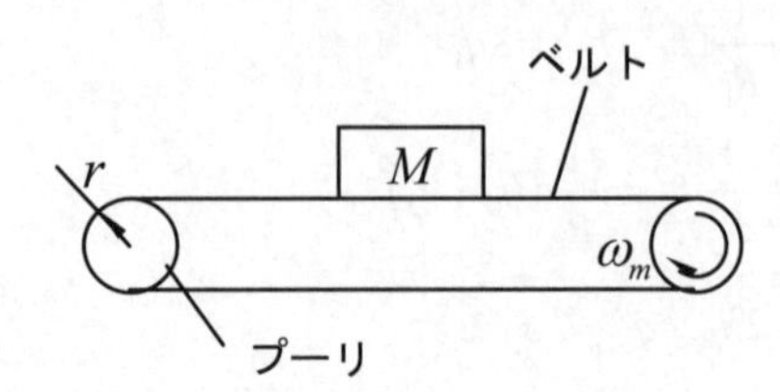


図 2.13　ベルトープーリ機構

# 第3章

# システムの要素

# Elements in System

## 3・1　基本的要素と伝達関数 (basic elements and transfer functions)

入力と出力との関係を記述した線形あるいは線形化した微分方程式を，出力／入力（出力を入力で割る）という形で伝達関数として表す．伝達関数を導くためにラプラス変換を用い，また次章では伝達関数を用いて微分方程式を解く．

厳密には，時間関数$f(t)$のラプラス変換$F(s)$や，$F(s)$を時間関数$f(t)$に戻すラプラス逆変換は右の定義に従って行う．しかし本書の範囲では，後に示すラプラス変換に関する重要法則（表 3.1）とラプラス変換表（表 3.2）を用いるので十分である．

以下に，よく用いられる基本的要素の伝達関数を示す．

関数$f(t)$のラプラス変換を$L[f]$と表す．
定義：複素数$s$に対して，

$$L\left[f(t)\right]=\int_0^{\infty}f(t)e^{-st}dt=F(s)$$

$s$の関数$F(s)$の逆ラプラス変換を$L^{-1}[F(s)]$と表す．
定義：

$$L^{-1}\left[F(s)\right]=\frac{1}{2\pi j}\int_{c-\infty j}^{c+\infty j}F(s)e^{st}ds$$
$$=f(t)$$

(a) 比例要素 (proportional element)

入力を$u(t)$，出力を$x(t)$とおき，その入力と出力に時間的な遅れがないとき，その入出力特性は，

$$x(t)=Ku(t) \tag{3.1}$$

と表すことができる．ここで，$K$を一般にゲイン定数あるいは比例ゲインと呼ぶ．

この伝達関数$G(s)$は，右の定義に従って，式(3.1)の両辺をラプラス変換することによって求めることができ，

$$L\left[x(t)\right]=X(s) \tag{3.2}$$

$$L\left[Ku(t)\right]=KU(s) \tag{3.3}$$

となるので，求める伝達関数は，

$$G(s)=X(s)/U(s)=K$$

となる．

伝達関数の定義

$$G(s)=\frac{\text{出力のラプラス変換}}{\text{入力のラプラス変換}}=\frac{L[x(t)]}{L[u(t)]}=\frac{X(s)}{U(s)}$$

入力：$u(t)$，出力：$x(t)$

(b) 積分要素 (integral element)

入力を積分したものが出力となる要素であり，これは流体系のタンクの問題で流出量がない場合に相当する．したがって，入力の流入量$q_1$と出力の液面高さ$h(t)$は，タンクの断面積を$A$とすると，

$$A\frac{dh}{dt}=q_1 \tag{3.4}$$

となり，このような式で表されるものを積分要素という．

積分要素の伝達関数は，式(3.4)の両辺をラプラス変換することによって求めることができ，

$$L\left[A\frac{dh}{dt}\right]=sAH(s) \tag{3.5}$$

$$L\left[q(t)\right]=Q(s) \tag{3.6}$$

表 3.1　ラプラス変換に関する重要な基本法則

| |
|---|
| (1) 線形法則<br>$L[\lambda f(t)+\mu g(t)]=\lambda F(s)+\mu G(s)$ |
| (2) 相似法則<br>$L[f(\lambda t)]=\frac{1}{\lambda}F(\frac{s}{\lambda})$ |
| (3) 初期値および最終値定理<br>初期値：$\lim_{t\to+0}f(t)=\lim_{s\to\infty}sF(s)$<br>最終値：$\lim_{t\to\infty}f(t)=\lim_{s\to 0}sF(s)$ |
| (4) 微分法則<br>$L\left[\frac{df(t)}{dt}\right]=sF(s)-f(+0)$<br>一般に，<br>$L\left[\frac{d^n f(t)}{dt^n}\right]=s^nF(s)-s^{n-1}f(+0)$<br>$-s^{n-2}f'(+0)-\cdots-f^{(n-1)}(+0)$ |
| (5) 積分法則<br>$L\left[\int_0 f(t)dt\right]=\frac{1}{s}F(s)$<br>一般に，<br>$L\left[\int_0\int_0\cdots\int_0 f(t)dt\right]=\frac{1}{s^n}F(s)$ |
| (6) たたみこみ<br>$L\left[\int_0 f(t-\tau)g(\tau)d\tau\right]$<br>$=L\left[\int_0 g(t-\tau)f(\tau)d\tau\right]=F(s)G(s)$<br>$f(t)=g(t)=0\ \ (t\le 0)$ |

* $L[f(t)]=F(s)$， $L[g(t)]=G(s)$，$\lambda$，$\mu$ は定数とする．

となり，伝達関数 $G(s)$ は，

$$G(s)=\frac{H(s)}{Q(s)}=\frac{1}{sA} \tag{3.7}$$

となる．ここで，$A$ は積分時間［s］である．

(c) 微分要素 (differentiating element)

例えば，速度センサの出力電圧を $e(t)$，速度の検出感度定数を $K$，速度を $v(t)$ とすれば，

$$e(t)=Kv(t) \tag{3.8}$$

となり，速度を変位 $x(t)$ を用いて表すと，

$$e(t)=Kv(t)=K\frac{d}{dt}x(t) \tag{3.9}$$

となる．

微分要素の伝達関数は，式(3.9)で変位を入力として考え，その両辺をラプラス変換することによって求めることができ，

$$L[e(t)]=E(s) \tag{3.10}$$

$$L\left[K\frac{d}{dt}x(t)\right]=sKX(s) \tag{3.11}$$

となり，伝達関数 $G(s)$ は，

$$G(s)=\frac{E(s)}{X(s)}=sK \tag{3.12}$$

となる．ただし，式(3.11)で $x(+0)=0$ とする．ここで，$K$ は微分時間［$s$］といい，一般的には $T_D$ のような記号を用いる．

上式のように入出力が微分の関係にある要素はあるが，入力そのものを純粋に微分するものはなく，実際には以下のような式によって近似的に微分要素を実現している．

$$G(s)=\frac{sT_D}{snT_D+1} \tag{3.13}$$

ここで，$n\ll 1$ である．

(d) 1次遅れ要素 (first-order lag element)

入力 $x(t)$ と出力 $y(t)$ の関係が，次式で表される系を一次遅れ要素という．

$$T\frac{dy(t)}{dt}+y(t)=x(t) \tag{3.14}$$

1 次要素の伝達関数は，$y(0)=0$ として，式(3.14)の両辺をラプラス変換することによって求めることができ，

$$L\left[T\frac{dy(t)}{dt}\right]=sTY(s) \tag{3.15}$$

$$L[y(t)]=Y(s) \tag{3.16}$$

$$L[x(t)]=X(s) \tag{3.17}$$

となり，伝達関数 $G(s)$ は，

$$G(s) = \frac{1}{sT+1} \tag{3.18}$$

となる，ここで，$T$ は時定数を表す．また，以下のような場合も，1 次遅れ要素として扱うことができ，この場合は，比例要素 $K$ と組み合わされたものとしてみることもできる．

$$G(s) = \frac{K}{sT+1} \tag{3.19}$$

(e) 2 次遅れ要素 (second-order lag element)

入力 $x(t)$ と出力 $y(t)$ の関係で，その伝達関数の分母に $s$ の項の 2 乗を含み，以下のような式で表されるものを 2 次遅れ要素といい，

$$a_2 \frac{d^2 y(t)}{dt^2} + a_1 \frac{dy(t)}{dt} + a_o y(t) = a_o x(t) \tag{3.20}$$

となる．さらに，$\varsigma \equiv a_1 / 2\sqrt{a_0 a_2}$ ，$\omega_n \equiv \sqrt{a_0 / a_2}$ とおいて，以下のように上式を変形すると，

$$\frac{d^2 y(t)}{dt^2} + 2\varsigma\omega_n \frac{dy(t)}{dt} + \omega_n{}^2 y(t) = \omega_n{}^2 x(t) \tag{3.21}$$

となる．ここで，$\varsigma$ を減衰係数，$\omega_n$ を固有角振動数という．

2 次要素の伝達関数は，$y(0) = y'(0) = 0$ として，式(3.21)の両辺をラプラス変換することによって求めることができ，

$$L\left[\frac{d^2 y(t)}{dt^2}\right] = s^2 Y(s) \tag{3.22}$$

$$L\left[2\varsigma\omega_n \frac{dy(t)}{dt}\right] = 2\varsigma\omega_n sY(s) \tag{3.23}$$

$$L\left[\omega_n{}^2 y(t)\right] = \omega_n{}^2 Y(s) \tag{3.24}$$

$$L\left[\omega_n{}^2 x(t)\right] = \omega_n{}^2 X(s) \tag{3.25}$$

となり，伝達関数 $G(s)$ は，

$$G(s) = \frac{Y(s)}{X(s)} = \frac{\omega_n{}^2}{s^2 + 2\varsigma\omega_n s + \omega_n{}^2} \tag{3.26}$$

となる．また，$\zeta \geq 1$ のとき，1 次遅れ要素が 2 つ直列結合（カスケード結合）した要素も 2 次遅れ要素として扱うことができ，

$$G(s) = \frac{K / \omega_n{}^2}{(1+T_1 s)(1+T_2 s)} \tag{3.27}$$

となる．ここで，

$$T_1, T_2 \equiv \frac{1}{\omega_n(\zeta \pm \sqrt{1-\zeta^2})} \tag{3.28}$$

(f) むだ時間要素 (dead time element)

入力 $v_i(t)$ と出力 $v_o(t)$ の関係で，入力に対して $(t-L)$ の時間Lだけ時間遅れを生じるような関係は，むだ時間要素と呼ばれ以下のように書かれる．

$$v_o(t) = v_i(t-L) \tag{3.29}$$

このむだ時間要素の伝達関数は，上式をラプラス変換することにより，

$$G(s) = \frac{V_o(s)}{V_i(s)} = e^{-sL} \tag{3.30}$$

【例 3.1】　Find the transfer function $E_o(s)/E_i(s)$ on the electrical network shown in Fig.2.7 in the last chapter.

【解 3.1】　Using Eq.(2.37) and taking the Laplace transform with Table3.1 equaling all the initial conditions to zero, we get

$$(L_1Cs^2 + \frac{L_1s}{L_2s+R_2} + R_1Cs + \frac{R_1}{L_2s+R_2} + 1)E_o(s) = E_i(s) \tag{3.31}$$

Thus, we obtain the transfer function $G(s)$ as follows

$$G(s) = \frac{E_o(s)}{E_i(s)} = \frac{1}{L_1Cs^2 + \frac{L_1s}{L_2s+R_2} + R_1Cs + \frac{R_1}{L_2s+R_2} + 1} \tag{3.32}$$

【例 3.2】　前章の【例 2.5】のアームの運動が微小角であるとして，その運動方程式が以下の式のように与えられたとき，入力をトルク $T(t)$，出力を変位角 $\theta(t)$ としたときの伝達関数を求めよ．

$$J\frac{d^2\theta}{dt^2} + D\frac{d\theta}{dt} + Mg\frac{L}{2}\theta(t) = T(t) \tag{3.33}$$

【解 3.2】　すべての初期値を 0 とおき，表 3.1 を用いてラプラス変換すると，以下の式を得る．

$$(Js^2 + Ds + Mg\frac{L}{2})\theta(s) = T(s) \tag{3.34}$$

したがって，求める伝達関数 $G(s)$ は以下のようになる．

$$G(s) = \frac{\theta(s)}{T(s)} = \frac{1}{Js^2 + Ds + Mg\frac{L}{2}} \tag{3.35}$$

【例 3.3】 Find the transfer function $H_2(s)/Q_1(s)$ on the liquid-level control system shown in Fig.2.8 in ex-chapter.

【解 3.3】　Taking Laplace transformation for Eq.(2.51) equaling all the initial conditions to zero , we get

$$\begin{cases} A_1 s H_1(s) + \dfrac{1}{R_1} H_1(s) - \dfrac{1}{R_1} H_2(s) = Q_1(s) \\ A_2 s H_2(s) + \dfrac{1}{R_2} H_2(s) = \dfrac{1}{R_1} H_1(s) - \dfrac{1}{R_1} H_2(s) \end{cases} \tag{3.36}$$

Using the second equation we have $H_1(s)$ as follow.

$$H_1(s) = R_1(A_2 s H_2(s) + \frac{1}{R_2} H_2(s) + \frac{1}{R_1} H_2(s)) \tag{3.37}$$

Substituting Eq.(3.37) into the first equation of Eq.(3.36) we get

$$(A_1 A_2 R_1 s^2 + (A_1 + A_2 + A_1 \frac{R_1}{R_2})s + \frac{1}{R_2})H_2(s) = Q_1(s) \tag{3.38}$$

Thus, transfer function $G(s)$ is given by $G(s)$

$$G(s) = \frac{H_2(s)}{Q_1(s)} = \frac{1}{(A_1 A_2 R_1 s^2 + (A_1 + A_2 + A_1 \frac{R_1}{R_2})s + \frac{1}{R_2})} \tag{3.39}$$

表 3.2　ラプラス変換表

| | $f(t)$ | $F(s)$ |
|---|---|---|
| 1 | 単位ステップ関数<br>$u(t) = \begin{cases} 0, & t<0 \\ 1/2, & t=0 \\ 1, & t>0 \end{cases}$ | $\dfrac{1}{s}$ |
| 2 | デルタ関数<br>$\delta(t) = \begin{cases} \infty, & t=0 \\ 0, & t \neq 0 \end{cases}$ | $1$ |
| 3 | 単位ステップ<br>$\alpha u(t)$<br>$u(t)$ :ステップ関数 | $\dfrac{\alpha}{s}$ |
| 4 | $\dfrac{d^n}{dt^n}\delta(t)$<br>$\delta(t)$ :デルタ関数 | $s^n$ |
| 5 | 指数関数<br>$e^{-\alpha t}$ | $\dfrac{1}{s+\alpha}$ |
| 6 | $\delta(t) - \alpha e^{-\alpha t}$<br>$\delta(t)$ :デルタ関数 | $\dfrac{s}{s+\alpha}$ |
| 7 | $\dfrac{t^n}{n!}$　$n$ :自然数 | $\dfrac{1}{s^{n+1}}$ |
| 8 | $\dfrac{e^{-\alpha t} - e^{-\beta t}}{\beta - \alpha}$ | $\dfrac{1}{(s+\alpha)(s+\beta)}$ |
| 9 | $\dfrac{(a-\alpha)e^{-\alpha t} - (a-\beta)e^{-\beta t}}{\beta - \alpha}$ | $\dfrac{s+a}{(s+\alpha)(s+\beta)}$ |
| 10 | $e^{-\alpha t} \sinh \beta t$ | $\dfrac{\beta}{(s+\alpha)^2 - \beta^2}$ |

その他のラプラス変換については，巻末参照

## 3・2　基本的な入力関数 (basic input functions)

(a) 単位ステップ関数 (unit step function)

図 3.1 に示すような関数を単位ステップ関数 $u(t)$ とよび，ステップ関数の振幅を 1 とすると，その入出力の関係は以下のように表すことができる．

$$u(t) = \begin{cases} 1 & (t>0) \\ 0 & (t<0) \end{cases} \tag{3.40}$$

この関数のラプラス変換後の $s$ -領域の関数は，

$$L[u(t)] = \frac{1}{s} \tag{3.41}$$

となる．また，入力を $u(t)$，出力を $v_o(t)$，振幅を $K$ とすれば，

$$v_o(t) = Ku(t) \tag{3.42}$$

となり，系の伝達関数を $G(s)$ とすれば，

$$V_o(s) = \frac{K}{s} G(s) \tag{3.43}$$

となる．このような関数を要素あるいは系に入力したとき，ステップ入力(step input)といい，その応答(response)をステップ応答(step response)という．

(b) 単位インパルス関数 (unit impulse function)

図 3.2 に示す関数を単位インパルス関数と呼び，ハンマで鐘をたたくような比較的継続時間が短い衝撃的な入力（インパルス）を表現するときに用いる．継続時間 $\varepsilon$，大きさ $1/\varepsilon$ としたときの定義は，以下のように表すことができる．

$$\delta(t) = \begin{cases} \dfrac{1}{\varepsilon} & 0 \le t \le \varepsilon \\ 0 & t<0 \ or \ t>\varepsilon \end{cases} \tag{3.44}$$

式 (3.42) のラプラス変換後の $s$ -領域の関数を求めると，以下のようになる．

$$L[\delta(t)] = \frac{1-e^{-s\varepsilon}}{s\varepsilon} \tag{3.45}$$

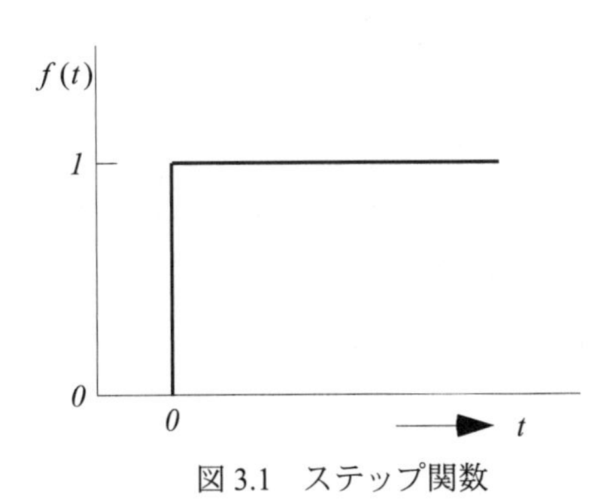


図 3.1　ステップ関数

いま，$\delta(t)$ の面積を 1 とし，その振幅は時間幅 $\varepsilon$ に対して極めて大きくするならば，このような関数を $\delta$（デルタ）関数という．この δ 関数の定義は，以下のように表される．

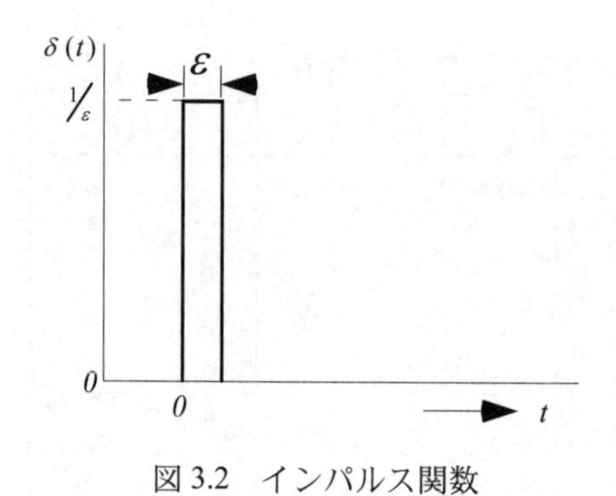

図 3.2　インパルス関数

$$\delta(t) = \begin{cases} \infty & t = 0 \\ 0 & t \neq 0 \end{cases} \tag{3.46}$$

さらに，$\delta$ 関数の伝達関数は，式（3.45）で $\varepsilon \to 0$ としたときに得られ，

$$L[\delta(t)] = \lim_{\varepsilon \to 0} \frac{1 - e^{-s\varepsilon}}{s\varepsilon} = \lim_{\varepsilon \to 0} \frac{se^{-s\varepsilon}}{s} = 1 \tag{3.47}$$

となる．したがって，ラプラス変換後の $s$ -領域の関数は，

$$L[\delta(t)] = 1 \tag{3.48}$$

となる．このような δ 関数を要素あるいは系に入力したとき，入力を $u(t)$，その出力を $v_o(t)$ とすれば，この系の伝達関数 $G(s)$ は，

$$V_o(s) = G(s) \tag{3.49}$$

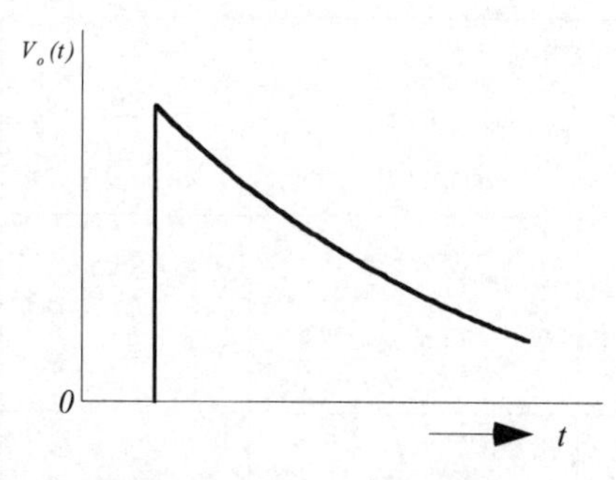

図 3.3　インパルス関数の応答

となり，このときの入力をインパルス入力(impulse input)といい，後で示すように，一次遅れ系に対する応答は図 3.3 のようになり，インパルス応答(impulse response)という．また，ある系にインパルス関数を入力として加えたとき，その応答は $s$ -領域では伝達関数そのものになる．

任意の入力 $u(t)$ は式(3.44)のインパルス関数によって，図 3.4 に示すように近似することができる．今，線形要素に対し，式(3.44)のインパルス入力 $\delta(t)$ に対するインパルス応答 $h(t)$ が図 3.5 のようになったとする．一番最初のインパルス入力は $u(0)\varepsilon\delta(t)$ と表すことができ，その応答は重ね合わせの原理によって，$u(0)\varepsilon h(t)$ となり，$n$ 番目の応答は $u(n\varepsilon)\varepsilon h(t-n\varepsilon)$ と近似的に表すことができる．したがって，要素や系が線形で重ね合わせの原理が適用できので，入力 $u(t)$ に対する応答 $y(t)$ は近似的に，

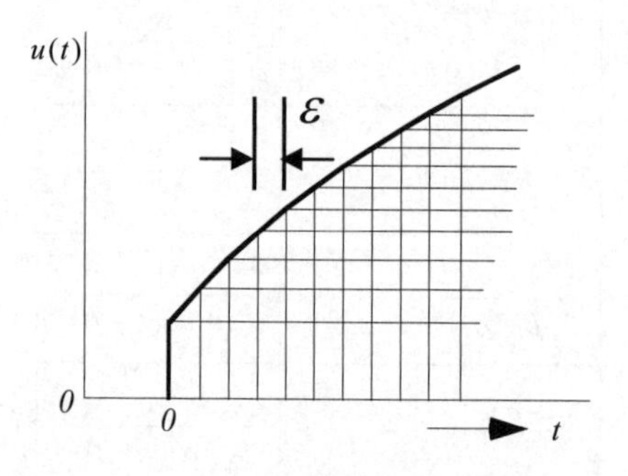

図 3.4　インパルス関数による近似

$$y(t) = \sum_{n=0}^{\infty} u(n\varepsilon)\varepsilon h(t - n\varepsilon) \tag{3.50}$$

となる．ここで，$\varepsilon \to 0$ の極限をとると，$u(n\varepsilon)$ は真の入力 $u(t)$に，また $h(t-n\varepsilon)$はデルタ関数$\delta(t)$に対する応答 $h(t)$になる．ここで(3.50)の総和を積分に直せば，$u(t)$ に対する応答 $y(t)$は以下のような式となる．

$$y(t) = \int_0^{+\infty} u(\varepsilon)h(t - \varepsilon)d\varepsilon \tag{3.51}$$

ここで，$t < \varepsilon$ で $h(t-\varepsilon) = 0$ となるから，

$$y(t) = \int_0^t u(\varepsilon)h(t - \varepsilon)d\varepsilon \tag{3.52}$$

あるいは，

$$y(t) = \int_0^t u(t - \varepsilon)h(\varepsilon)d\varepsilon \tag{3.53}$$

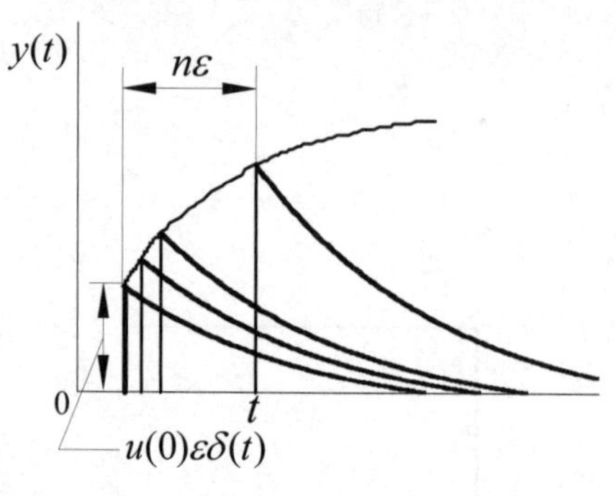

図 3.5　重ね合わせによるインパルス応答

となり，このような，任意の入力 $u(t)$をインパルス関数によって近似し，重ね合わせの原理を用いて応答が得られる．式（3.51），（3.52，（3.53)の右辺の積分はたたき込み積分と呼ばれる．

上式のたたみ込み積分を用いることで, 任意の入力に対する出力を計算できることが理解できる.

(c) ランプ関数 (ramp function)

図 3.6 に示す関数をランプ関数 $u(t)$ と呼び, 一定の割合で増加していく入力で, 以下のように定義することができる.

$$u(t) = \begin{cases} t & (t \geq 0) \\ 0 & (t < 0) \end{cases} \tag{3.54}$$

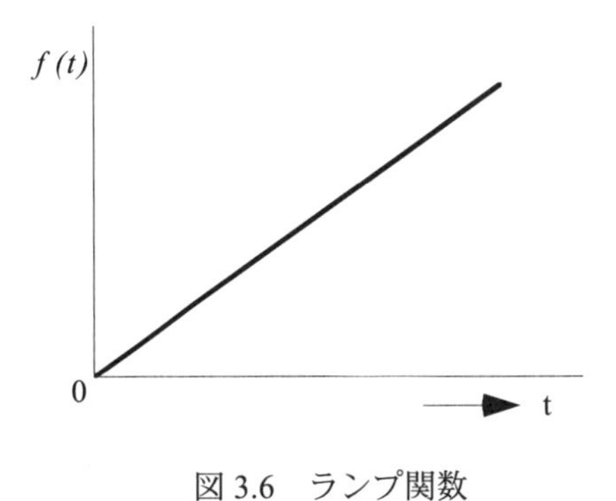


図 3.6　ランプ関数

この定義によるラプラス変換後の $s$ -領域の関数は,

$$L\left[u(t)\right] = \frac{1}{(s-a)^2} \tag{3.55}$$

となる. ここで, $a = 0$ とおくことによって, 以下の式を得ることができる.

$$L\left[u(t)\right] = \frac{1}{s^2} \tag{3.56}$$

となる. このような時間とともに一定の割合で増加する関数を要素あるいは系の入力を $u(t)$, その応答を $v_o(t)$ とすれば, この系の伝達関数 $G(s)$ は,

$$V_o(s) = \frac{G(s)}{s^2} \tag{3.57}$$

となり, 入力をランプ入力(ramp input)といい, その応答をランプ応答(ramp response)という.

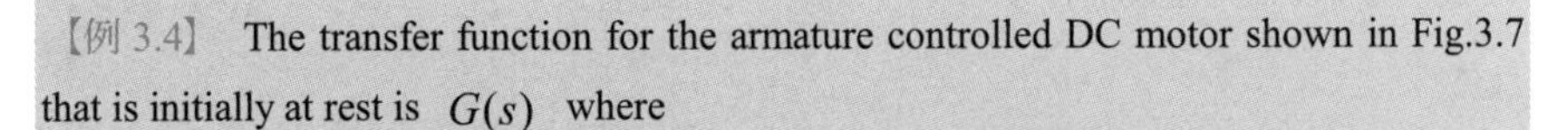

【例 3.4】 The transfer function for the armature controlled DC motor shown in Fig.3.7 that is initially at rest is $G(s)$ where

$$G(s) = \frac{X(s)}{V(s)} = \frac{1}{k_E s(1+Ts)}$$
$$T \equiv \frac{JR}{k_T k_E} \tag{3.58}$$

A unit step input current sets the system into the armature controlled DC motor. Find the resulting oscillations.

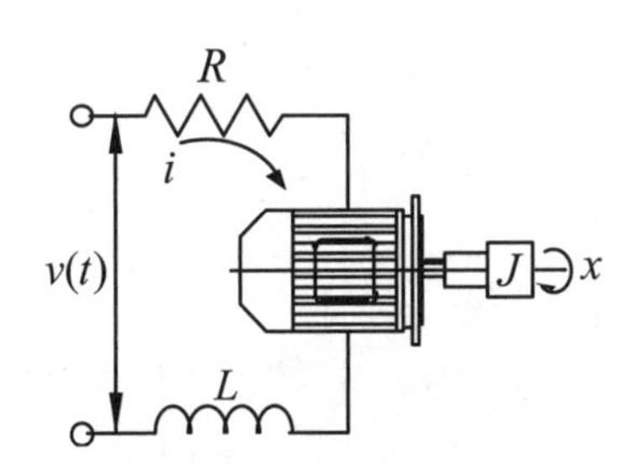


Fig.3.7　DC motor

【解 3.4】 Using Table3.2 and taking Laplace transformation with a unit step input we get

$$X(s) = G(s)V(s) = \frac{1}{k_E s(1+Ts)}\frac{1}{s} = \frac{1}{k_E T}\frac{1}{s^2(s+\alpha)} \tag{3.59}$$

where $\alpha = 1/T$. Taking inverse Laplace transformation the above equation with Table3.1 No.28 in Appendix the response $x(t)$ is given by

$$x(t) = \frac{1}{k_E T}\left\{\frac{t}{\alpha} - \frac{1}{\alpha^2}(1-e^{-\alpha t})\right\} = \frac{1}{k_E}\left\{t - \frac{1}{\alpha}(1-e^{-\alpha t})\right\} \tag{3.60}$$

【例 3.5】　【例 3.2】のアームに，入力 $T(t)$ がステップ状に変化したときの応答を求めよ．

$$J\frac{d^2\theta}{dt^2}+D\frac{d\theta}{dt}+Mg\frac{L}{2}\theta(t)=T(t) \tag{3.61}$$

【解 3.5】　アームの伝達関数 $G(s)$ は，入力をトルク $T(t)$，出力を変位角 $\theta(t)$ としたときの伝達関数式(3.35)を，ステップ入力としたときの応答関数は以下のようになる．

$$\theta(s)=G(s)T(s)\frac{1}{s}=\frac{1}{Js^2+Ds+Mg\frac{L}{2}}\frac{1}{s} \tag{3.62}$$

となる．この上式を以下のように変形する．

$$\begin{aligned}\theta(s)&=\frac{1}{Js(s^2+\frac{D}{J}s+\frac{Mg}{J}\frac{L}{2})}\\&=\frac{1}{s(s^2+2\alpha s+{\omega_o}^2)}\end{aligned} \tag{3.63}$$

ここで，$\alpha=D/2J$，${\omega_o}^2=MgL/2J$ である．この応答は，上記式よりわかるように典型的な 2 次系のステップ応答であり，巻末のラプラス変換付表 3.1 の 32 を用いて，逆ラプラス変換を行うのであるが，その応答は，${\omega_o}^2$ と $\alpha^2$ の関係により異なる．

## 3・3　ブロック線図 (block diagram)

いろいろな要素の結合関係を図式化して，直感的にシステム内の信号の伝達を表現するのにブロック線図を用いる．左の表に，ブロック線図でよく表される結合関係，直列結合(series connection)，並列結合(parallel connection)，フィードバック結合(feedback connection)を示す．ブロック線図の等価変換表を章末の表 3.2 に示す．

表3.3　基本ブロック図

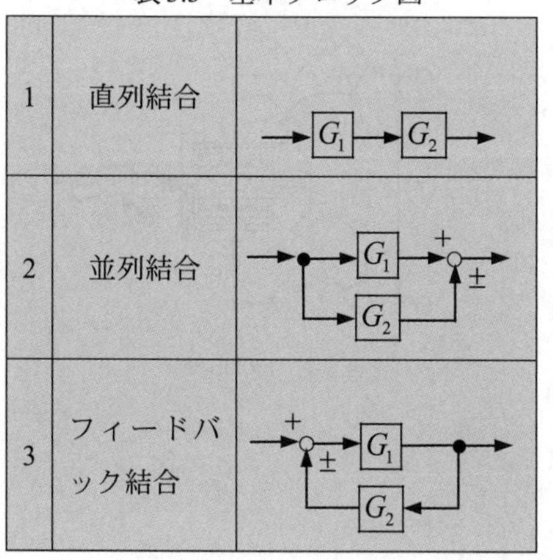

| | | |
|---|---|---|
| 1 | 直列結合 | |
| 2 | 並列結合 | |
| 3 | フィードバック結合 | |

【例 3.6】　図 3.8 のタンクの流入量 $q_1$ と液面高さ $h(t)$ の関係の伝達関数が，以下のように表されるとき，フィードバック系のブロック線図に変換せよ．

$$G(s)=\frac{H(s)}{Q_1(s)}=\frac{R}{ARs+1} \tag{3.64}$$

ただし，$A$ はタンクの断面積，$R$ は定数（【例 2.9】を参照）である．

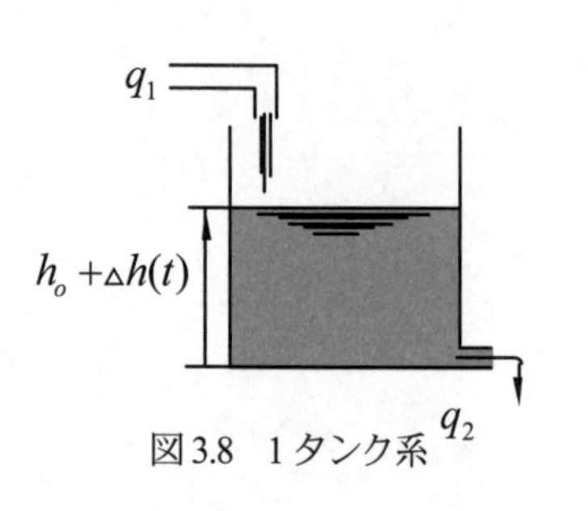

図3.8　1タンク系

【解 3.6】　この伝達関数で，入力と出力の関係を念頭におき，まず，直列結合を用いて，式を分解すると，

$$Q_1(s)\rightarrow\boxed{R}\rightarrow\boxed{\frac{1}{ARs+1}}\rightarrow H(s)$$

となり，さらに，フィードバック結合を用いると，以下を得る．

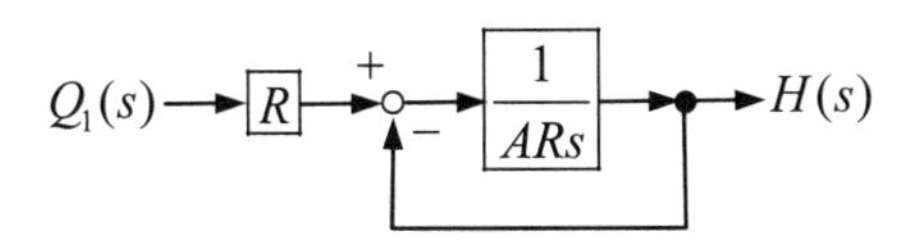


【例 3.7】　図 3.9 に示すブロック線図の伝達関数 $G(s)$ を求めよ．

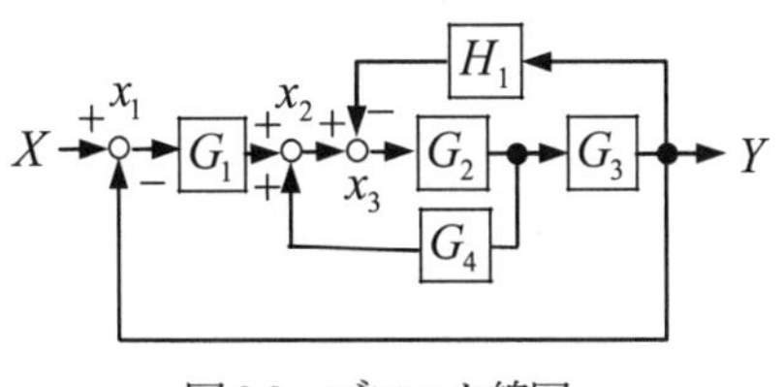

図 3.9　ブロック線図

【解 3.7】　図 3.9 のブロック線図より，以下のような式を得る．

$$x_1 = X - Y \tag{3.65}$$

$$x_2 = G_1 x_1 + G_2 G_4 x_3 \tag{3.66}$$

$$x_3 = x_2 - H_1 Y \tag{3.67}$$

$$Y = G_2 G_3 x_3 \tag{3.68}$$

上式の式(3.67) と式(3.68)より， $x_2$ を求める．

$$x_2 = \frac{(1 + G_2 G_3 H_1) Y}{G_2 G_3} \tag{3.69}$$

式(3.69)を式(3.66)に代入し， $x_1$ を求める．

$$x_1 = \frac{x_2}{G_1} - \frac{G_2 G_4}{G_1} x_3 = \left(\frac{(1 + G_2 G_3 H_1)}{G_1 G_2 G_3} - \frac{G_4}{G_1 G_3}\right) Y \tag{3.70}$$

式(3.70)を式(3.65)に代入し，整理して，伝達関数 $G(s)$ を得る．

$$X = \left(1 - \frac{G_4}{G_1 G_3} + \frac{(1 + G_2 G_3 H_1)}{G_1 G_2 G_3}\right) Y \tag{3.71}$$

$$\therefore G(s) = \frac{Y}{X} = \frac{1}{\left(1 - \frac{G_4}{G_1 G_3} + \frac{(1 + G_2 G_3 H_1)}{G_1 G_2 G_3}\right)} \tag{3.72}$$

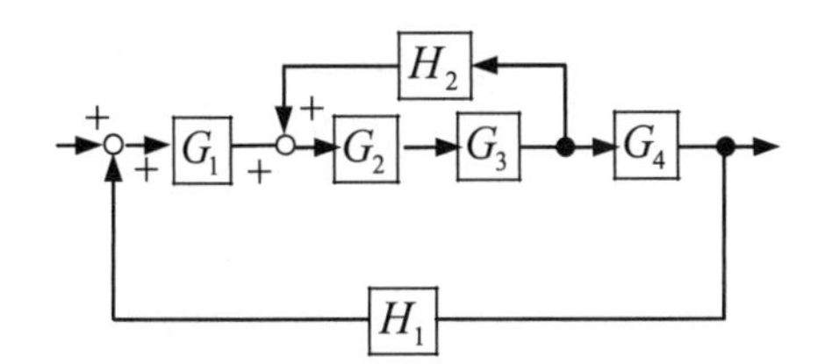

Fig.3.10　Multiple-loop feedback control system

【例 3.8】　Reduce the block diagram of a multiple–loop feedback control system showed in Fig.3.10 to a single block.

【解 3.8】　First we apply the following rules to reduce a block diagram.

1. Cascaded blocks are multiplied. (see No.1 in table3.2. Appendix.)

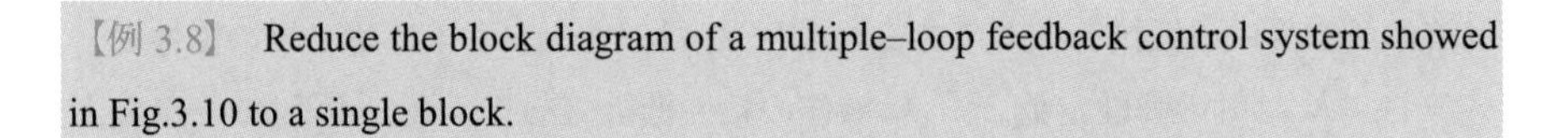


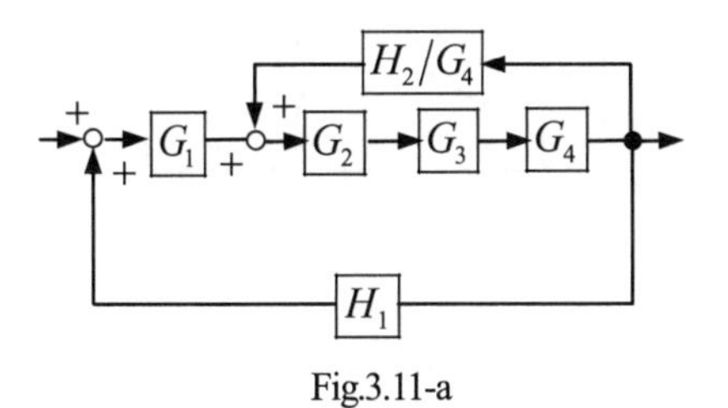

Fig.3.11-a

2. Lines are moved across blocks, the gains have to be adjusted. (see No.7 and No.8 in the table3.2. Appendix.)

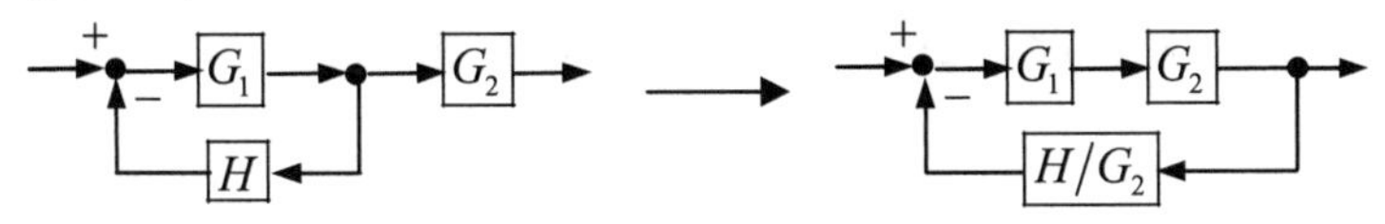


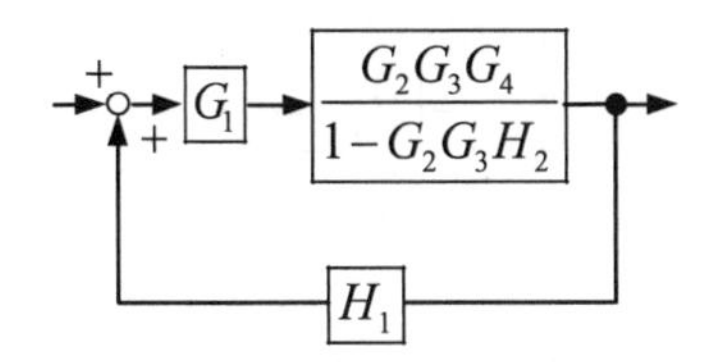

Fig.3.11-b

3. Feedback loop is replaced. (see No.3 in table3.2. Appendix.)　Note that the sign changes.

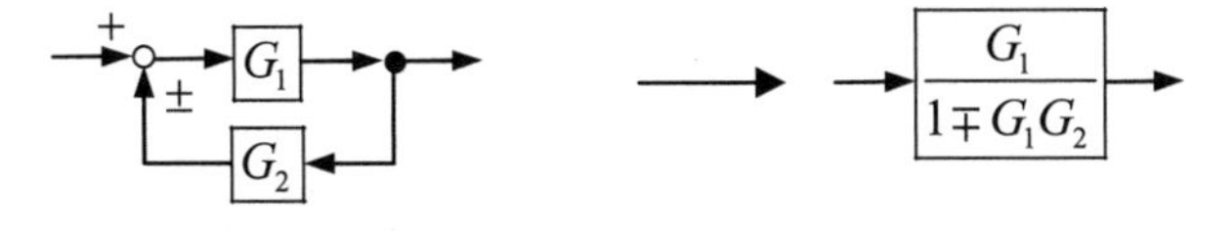

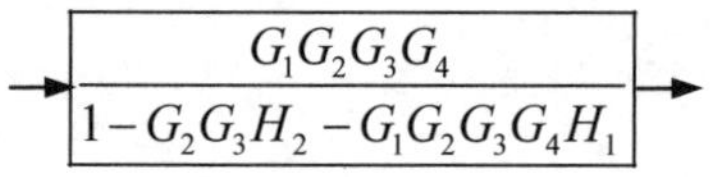

$$\frac{G_1G_2G_3G_4}{1-G_2G_3H_2-G_1G_2G_3G_4H_1}$$

Fig.3.11-c

First, using rule 2 we move $H_2$ before $G_4$ block. An equivalent diagram is drawn in Fig.3.11-a. Further, using rule 3 with rule1 we eliminate $H_2/G_4$ loop as Fig.11-b, and then by reducing the cascade and eliminating loop $H_1$, we obtain Fig.3.11-c.

## 演習問題

【問題 3.1】 Find the Laplace transform of the following functions.

(1) $f(t)=e^{3t}$　　(2) $f(t)=1-e^{-\alpha t}$

(3) $f(t)=e^{-\beta t}\cos\omega t$　　(4) $f(t)=\sin(\omega t+\phi)$

【問題 3.2】 Find the inverse Laplace transform of the following functions.

(1) $F(s)=\dfrac{1}{s(s^2+\alpha^2)}$　　(2) $F(s)=\dfrac{s+1}{s(s^2+\alpha^2)}$

(3) $F(s)=\dfrac{1}{s^2(s+\alpha)}$　　(4) $F(s)=\dfrac{1}{s(s+\alpha)^2}$

(5) $F(s)=\dfrac{1}{s^3}$　　(6) $F(s)=\dfrac{4}{(s+2)(s+6)}$

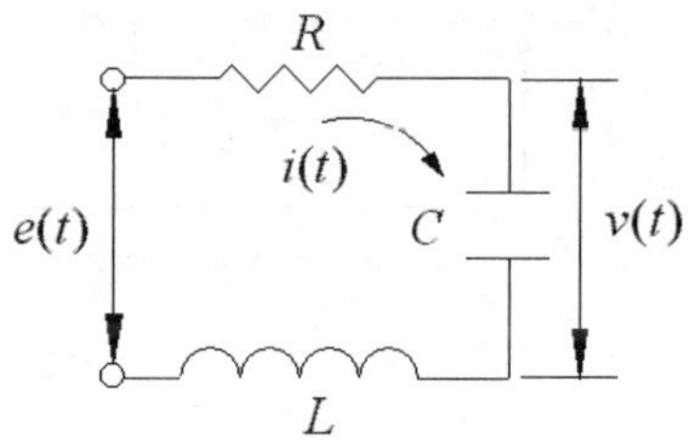

図.3.12　LRC 回路

【問題 3.3】 図 3.12 の LRC 回路の回路方程式を求めよ．さらに，LRC 回路の回路方程式と【例 2.6】,【例 2.7】で求めた方程式を比較し，電気系，機械系の対応表に作成せよ．

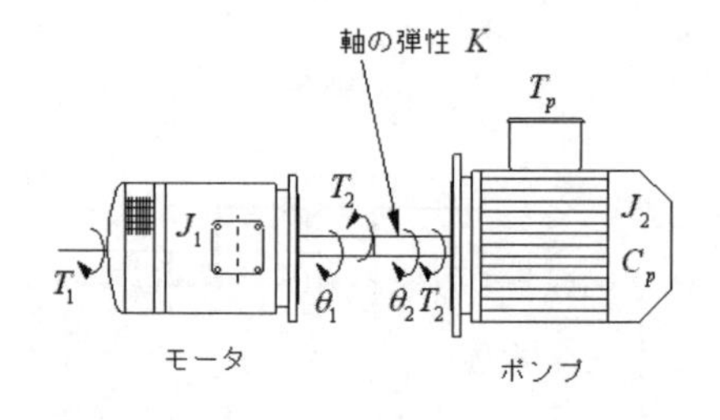


図.3.13　モーターポンプ機構

【問題 3.4】* 図 3.13 に示すのはモーターポンプ機構である．図中の記号は，$T_1$ はモータが発生するトルク，$T_2$ はモータ軸を通して伝達するトルクであり，また，$T_p$ は液体から受ける抵抗トルクである．$J_1$，$J_2$ は，モータおよびポンプの慣性モーメント，$K$ は軸の弾性定数，$C_p$ は液体の粘性抵抗である．$\theta_1$，$\theta_2$ はモータおよびポンプの軸の回転変位を表す．このモーターポンプ機構をモデル化し，入力を $T_1$，出力を $\theta_1$，$\theta_2$ としたときのそれぞれの伝達関数を求めよ

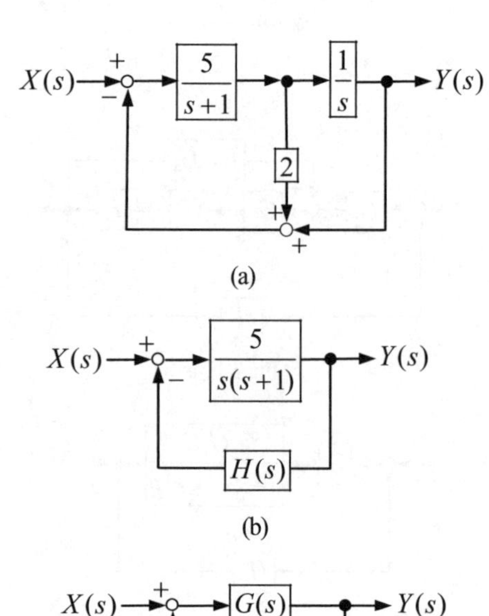


Fig.3.14　Equivalent block diagrams

【問題 3.5】 A block diagram of a system is shown in Fig.3.14(a). Determine $H(s)$ and $G(s)$ so that the three systems a, b and c are identical to each other.

Hint：Find the transfer functions for a, b and c, then compare them.

【問題 3.6】 図 3.15 のブロック線図の伝達関数を求めよ．

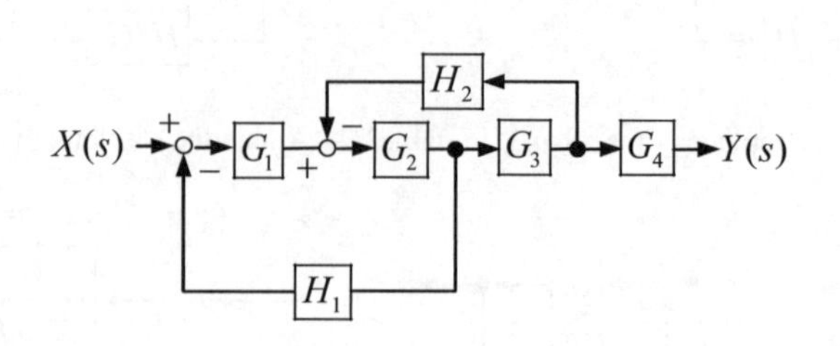


図 3.15　フィードバックシステム

第４章

# 応答の周波数特性

## The Response in Frequency Domain

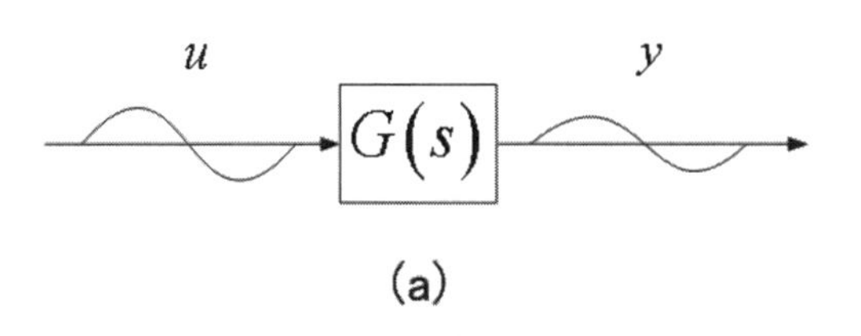


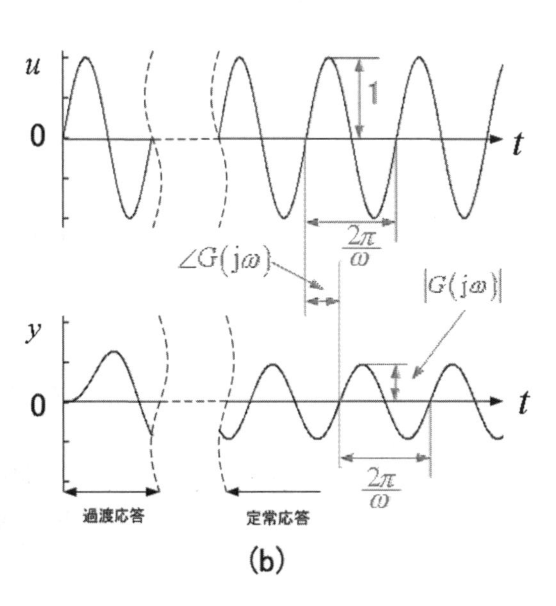


図 4.1 周波数応答

### 4・1　周波数伝達関数 (frequency transfer function)

安定な伝達関数 $G(s)$ に角周波数 $\omega$ [rad/sec] の正弦波入力 $u(t)=\sin\omega t$ を印加したとき（図 4.1(a)），十分時間が経過した後の出力である定常出力 $y(t)$ は

$$y(t)=|G(\mathrm{j}\omega)|\sin\{\omega t+\angle G(\mathrm{j}\omega)\} \tag{4.1}$$

となる（図 4.1(b)）.

伝達関数 $G(s)$ に $s=\mathrm{j}\omega$ を代入して得られる $G(\mathrm{j}\omega)$ は周波数伝達関数 (frequency transfer function) と呼ばれ，その絶対値 $|G(\mathrm{j}\omega)|$ はゲイン (gain)，偏角 $\angle G(\mathrm{j}\omega)$ は位相 (phase) と呼ばれる。ゲインは $|G(\mathrm{j}\omega)|$ を対数 $20\log_{10}|G(\mathrm{j}\omega)|$ に変換し，デシベル[dB]単位で表示することが多い.

代表的な伝達関数の周波数伝達関数，ゲイン，位相を表 4.1 に示す.

【例 4.1】　図 4.2 において，伝達関数 $G(s)$ が

$$G(s)=\frac{10}{s+2}$$

のとき，入力 $u(t)=\sin t$ に対する定常出力 $y(t)$ を求めよ.

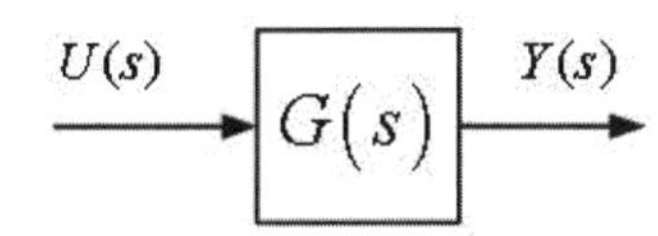


図 4.2　伝達関数と入出力

【解 4.1】　周波数伝達関数 $G(\mathrm{j}\omega)$ で $\omega=1$ とすれば

$$G(\mathrm{j})=\frac{10}{\mathrm{j}+2} \;\Rightarrow\; |G(\mathrm{j})|=\sqrt{\frac{10}{\mathrm{j}+2}\times\frac{10}{-\mathrm{j}+2}}=\sqrt{20},\quad \angle G(\mathrm{j})=\tan^{-1}\left(-\tfrac{1}{2}\right)$$

なので，定常出力 $y(t)$ は以下のようになる.

$$y(t)=\sqrt{20}\sin\left(t-\tan^{-1}\frac{1}{2}\right)$$

表 4.1 周波数伝達関数，ゲインと位相

| 伝達関数 $G(s)$ | 周波数伝達関数 $G(\mathrm{j}\omega)$ | ゲイン $\lvert G(\mathrm{j}\omega)\rvert$ | ゲイン $20\log_{10}\lvert G(\mathrm{j}\omega)\rvert$ | 位相 $\angle G(\mathrm{j}\omega)$ |
|---|---|---|---|---|
| 比例要素　$K(>0)$ | $K$ | $K$ | $20\log_{10}K$ | $0$ |
| 積分要素　$\frac{1}{s}$ | $\frac{1}{\mathrm{j}\omega}$ | $\frac{1}{\omega}$ | $-20\log_{10}\omega$ | $-\frac{\pi}{2}$ |
| 一次遅れ系　$\frac{1}{1+Ts}$ | $\frac{1}{1+\mathrm{j}\omega T}$ | $\frac{1}{\sqrt{1+(\omega T)^2}}$ | $-20\log_{10}\sqrt{1+(\omega T)^2}$ | $-\tan^{-1}(\omega T)$ |
| 二次系　$\frac{\omega_n^2}{s^2+2\zeta\omega_n s+\omega_n^2}$ | $\frac{\omega_n^2}{(\omega_n^2-\omega^2)+j2\zeta\omega_n\omega}$ | $\frac{1}{\sqrt{\left\{1-\left(\frac{\omega}{\omega_n}\right)^2\right\}^2+\left(2\zeta\frac{\omega}{\omega_n}\right)^2}}$ | $-20\log_{10}\sqrt{\left\{1-\left(\frac{\omega}{\omega_n}\right)^2\right\}^2+\left(2\zeta\frac{\omega}{\omega_n}\right)^2}$ | $-\tan^{-1}\frac{2\zeta\left(\frac{\omega}{\omega_n}\right)}{1-\left(\frac{\omega}{\omega_n}\right)^2}$ |

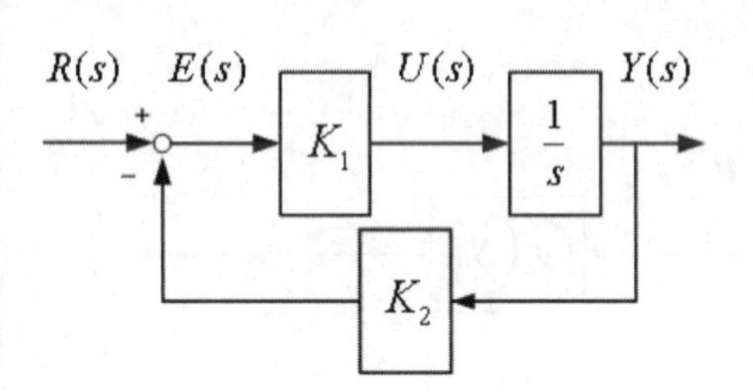


Fig 4.3　Example 4.2

【例 4.2】　Consider a feedback control system shown in Fig.4.3. In order to know the gains $K_1(>0)$ and $K_2(>0)$, the reference input $r(t)$ was chosen as a sinusoidal signal $r(t)=\sin(\omega t)$, and then the amplitude of steady state output $y(t)$ was measured. Suppose that the amplitude is 1 for $\omega=1$, and the amplitude is $1/\sqrt{3}$ for $\omega=2$, find the values of the gains $K_1$ and $K_2$.

【解 4.2】　The transfer function $W(s)$ from $r(t)$ to $y(t)$ is given by,

$$G(s)=\frac{K_1}{s+K_1K_2}\ .$$

Therefore, the conditions of the amplitude imply that

$$1=\left|\frac{K_1}{\mathrm{j}+K_1K_2}\right|^2=\frac{K_1^{\ 2}}{1+K_1^{\ 2}K_2^{\ 2}},\qquad \frac{1}{3}=\left|\frac{K_1}{2\mathrm{j}+K_1K_2}\right|^2=\frac{K_1^{\ 2}}{4+K_1^{\ 2}K_2^{\ 2}}\ .$$

Then we obtain $K_1=\sqrt{3/2}$ and $K_2=\sqrt{1/3}$.

## 4・2　ベクトル軌跡 (vector locus)と Bode 線図（Bode diagram）

### 4・2・1　ベクトル軌跡

周波数伝達関数 $G(\mathrm{j}\omega)$ を図示する方法の一つであり，角周波数 $\omega$ を 0 から$+\infty$まで変化させたときの複素数 $G(\mathrm{j}\omega)$ を複素数平面上にプロットしたものである．代表的な要素のベクトル軌跡（vector locus）を図 4.4 に示す．

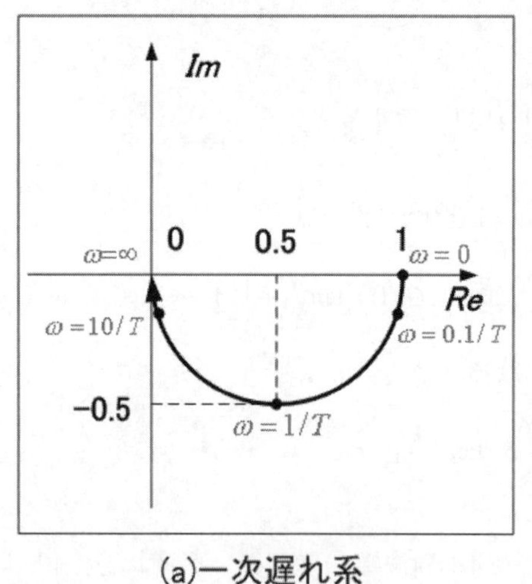


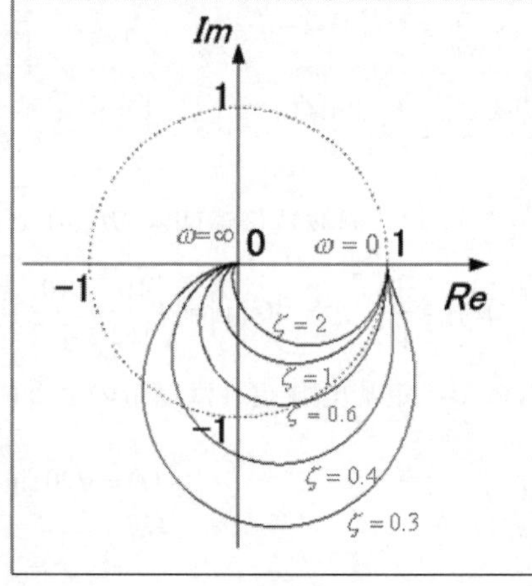


(a)一次遅れ系　　(b)二次系

図 4.4 ベクトル軌跡

### 4・2・2　Bode 線図

周波数伝達関数 $G(\mathrm{j}\omega)$ を図示する方法の一つであり，ゲイン線図（gain diagram），位相線図（phase diagram）という二つの線図から構成される．

ゲイン線図は横軸に角周波数 $\omega$ を，縦軸にゲイン $20\log_{10}|G(\mathrm{j}\omega)|$ をとった線図であり，位相線図は横軸に角周波数 $\omega$ を，縦軸に位相 $\angle G(\mathrm{j}\omega)$ をとった線図である．いずれの線図も横軸は対数目盛り $\log_{10}\omega$ をとることが多い．$\omega$ が 10 倍となる横軸の間隔を 1 デカード(decade,[dec])と呼ぶ．

代表的な要素の Bode 線図を図 4.5 に示す．

**(a)** 一次遅れ系：ゲイン線図は折点角周波数(break point frequency) $\omega=1/T$ [rad/sec]

まで一定値 0[dB]

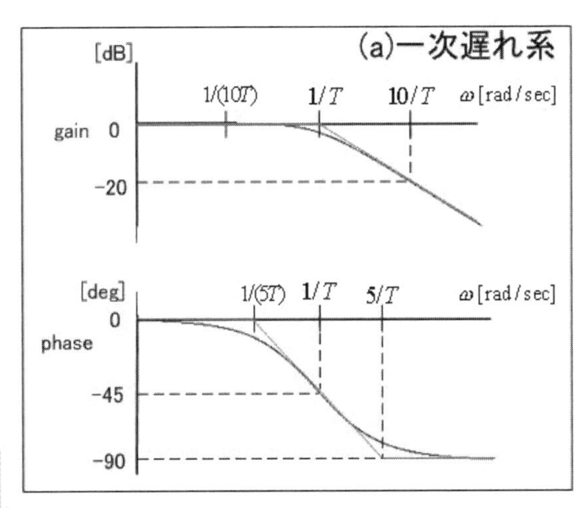


の直線と $\omega=1/T$ で 0[dB]を通る傾き-20[dB/dec]の直線で近似される．位相線図は，角周波数 $\omega$ の増加に伴い，0[deg]から-90[deg]まで単調減少し，折点角周波数 $\omega=1/T$ [rad/sec]で-45[deg]を通る．位相線図も折れ線近似される．

**(b) 二次系 :** 図では横軸が $\omega/\omega_n$ になっている．ゲイン線図の $\omega/\omega_n=1$ 付近の様子は，$\zeta$ の値によって，大きく異なるが，$\omega/\omega_n\leq 1$ の区間では一定値 0[dB]の直線で，$\omega/\omega_n\geq 1$ の区間では傾き-40[dB/dec]の直線で近似できる．位相線図は，$\omega/\omega_n$ の増加に伴って，0[deg]から-180[deg]へと単調減少していく．$\omega/\omega_n=1$ では-90[deg]である．

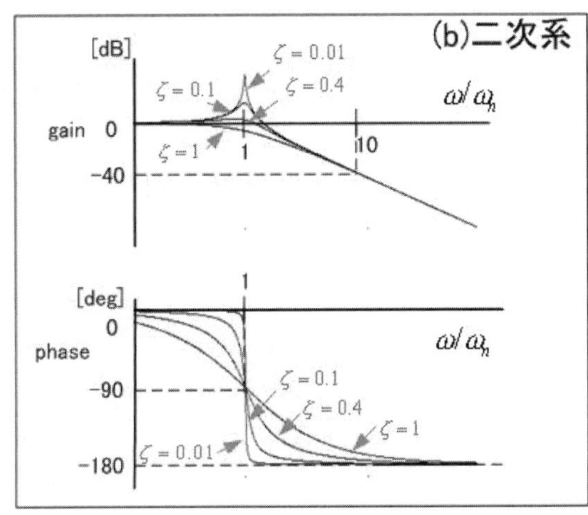


図 4.5 Bode 線図

【例 4.3】 つぎの伝達関数の周波数伝達関数，ゲイン，位相を求め，ベクトル軌跡と Bode 線図の概形を示せ．

$$G(s)=\frac{1+10s}{s(1+2s)^2}$$

【解 4.3】 周波数伝達関数

$$G(\mathrm{j}\omega)=\frac{1+\mathrm{j}10\omega}{\mathrm{j}\omega(1+\mathrm{j}2\omega)^2}$$

より，ゲインと位相は

$$\left|G(\mathrm{j}\omega)\right|=\frac{\sqrt{1+100\omega^2}}{\omega(1+4\omega^2)},\qquad \angle G(\mathrm{j}\omega)=-\tan^{-1}\frac{1+36\omega^2}{\omega(6-40\omega^2)}$$

である．

$G(\mathrm{j}\omega)$ のベクトル軌跡の概形を考える．$G(s)$ は原点に 1 つ極をもち，相対次数（＝分母多項式の次数と分子多項式の次数差）が 2 であるから，$\omega$ が 0 に近いところのベクトル軌跡は $1/s$ のベクトル軌跡に似ており，$\omega$ が極めて大きいところのベクトル軌跡は $1/s^2$ のベクトル軌跡に似ている．また，$\omega=\sqrt{3/20}$ で $\angle G(\mathrm{j}\omega)=-\pi/2$，$\left|G(\mathrm{j}\omega)\right|=5\sqrt{5}/3$ である．よって，$G(\mathrm{j}\omega)$ のベクトル軌跡の概形は図 4.6 の通りである．

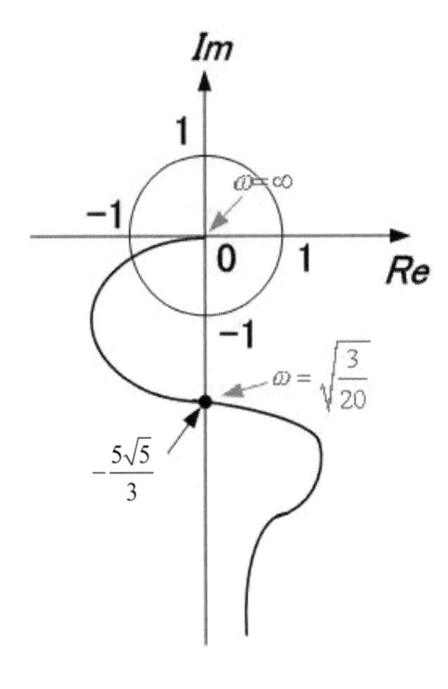


図 4.6 ベクトル軌跡（例 4. 3）

次に，$G(\mathrm{j}\omega)$ の Bode 軌跡の概形を考える．

$$G_1(s)=\frac{1}{s},\qquad G_2(s)=\frac{1}{1+2s},\qquad G_3(s)=1+10s$$

とおけば，$G(s)=G_1(s)G_2(s)G_2(s)G_3(s)$ であり，

$$20\log_{10}\left|G(\mathrm{j}\omega)\right|=20\log_{10}\left|G_1(\mathrm{j}\omega)\right|+2\times 20\log_{10}\left|G_2(\mathrm{j}\omega)\right|+20\log_{10}\left|G_3(\mathrm{j}\omega)\right|$$
$$\angle G(\mathrm{j}\omega)=\angle G_1(\mathrm{j}\omega)+2\times\angle G_2(\mathrm{j}\omega)+\angle G_3(\mathrm{j}\omega)$$

である．よって，$G(\mathrm{j}\omega)$ の Bode 軌跡はゲイン線図，位相線図ともに，$G_1(s)$，$G_2(s)$，$G_3(s)$ の Bode 線図を線図上で加え合わせて得られる．$H(s)=1/(1+10s)$ とおけば，$G_3(s)=1/H(s)$ であり，

$$20\log_{10}\left|G_3(\mathrm{j}\omega)\right|=-20\log_{10}\left|H(\mathrm{j}\omega)\right|$$
$$\angle G_3(\mathrm{j}\omega)=-\angle H(\mathrm{j}\omega)$$

であるから，$G_3(s)$ の Bode 線図は，一次遅れ系 $H(s)$ の Bode 線図を，ゲイン線図では 0[dB]の軸で上下対称に，位相線図では 0[deg]の軸で上下対称に変換して得られる．以上から，$G(\mathrm{j}\omega)$ の Bode 軌跡の概形は図 4.7 の通りである．

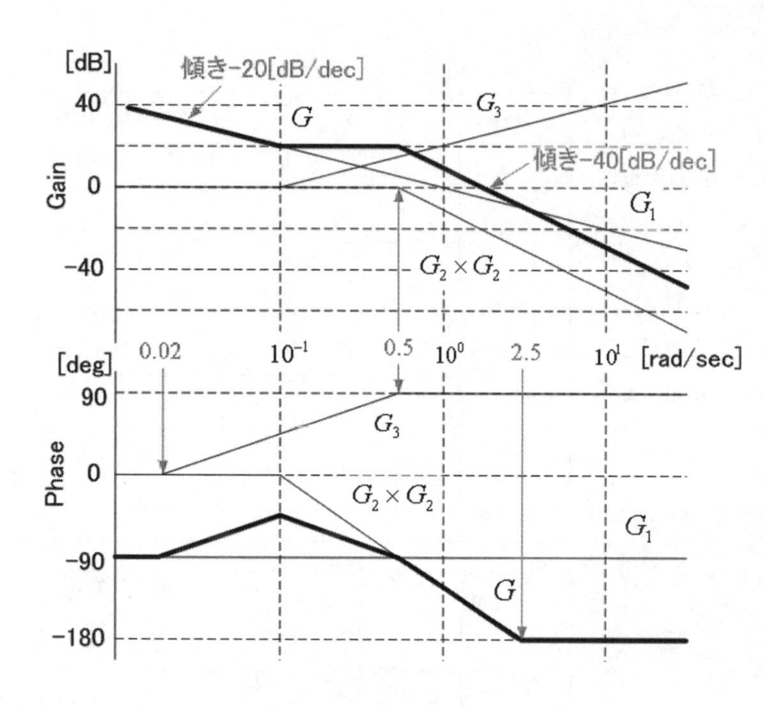


図 4.7 Bode 線図（例 4.3）

【例 4.4】　Consider the transfer function

$$G(s) = \frac{b_{n-1}s^{n-1} + b_{n-2}s^{n-1} + \cdots + b_1 s + b_0}{s^n + a_{n-1}s^{n-1} + a_{n-2}s^{n-1} + \cdots + a_1 s + a_0}$$

where $a_i$ and $b_i$ ($i = 0, 1, \cdots, n-1$) are real numbers. Then prove the following properties about the gain and phase of the frequency transfer function $G(\mathrm{j}\omega)$.

(1)　$|G(-\mathrm{j}\omega)| = |G(\mathrm{j}\omega)|$

(2)　$\angle G(-\mathrm{j}\omega) = -\angle G(\mathrm{j}\omega)$

Note: Those properties (1) and (2) imply that $|G(\mathrm{j}\omega)|$ is an even function with respect to $\omega$ and $\angle G(\mathrm{j}\omega)$ is an odd function.

【解 4.4】　Denote the denominator and the numerator of $G(s)$ by $A(s)$ and $B(s)$ respectively, i.e.,

$$A(s) = s^n + a_{n-1}s^{n-1} + a_{n-2}s^{n-1} + \cdots + a_1 s + a_0$$
$$B(s) = b_{n-1}s^{n-1} + b_{n-2}s^{n-1} + \cdots + b_1 s + b_0$$

and notice that

$$A(-\mathrm{j}\omega) = A\left(\overline{\mathrm{j}\omega}\right) = \overline{A(\mathrm{j}\omega)}, \qquad B(-\mathrm{j}\omega) = B\left(\overline{\mathrm{j}\omega}\right) = \overline{B(\mathrm{j}\omega)}$$

where $\overline{\alpha}$ denotes complex conjugate of $\alpha$. Before proving the properties (1) and (2), we have to recall the following properties of complex numbers: for complex numbers $\alpha$ and $\beta$, it holds that

$$|\overline{\alpha}| = |\alpha|, \quad \left|\frac{\beta}{\alpha}\right| = \frac{|\beta|}{|\alpha|}, \quad \angle\overline{\alpha} = -\angle\alpha, \quad \angle\frac{\beta}{\alpha} = \angle\beta - \angle\alpha \quad .$$

From those properties, it follows that

$$|G(-\mathrm{j}\omega)| = \left|\frac{B(-\mathrm{j}\omega)}{A(-\mathrm{j}\omega)}\right| = \frac{|B(-\mathrm{j}\omega)|}{|A(-\mathrm{j}\omega)|} = \frac{\left|\overline{B(\mathrm{j}\omega)}\right|}{\left|\overline{A(\mathrm{j}\omega)}\right|} = \frac{|B(\mathrm{j}\omega)|}{|A(\mathrm{j}\omega)|} = \left|\frac{B(\mathrm{j}\omega)}{A(\mathrm{j}\omega)}\right| = |G(\mathrm{j}\omega)|$$

and

$$\angle G(-\mathrm{j}\omega) = \angle\frac{B(-\mathrm{j}\omega)}{A(-\mathrm{j}\omega)} = \angle\frac{\overline{B(-\mathrm{j}\omega)}}{\overline{A(-\mathrm{j}\omega)}} = \angle\overline{B(-\mathrm{j}\omega)} - \angle\overline{A(-\mathrm{j}\omega)}$$
$$= -\{\angle B(\mathrm{j}\omega) - \angle A(\mathrm{j}\omega)\} = -\angle\frac{B(\mathrm{j}\omega)}{A(\mathrm{j}\omega)} = -\angle G(\mathrm{j}\omega)$$

Thus we has proven the properties (1) and (2).

## 演習問題

【問題 4.1】 図 4.8 に示すフィードバック制御系において，目標値 $R(s)$ として $r(t)=\sin t-2\cos(2t)$ を印加したとき，十分時間が経過した後の定常出力 $y(t)$ を求めよ．

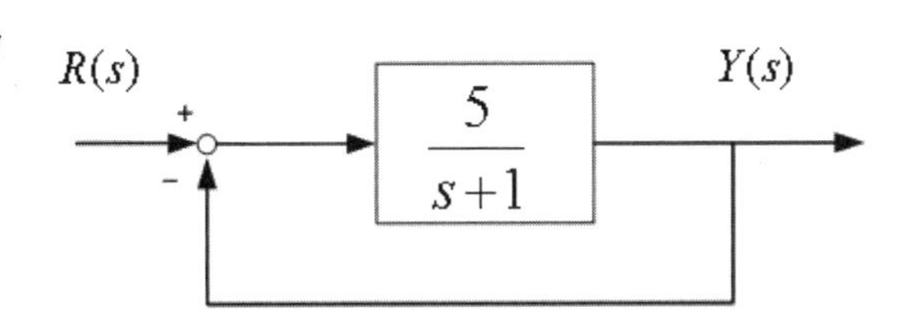


図 4.8 問題 4.1

【問題 4.2】 二次系

$$G(s)=\frac{\omega_n^2}{s^2+2\zeta\omega_n s+\omega_n^2}$$

に正弦波入力 $u(t)=\sin(\omega t)$ を入力したときに得られる定常出力 $y(t)$ の振幅が最大になる角周波数 $\omega$ を求めよ．ただし，$0<\zeta<1/\sqrt{2}$ とする．

【問題 4.3】 つぎの伝達関数のベクトル軌跡の概形を図示せよ．

(1) $G_1=\dfrac{1+T_2s}{1+T_1s}$ (2) $G_2=\dfrac{1-T_2s}{1+T_1s}$ (3) $G_3=-\dfrac{1+T_2s}{1+T_1s}$

ただし，$0<T_1<T_2$ である．

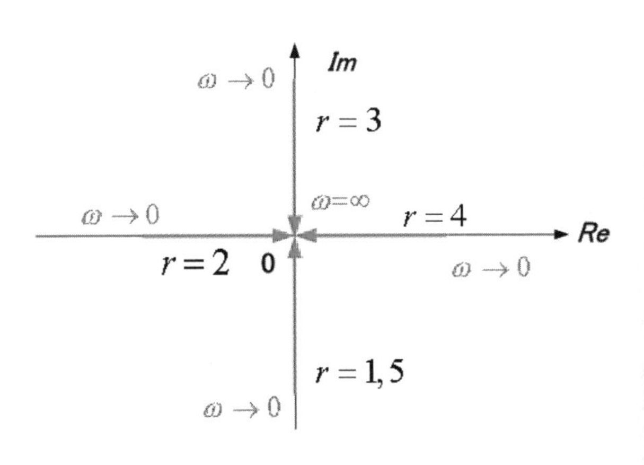


図 4.9 問題 4.4

【問題 4.4】 図 4. 9 は伝達関数 $G_r(s)=\dfrac{1}{s^r}$ のベクトル軌跡（$r=1,2,3,4,5$）である．つぎの（1），（2）に答えよ．

（1） 一般の $r$ （正整数）に対して $G_r(s)$ のベクトル軌跡がどのようになるかを検討せよ．

（2） 伝達関数 $G(s)=\dfrac{B(s)}{A(s)}$ の分母多項式 $A(s)$ の次数 $n$ と分子多項式 $B(s)$ の次数 $m$ の差 $r=n-m$ は伝達関数 $G(s)$ の相対次数と呼ばれる．相対次数 $r\geq 1$ の場合，ベクトル軌跡 $G(j\omega)$ は $\omega\to\infty$ に伴って複素平面の原点に漸近することになるが，その漸近の様子を（1）の結果から類推せよ．

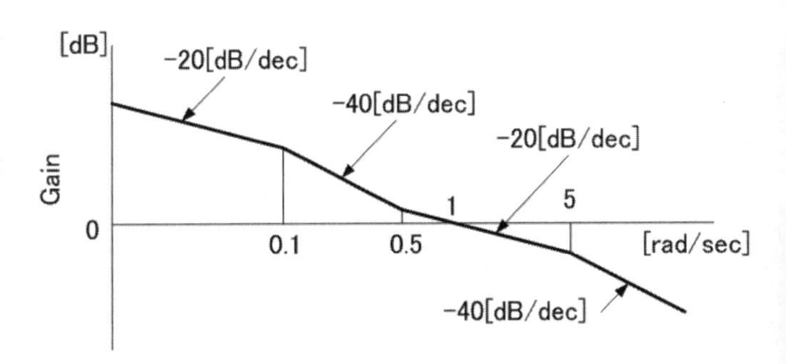


図 4.10 問題 4.5

【問題 4.5】 図 4.10 を Bode 線図（ゲイン線図）とする伝達関数 $G(s)$ を求めよ．ただし，$G(s)$ の極，零点はすべて安定とする．また，$G(s)$ の位相線図の概形を示せ．

**【問題 4.6】** Obtain a steady state output $y(t)$ for the reference input $r(t)=\sin(2t)$ in a feedback control system shown in Fig.4.11.

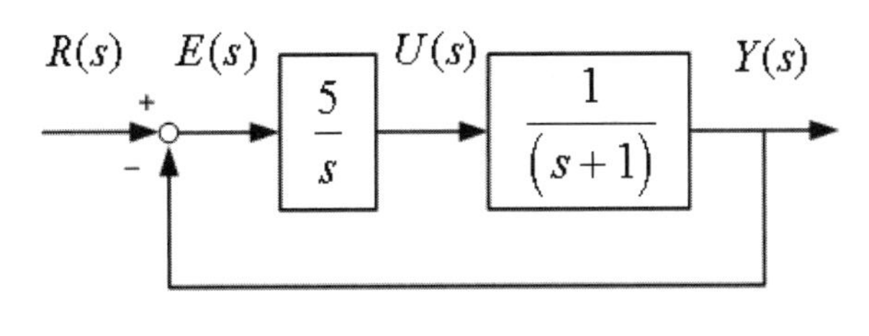


図 4.11 問題 4.6

**【問題 4.7】** Consider a feedback control system shown in Fig.4.12. Suppose that the steady state output $y(t)$ is observed as

$$y(t)=\sqrt{2}\sin\left(t-\frac{\pi}{4}\right)$$

for the reference input $R(s)$ with $r(t)=\sin t$. What are the constants $K(>0)$ and $T(>0)$?

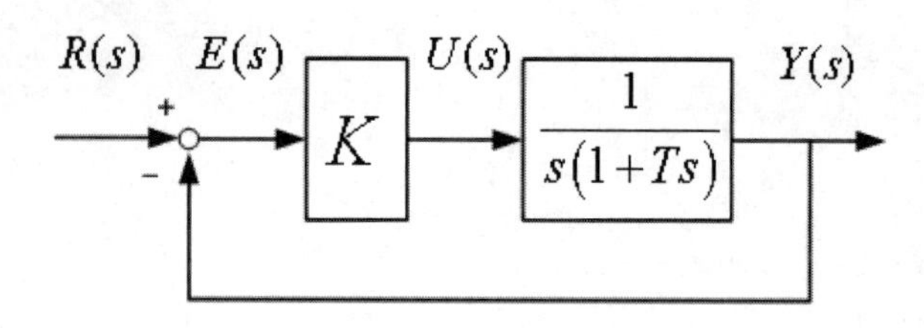


Fig 4.12　Problem 4.7

【問題 4.8】 * Prove that the vector locus of the first-order system $G(s)=\dfrac{1}{1+Ts}$ is a semicircle with its center $0.5+\mathrm{j}0$ and radius $0.5$.

【問題 4.9】 Plot Bode diagram of the following transfer function. $G(s)=\dfrac{125(s+2)}{(s^2-25)}$

【問題 4.10】 * Plot Bode diagrams of the following two transfer functions

$$G_m(s)=\frac{(1+10s)}{s(1+0.1s)}, \qquad G_{nm}(s)=\frac{(1-10s)}{s(1+0.1s)}$$

and compare those diagrams. The gain diagrams are same, but the phase diagrams are different.

Note: A transfer function is called minimum phase when all the zeros are stable. If a transfer function has at least one unstable zero, it is called non-minimum phase. So, $G_m(s)$ is minimum phase and $G_{nm}(s)$ is non-minimum phase.

第5章

# フィードバック制御

# Feedback Control

## 5・1 フィードバック制御系 (feedback control system)

図 5.1 で表される制御対象 $P$

$$y(t) = Pu(t) \tag{5.1}$$

に対して，以下のコントローラ(controller)を考え，

$$u(t) = K(r(t) - y(t)) \tag{5.2}$$

図 5.2 で表される閉ループ系(closed-loop system)を考える．このとき，図 5.2 はフィードバック系と呼ばれ，$P$ を安定化すること，目標値 $r(t)$ から出力 $y(t)$ までの応答を希望のものに近づけることを目的としている．このとき，$r(t)$ から $y(t)$ までの伝達関数は，

$$\begin{aligned} y(t) &= RK(r(t) - y(t)) \\ &= \frac{PK}{1+PK} r(t) \end{aligned} \tag{5.3}$$

となり，分母 = 0 の方程式，すなわち，

$$1 + PK = 0 \tag{5.4}$$

を特性方程式という．また，この方程式の解を特性根という．

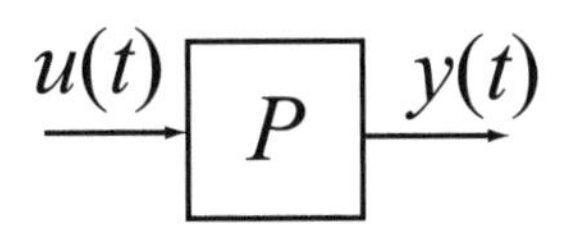


図 5.1 制御対象

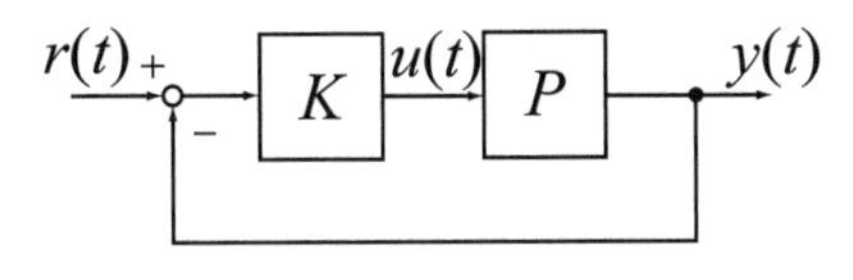


図 5.2 フィードバック系

【例 5.1】 Suppose that a plant and a controller are given by $P$ and $K$, respectively as follows.

$$P = \frac{1}{s+1} \tag{5.5}$$

$$K = \frac{10}{s+10} \tag{5.6}$$

Obtain the characteristic equation and characteristic roots of the feedback system shown in Fig.5.2.

【解 5.1】 From the equations (5.5) and (5.6), the characteristic equation is given by,

$$(s+1)(s+10) + 10 = s^2 + 11s + 20 = 0 \tag{5.7}$$

The roots of this equation are given by

$$s = \frac{-11 \pm \sqrt{41}}{2} \tag{5.8}$$

【例 5.2】 制御対象 $P$，コントローラ $K$ が次の式で表されるとき，

$$P = \frac{s+1}{s+3} \tag{5.9}$$

$$K = \frac{5}{s+1} \tag{5.10}$$

図5.3で表される閉ループ系の特性方程式と特性根を求めよ.

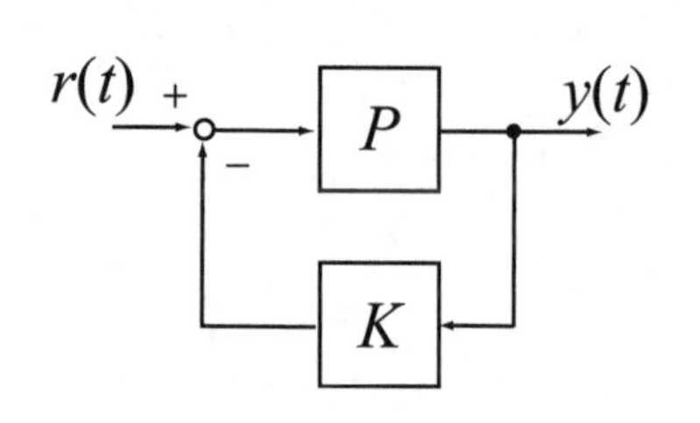


図5.3 フィードバック系(例5.2)

【解5.2】式(5.9)，(5.10)より，特性方程式は次式のようになる.

$$(s+1)(s+3)+5(s+1)=s^2+9s+8=0 \tag{5.11}$$

これより，特性根は

$$s=-1,-8 \tag{5.12}$$

ここで注意したいのは，図5.3における$r$から$y$までの伝達関数$G_{cl}(s)$は

$G_{cl}(s)=\dfrac{s+3}{s+8}$となり，閉ループ系の極は$s=-8$のみに見えることである．しかし，

これは$s=-1$の極と$s=-1$の零点が極零相殺を起こし，見かけ上消えているだけのもので，閉ループ系の極という観点では$s=-1$は存在している.

## 5・2　フィードバック系の安定性 (stability of feedback system)

フィードバック系において，特性根の実部が

- 全て負のとき：安定(stable)
- 一つでも正のものが含まれるとき：不安定(unstable)

となる．安定性を調べる方法として，以下のものが知られている．これは多項式の解を求めるのが困難であった昔に発達した古典的な手法であり，計算機の発達した今日では，高い近似で特性方程式の解は簡単に得られる.

(a) ラウスの方法

次の特性方程式

$$s^n+a_{n-1}s^{n-1}+a_{n-2}s^{n-2}+\cdots a_0=0 \tag{5.13}$$

において，左の表5.1(ラウスの表)を作る．ここで，パラメータは以下のように定義する.

表5.1　ラウスの表

| | | | | | |
|---|---|---|---|---|---|
| $s^n$ | $R_{11}$ | $R_{12}$ | $R_{13}$ | $R_{14}$ | $\cdots$ |
| $s^{n-1}$ | $R_{21}$ | $R_{22}$ | $R_{23}$ | $R_{24}$ | $\cdots$ |
| $s^{n-2}$ | $R_{31}$ | $R_{32}$ | $R_{33}$ | $R_{34}$ | $\cdots$ |
| $s^{n-3}$ | $R_{41}$ | $R_{42}$ | $R_{43}$ | $R_{44}$ | $\cdots$ |
| $\vdots$ | $\vdots$ | $\vdots$ | $\vdots$ | $\vdots$ | $\vdots$ |
| $s^2$ | $R_{(n-1)1}$ | $R_{(n-1)2}$ | 0 | | |
| $s^1$ | $R_{(n)1}$ | 0 | 0 | | |
| $s^0$ | $R_{(n+1)1}$ | 0 | 0 | | |

$$\begin{aligned} &R_{11}=1,\quad R_{12}=a_{n-2},\quad R_{13}=a_{n-4},\quad \cdots \\ &R_{21}=a_{n-1},\quad R_{22}=a_{n-3},\quad R_{23}=a_{n-5},\quad \cdots \end{aligned} \tag{5.14}$$

さらに，$R_{31}$以降は以下のように作成する.

$$\begin{aligned} &R_{31}=\frac{R_{21}R_{12}-R_{11}R_{22}}{R_{21}} \quad R_{32}=\frac{R_{21}R_{13}-R_{11}R_{23}}{R_{21}} \\ &R_{33}=\frac{R_{21}R_{14}-R_{11}R_{24}}{R_{21}} \quad \cdots \\ &R_{41}=\frac{R_{31}R_{22}-R_{21}R_{32}}{R_{31}} \quad R_{42}=\frac{R_{31}R_{23}-R_{21}R_{33}}{R_{31}} \\ &R_{51}=\frac{R_{41}R_{32}-R_{31}R_{42}}{R_{41}} \quad \cdots \end{aligned} \tag{5.15}$$

$R_{11}$，$R_{21}$，$R_{31}$，$\cdots$をラウス数列という．このとき，式(5.13)の特性根の実部が全て負であるための必要十分条件は以下の二つが成り立つことである.

(1)　係数$a_i$　($i$=0，1，2，$\cdots$，$n-1$)が全て正である.

(2)　ラウス数列$R_{i1}$　($i$=3，4，$\cdots$，$n$)が全て正である.

(b) フルビッツの方法

式(5.13)の特性方程式から次の行列を作る.

$$H=\begin{bmatrix} a_{n-1} & a_{n-3} & a_{n-5} & a_{n-7} & \cdots & 0 \\ 1 & a_{n-2} & a_{n-4} & a_{n-6} & \cdots & 0 \\ 0 & a_{n-1} & a_{n-3} & a_{n-5} & \cdots & 0 \\ 0 & 1 & a_{n-2} & a_{n-4} & \cdots & 0 \\ \vdots & \vdots & \vdots & \vdots & \ddots & \vdots \\ 0 & \cdots & \cdots & \cdots & \cdots & a_0 \end{bmatrix} \tag{5.16}$$

この行列 $H$ の部分行列から以下のような行列式を考える．

$$H_2=\begin{vmatrix} a_{n-1} & a_{n-3} \\ 1 & a_{n-2} \end{vmatrix}$$
$$H_3=\begin{vmatrix} a_{n-1} & a_{n-3} & a_{n-5} \\ 1 & a_{n-2} & a_{n-4} \\ 0 & a_{n-1} & a_{n-3} \end{vmatrix} \tag{5.17}$$

このとき，特性方程式の解の実数部分が負となるための必要十分条件は

(1) 係数 $a_i$ （$i=0,\ 1,\ \cdots,\ n-1$)が全て正であること．

(2) $H$ （$i=2,\ 3,\ \cdots,\ n-1$)が全て正であること

である．

(c)ナイキストの安定判別

ナイキスト線図：伝達関数 $P(s)$ で表されるシステムに対して複素平面上で $s$ を図 5.4 のように $c\to a\to b\to c$ となる閉曲線 $C$ 上を動かしたときの複素数 $w$

$$w=P(s)=R_w+jI_w \tag{5.18}$$

を複素平面上にプロットしたものをナイキスト線図という．これはベクトル軌跡とこれを実数軸に対称に写した軌跡を合わせたものとなる．

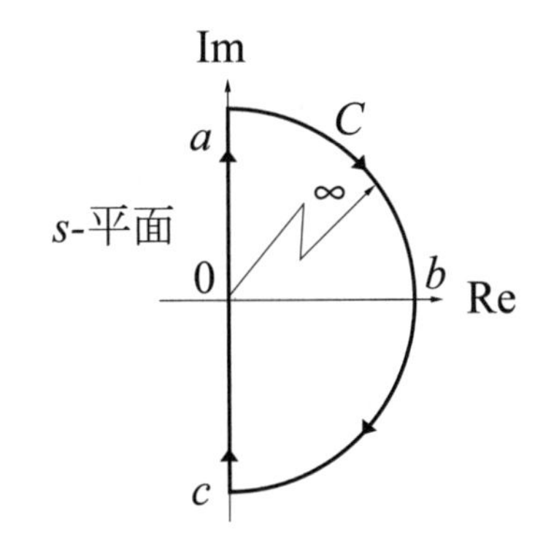


図 5.4　複素平面における $s$ の動き

ナイキストの安定判別法；この判別法では閉ループ系の不安定極の数を数えることで安定性を判別する．いま，図 5.2 で表される閉ループ系の開ループ伝達関数

$$G_o(s)=P(s)K(s) \tag{5.19}$$

を考える．ここで，

$$P(s)=\frac{N_p(s)}{D_p(s)} \tag{5.20}$$

$$K(s)=\frac{N_k(s)}{D_k(s)} \tag{5.21}$$

とおいて，さらに

$p_1,p_2,\cdots p_n$を開ループ系$P(s)K(s)$の極

$z_1,z_2,\cdots z_n$を閉ループ系$\dfrac{1}{1+P(s)K(s)}$の極

とすると，特性方程式は次式のようになる．

$$\begin{aligned} 1+P(s)K(s) &= \frac{D_p(s)D_k(s)+N_p(s)N_k(s)}{D_p(s)D_k(s)} \\ &= \frac{a(s-z_1)(s-z_2)\cdots(s-z_n)}{(s-p_1)(s-p_2)\cdots(s-p_n)} \end{aligned} \tag{5.22}$$

このように，分子には閉ループ系の極，分母には開ループ系の極が現れ，

$P(s)$，$K(s)$ はそれぞれ既知なので $p_1$，$p_2$，…，$p_n$，$z_1$，$z_2$，…，$z_n$ もすべて既知である．また，$a$ は定数である．さて，ここで

$\Pi$：開ループ系の不安定極の数

$Z$: 閉ループ系の不安定極の数

としよう．このとき，図 5.4 の閉曲線 $C$ において，

$\Pi$：閉曲線$C$の内部にある，開ループ系の不安定極の数

$Z$: 閉曲線$C$の内部にある，閉ループ系の不安定極の数

と等価である．つぎに，

$$w = 1 + P(s)K(s) \tag{5.23}$$

を考える．$s$ を閉曲線 $C$ に沿って $0 \to a \to b \to c \to 0$ と，時計方向に 1 回転させる．このとき，$w$ は複素数の値をとりその複素平面上の軌跡を $\Gamma$ とする．ここで，

$N$: $\Gamma$が原点を時計方向にまわる回数

とすると以下の式が成り立つ．

$$Z = N + \Pi \tag{5.24}$$

$\Pi$ はシステムが既知であるため求められる．$N$ は図からその値が分かる．結果として閉ループ系の不安定極の数 $Z$ が計算できる．

ここでは $1+P(s)K(s)$ について考察したが，これを開ループ伝達関数 $P(s)K(s)$ について考えると

$N$: $\Gamma$が点$(-1,0)$の周りを時計回りにまわる回数

となる．以上をまとめると，ナイキストの安定判別法は以下の手順で行うことができる．

(1) 開ループ伝達関数 $P(s)K(s)$ のベクトル軌跡 $P(j\omega)K(j\omega)$ を周波数 $\omega = 0$ から $\infty$ で描く．さらに，これを実軸に関して上下対称に描き，ナイキスト線図を描く．

(2) ナイキスト線図が点 $(-1,0)$ の周りを時計回りにまわる回数を $N$ とする．

(3) 開ループ伝達関数 $P(s)K(s)$ の極の中で実部が正であるものの個数を $\Pi$ とする．

(4) 閉ループ伝達関数の不安定な極の数は $Z = N + \Pi$ で得られる．$Z = 0$ ならば閉ループ系は安定である．

【例 5.3】特性方程式が以下の式で与えられたとき，

$$s^5 + 3s^4 + 2s^3 + s^2 + 3s + 2 = 0 \tag{5.25}$$

この特性方程式の解の安定性をラウスの方法によって調べよ．

表 5.2　例 5.3

| | | | |
|---|---|---|---|
| $s^5$ | 1 | 2 | 3 |
| $s^4$ | 3 | 1 | 2 |
| $s^3$ | 5/3 | 7/3 | 0 |
| $s^2$ | −16/5 | 2 | |
| $s^1$ | 27/8 | 0 | |
| $s^0$ | 2 | | |

【解 5.3】この特性方程式に対するラウスの表 5.2 は左のようになる．これより，ラウス数列は +++−++ と変化する．ラウス数列の符号が 2 度入れ代わるため，不安定極は 2 個とわかり，不安定であるといえる．実際，式(5.25)は

$$(s^2 - s + 1)(s+1)^2(s+2) = 0 \tag{5.26}$$

と因数分解され，特性根は

$$s = -2, -1, \frac{1 \pm \sqrt{3}j}{2} \tag{5.27}$$

となり，不安定極を 2 個持つことが分かる．

【例 5.4】 Consider the linear system represented by the following transfer function $P(s)$

$$P(s)=\frac{1}{s(s+1)} \tag{5.28}$$

Obtain the range of $k$ so that the closed loop system is stable with the following controller $K(s)$ based on Routh stability condition.

$$K(s)=\frac{k}{s+2} \tag{5.29}$$

【解 5.4】 The characteristic equation of the closed loop system is as follows.

$$\begin{aligned} &1+P(s)K(s)=0 \\ &s^3+3s^2+2s+k=0 \end{aligned} \tag{5.30}$$

Then, Routh's table is shown on the right. From this result, the range of $k$ that stabilizes the closed loop system is obtained as follows.

$$0<k<6 \tag{5.31}$$

表 5.3　例 5.4

| | | |
|---|---|---|
| $s^3$ | 1 | 2 |
| $s^2$ | 3 | $k$ |
| $s^1$ | $(6-k)/3$ | 0 |
| $s^0$ | $k$ | |

【例 5.5】 式(5.25)で表される特性方程式の安定性をフルビッツの方法を用いて調べよ．

【解 5.5】 特性多項式の係数から，以下の行列を求める．

$$H=\begin{bmatrix} 3 & 1 & 2 & 0 & 0 \\ 1 & 2 & 3 & 0 & 0 \\ 0 & 3 & 1 & 2 & 0 \\ 0 & 1 & 2 & 3 & 0 \\ 0 & 0 & 3 & 1 & 2 \end{bmatrix} \tag{5.32}$$

これより，

$$\begin{aligned} &H_2=\begin{vmatrix} 3 & 1 \\ 1 & 2 \end{vmatrix}=5, \quad H_3=\begin{vmatrix} 3 & 1 & 2 \\ 1 & 2 & 3 \\ 0 & 3 & 1 \end{vmatrix}=-16, \\ &H_4=\begin{vmatrix} 3 & 1 & 2 & 0 \\ 1 & 2 & 3 & 0 \\ 0 & 3 & 1 & 2 \\ 0 & 1 & 2 & 3 \end{vmatrix}=-54, \quad H_5=\begin{vmatrix} 3 & 1 & 2 & 0 & 0 \\ 1 & 2 & 3 & 0 & 0 \\ 0 & 3 & 1 & 2 & 0 \\ 0 & 1 & 2 & 3 & 0 \\ 0 & 0 & 3 & 1 & 2 \end{vmatrix}=-108 \end{aligned} \tag{5.33}$$

となり，フルビッツの安定判別の条件(2)が満たされない．このため，システムは不安定であることが分かる．

【例 5.6】 伝達関数 $P(s)$ が式(5.28)で表される制御対象に対して，コントローラ $K(s)$ を式(5. 29)の形で与える．閉ループ系が安定となるための $k$ の範囲をフルビッツの方法を用いて求めよ．

【解 5.6】 構成される閉ループ系の特性方程式は式(5.30)で表される．これより，以下の行列を求める．

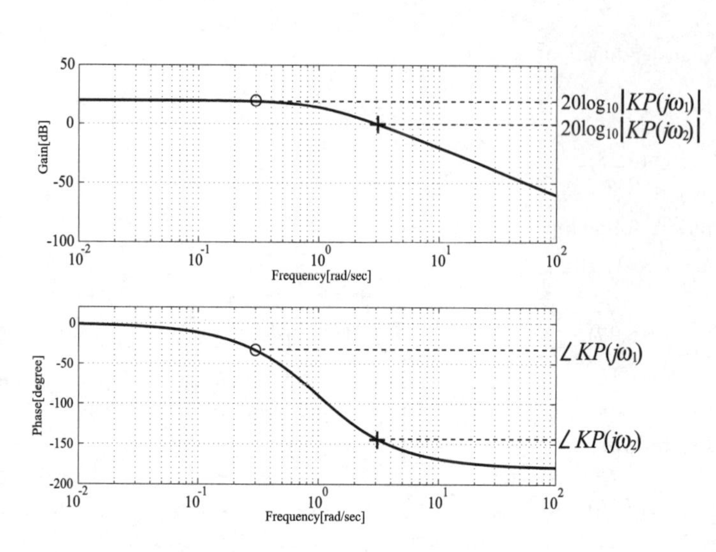


図 5.5　ボード線図(例 5.7)

$$H=\begin{bmatrix}3 & k & 0\\1 & 2 & 0\\0 & 3 & k\end{bmatrix} \tag{5.34}$$

これに基づいて，係数がすべて正より，

$$k>0 \tag{5.35}$$

また，

$$H_2=\begin{vmatrix}3 & k\\1 & 2\end{vmatrix}=6-k>0 \tag{5.36}$$

これらを合わせて

$$0<k<6 \tag{5.37}$$

が得られる．これは【例 5.3】の結果と一致する．

【例 5.7】 Consider the linear system $P(s)$ represented by the following transfer function

$$P(s)=\frac{1}{(s+1)^2} \tag{5.38}$$

Draw a Nyquist diagram by setting the controller $K(s)$ as

$$K(s)=10 \tag{5.39}$$

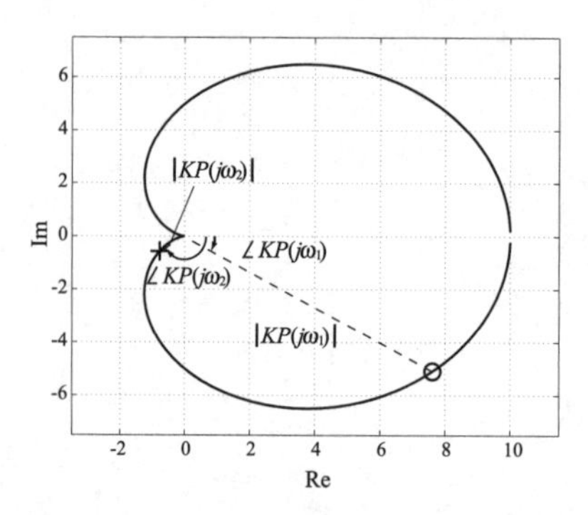


Fig. 5.6 Nyquist diagram (Example5.7)

【解 5.7】 The Bode diagram of the open-loop transfer function

$$G(s)=KP(s) \tag{5.40}$$

is shown in Fig.5.5. Based on this diagram, the Nyquist diagram is drawn as Fig. 5.6, where '○' and '+' correspond to those of Fig.5.5.

【例 5.8】 制御対象 $P(s)$ が

$$P(s)=\frac{1}{(s+1)^2} \tag{5.41}$$

で表されるシステムに対して，コントローラ $K(s)$ を

$$K(s)=\frac{30}{s+10} \tag{5.42}$$

と設計した．このときの閉ループ系の安定性をナイキストの安定判別法を用いて調べよ．

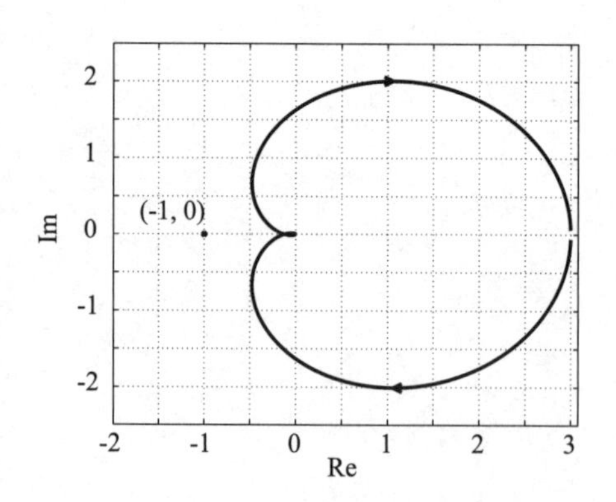


図 5.7　ナイキスト線図(例 5.8)

【解 5.8】

(1) 開ループ系 $P(s)K(s)$ のナイキスト線図は図 5. 7 のようになる．

(2) 図からナイキスト線図が点 $(-1,0)$ の周りを回る回数 $N=0$．

(3) 開ループ伝達関数 $P(s)K(s)$ の極の中で実部が正のものはないので $\Pi=0$．

(4) (2)，(3) の結果から閉ループ系の不安定極の数 $Z=N+\Pi=0$．よって，閉ループ系は安定である．

実際，特性方程式は

$$s^3+12s^2+21s+20=0 \tag{5.43}$$

であり，その解のように安定になる．

$$s=-1.01\times10,-9.40\times10^{-1}\pm1.05j \quad (\text{有効数字3桁}) \tag{5.44}$$

【例 5.9】 制御対象 $P(s)$ が

$$P(s)=\frac{1}{(s+1)^2(s-1)} \tag{5.45}$$

で表されるシステムに対して，コントローラ $K(s)$ を

$$K(s)=\frac{2}{s+1} \tag{5.46}$$

と設計した．このときの閉ループ系の安定性をナイキストの安定判別法を用いて調べよ．

【解 5.9】

(1) 開ループ系 $P(s)K(s)$ のナイキスト線図は図 5. 8 のようになる．

(2) 図からナイキスト線図が点 $(-1,0)$ の周りを回る回数 $N=1$．

(3) 開ループ伝達関数 $P(s)K(s)$ の極の中で実部が正のものの数は 1．よって $\Pi=1$．

(4) (2)，(3)の結果から閉ループ系の不安定極の数 $Z=N+\Pi=2$．よって，閉ループ系は不安定であり不安定極は 2 個ある．

実際，特性方程式は

$$s^4+2s^3-2s+1=0 \tag{5.47}$$

であり，その解は 2 つの不安定極で以下で与えられる．

$$s=-1.53\pm7.43\times10^{-1}j,5.29\times10^{-1}\pm2.57\times10^{-1}j \tag{5.48}$$

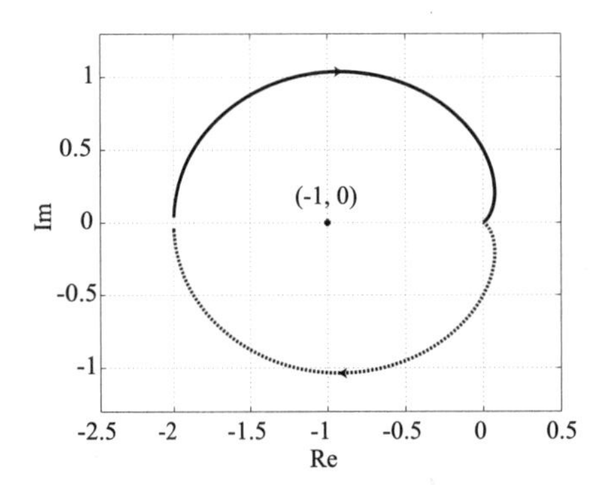

図 5.8　ナイキスト線図（例 5. 9）

(d)ゲイン余裕と位相余裕による安定判別

安定なフィードバック系の開ループ伝達関数 $P(s)K(s)$ に対し，$P(j\omega)K(j\omega)$ が複素平面上の安定限界(-1,j0)に達していない程度（余裕）を表すのが，位相余裕(phase margin)とゲイン余裕(gain margin)である．これは，ナイキスト線図でも，ボード線図でも，あるいはゲイン位相線図でも理解できる．

ゲイン余裕　ナイキスト線図（図5.9）の場合，位相が $-180°$ を横切るときの周波数(位相交差角周波数) $\omega_{cp}$ の開ループ伝達関数ゲイン $|P(j\omega_{cp})K(j\omega_{cp})|$ を用いると，ゲイン余裕 $G_m$ は次式で表される．

$$G_m=\frac{1}{\left|P(j\omega_{cp})K(j\omega_{cp})\right|} \tag{5.49}$$

位相余裕　図5.9でナイキスト線図が単位円を横切るときの周波数(ゲイン交差角周波数)を $\omega_{cg}$ とすると，位相余裕 $P_m$ は次式で与えられる．

$$P_m=180°+180°\angle[P(j\omega_{cg})K(j\omega_{cg})] \tag{5.50}$$

同じように、ボード線図におけるゲイン余裕は，

$$20\log_{10}|-1|-20\log_{10}|G_m|=-20\log_{10}\left|P(j\omega_{cp})K(j\omega_{cp})\right| \tag{5.51}$$

と表され，位相余裕は式(5.50)で与えられる（図 5.10）．

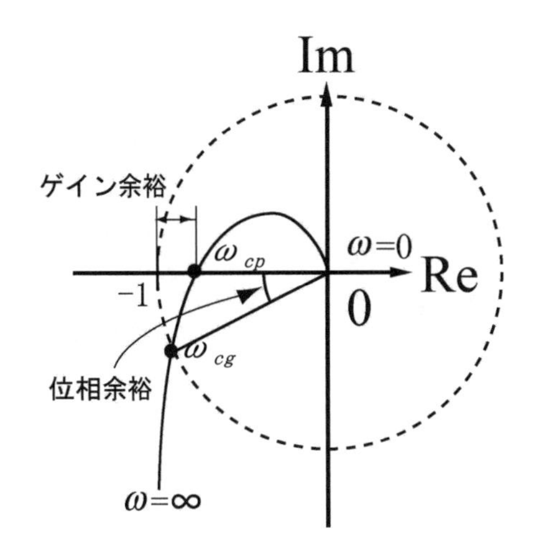

図 5.9　ゲイン余裕と位相余裕

【例 5.10】 次の伝達関数で表されるシステム $P(s)$ に対して，定数フィードバックコントローラ $K$ を用いて閉ループ系を構成した．このとき以下の問に

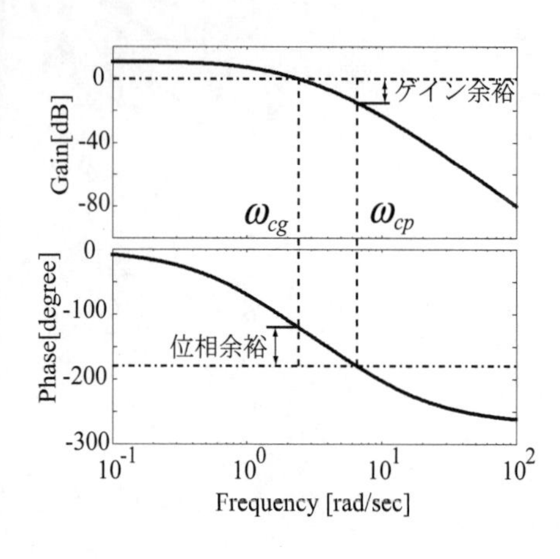


図5.10　ボード線図とゲイン余裕と位相余裕

答えよ．

$$P(s)=\frac{100}{(s+1)(s+10)^2} \tag{5.52}$$

(1)　$K=1$としたとき，ゲイン余裕を求めよ．

(2)　$K$を24.2より大きくすると閉ループ系は不安定になることを示せ．

【解 5.10】

(1)　$K=1$のとき開ループ伝達関数$PK$は

$$PK=\frac{100}{(s+1)(s+10)^2} \tag{5.53}$$

となる．このボード線図は図5.11の実線に示される．位相線図が$-180°$を横切るときの周波数$\omega$は次を満たす．

$$\angle\frac{100}{(j\omega+1)(j\omega+10)^2}=\angle\frac{100}{(-21\omega^2+100)+j(-\omega^3+120\omega)}=-180°$$

これより，$\dfrac{-\omega(\omega^2-120)}{-21\omega^2+100}=\tan(-180°)=0$から，$\omega=\sqrt{120}$を得る．

このとき，開ループ伝達関数のゲインは

$$\left|\frac{100}{(\sqrt{120}j+1)(\sqrt{120}j+10)^2}\right|=\left|\frac{-5}{121}\right| \tag{5.54}$$

となるので，ゲイン余裕$G_m$は$\left|\dfrac{121}{-5}\right|=24.2$

(2)　$K=1$のときのゲイン余裕が24.2であるため，$K=24.2$のとき閉ループ系は安定限界に達し，これより大きい数字では不安定になる．実際，$K=24.2$の場合の開ループ系のゲイン線図は図5.11の点線で表され(位相線図は変化なし)，ゲイン余裕はなくなる．

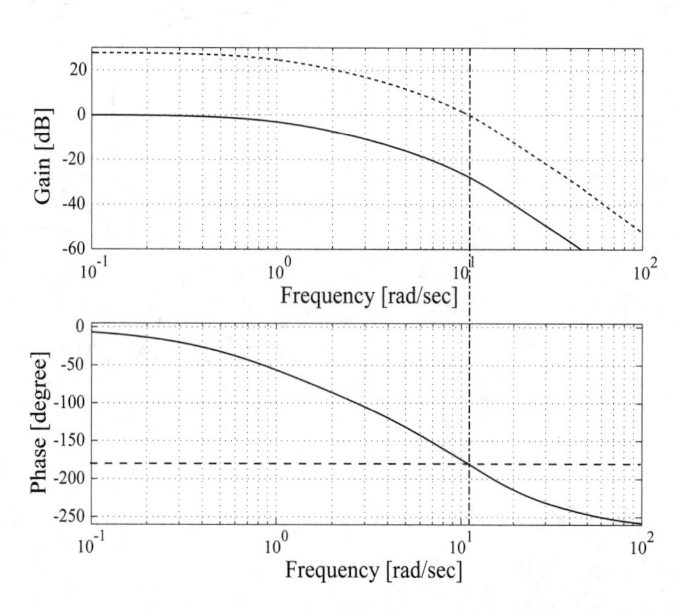


図5.11 ボード線図(例5.10)

## 演習問題

【問題 5.1】式(5.5)，(5.6)で表される制御対象$P$，コントローラ$K$に対して図5.3で表されるフィードバック系を構成した．このときの特性方程式，特性根を求めよ．

【問題 5.2】Consider the controlled object $P$ and controller $K$ as follows. Obtain the characteristic equation and characteristic roots of feedback system.

(1)　$P=\dfrac{1}{(s+1)(s+3)}$，　$K=20$

(2)　$P=\dfrac{2}{s(s+3)}$，　$K=\dfrac{1}{s+2}$

【問題 5.3】 制御対象，コントローラが次式で表されるとき，フィードバック系の安定性を(a)ラウスの方法，(b)フルビッツの方法によって調べよ．

(1) * $P=\dfrac{4}{s^2+2s+4}$， $K=\dfrac{10}{s}+5s+4$

(2) * $P=\dfrac{4}{s^2+2s+4}$， $K=\dfrac{5}{2s}+\dfrac{5s}{4}+1$

【問題 5.4】 制御対象，コントローラが次式で与えられるとき，フィードバック系の安定性をナイキストの安定判別法を用いて調べよ．

(1) $P=\dfrac{1}{(s+3)(s^2+2s+4)}$， $K=5$

(2) * $P=\dfrac{1}{(s-3)(s^2+2s+4)}$， $K=5$

# 第 6 章

# 応答の時間特性

## The Response in Time Domain

### 6・1　過渡特性（transient characteristic）

#### 6・1・1　インデシャル応答の過渡特性

伝達関数 $G(s)$ のインデシャル応答(indicial response)は単位ステップ入力に対する出力である．単位ステップ入力のラプラス変換は $1/s$ であるので，インデシャル応答 $y(t)$ は

$$y(t) = L^{-1}\left\{G(s)\frac{1}{s}\right\} \tag{6.1}$$

で計算される．ここで，$L^{-1}$ は逆ラプラス変換である．

伝達関数 $G(s)$ が

$$G(s) = \frac{B(s)}{\prod_{i=1}^{k}(s+\alpha_i)\prod_{\ell=1}^{m}(s^2+2\zeta_\ell\omega_\ell s+\omega_\ell^2)} \tag{6.2}$$

ただし，$\alpha_i > 0,\quad 0 < \zeta_\ell < 1,\quad \omega_\ell > 0$

のとき，そのインデシャル応答 $y(t)$ は

$$y(t) = B_0 + \sum_{i=1}^{k} B_{1i}e^{-\alpha_i t} + \sum_{\ell=1}^{m} B_{2\ell}e^{-\beta_\ell t}\cos(\gamma_\ell t + \delta_\ell) \tag{6.3}$$

の形で得られる．ただし，$B_0 = G(0)$，$\beta_\ell = \zeta_\ell\omega_\ell$，$\gamma_\ell = \sqrt{1-\zeta_\ell^2}\,\omega_\ell$ である．$B_0 = 1$ の場合の一般的なインデシャル応答を図 6.1 に示す．図において，$O_S$ は行き過ぎ量(overshoot)，$T_r$ は立ち上がり時間(rise time)と呼ばれ，閉ループ系の速応性や減衰性を表す尺度として使用される．また最終値の±5％幅の中に応答が入ってしまうまでの時間 $T_S$ は整定時間(settling time)と呼ばれる．

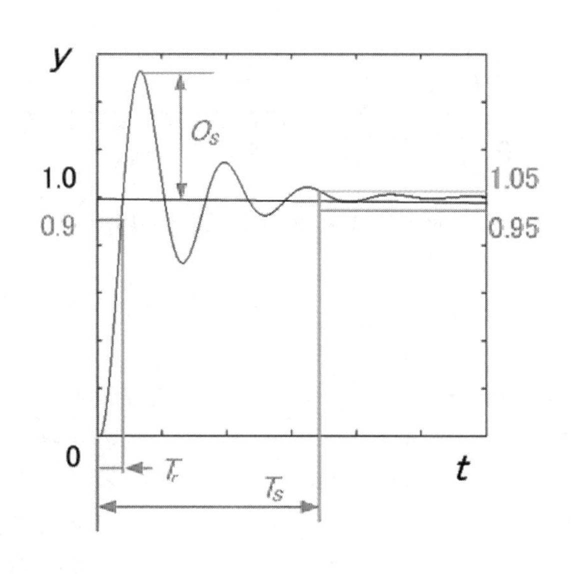


図 6.1 インデシャル応答の過渡特性

#### 6・1・2　一次遅れ系のインデシャル応答

1 次遅れ系 $G(s) = 1/(1+Ts)$（ただし，$T > 0$）のインデシャル応答 $y(t)$ は

$$y(t) = 1 - e^{-\frac{t}{T}} \tag{6.4}$$

である（図 6.2）．インデシャル応答の特徴は

（1）　$t = T$ において，$y$ は最終値の約 63.2%に達する．

（2）　$t = 0$ での接線は $y$ の最終値と $t = T$ で交わる．

である．時定数 $T$ と立ち上がり時間 $T_r$，整定時間 $T_S$ との関係は

$$T_r = (\ln 10)T \approx 2.3T, \qquad T_S = (\ln 20)T \approx 3.0T \tag{6.5}$$

であり，行き過ぎ量 $O_S = 0$ である．

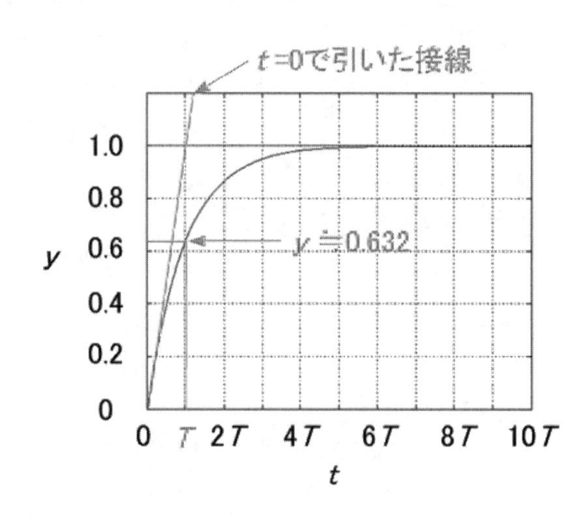


図 6.2 1 次遅れ系のインデシャル応答

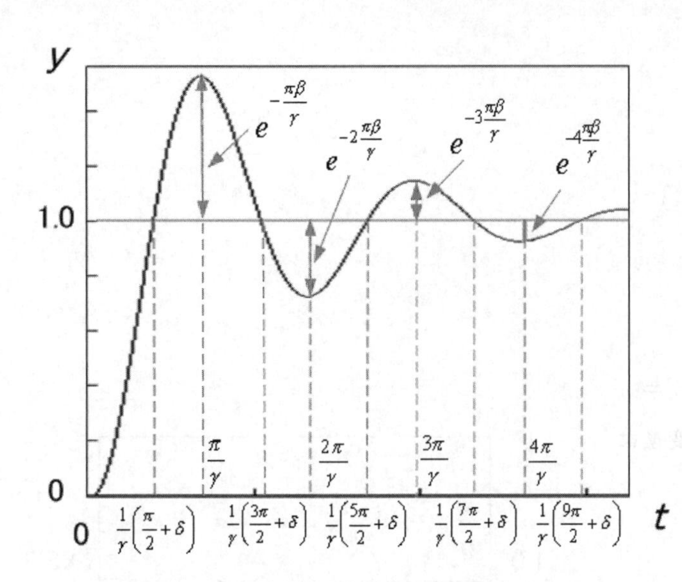


図 6.3　2 次系のインデシャル応答

## 6・1・3　2 次系のインデシャル応答

2 次系 $G(s)=\omega_n^2/\left(s^2+2\zeta\omega_n s+\omega_n^2\right)$ のインデシャル応答 $y(t)$ は，減衰係数(damping coefficient) $\zeta$ が $0<\zeta<1$，固有角周波数(natural angular frequency) $\omega_n$ が $\omega_n>0$ のとき

$$y(t)=1-\frac{1}{\sqrt{1-\zeta^2}}e^{-\beta t}\cos(\gamma t-\delta) \tag{6.6}$$

ただし，$\beta=\zeta\omega_n$，$\gamma=\sqrt{1-\zeta^2}\,\omega_n$，$\delta=\tan^{-1}\left(\zeta/\sqrt{1-\zeta^2}\right)$

である(図 6.3)．行き過ぎ量 $O_S$ は

$$O_S=e^{-\frac{\pi\beta}{\gamma}} \tag{6.7}$$

立ち上がり時間 $T_r$ と整定時間 $T_S$ は近似的に

$$T_r\approx\frac{1}{\gamma}\left(\frac{\pi}{2}+\delta\right),\qquad T_S\approx\frac{3}{\beta} \tag{6.8}$$

で与えられる．

なお，$\zeta\geq 1$ の場合は

$$G(s)=\omega_n^2/(s+p_1)(s+p_2),\qquad p_1,p_2=\varsigma\omega_n\pm\omega_n\sqrt{\zeta^2-1}$$

なので，1 次遅れ系のインデシャル応答のように振動のない応答となる．

【例 6.1】　次の伝達関数をもつ系のインデシャル応答 $y(t)$ を求めよ．また，その波形をプロットし，行き過ぎ量，立ち上がり時間，整定時間を読み取れ．

(1) $G(s)=\dfrac{1}{s+2}$　　(2) $G(s)=\dfrac{8}{s^2+2s+4}$　　(3) $G(s)=\dfrac{-4s+2}{s^2+3s+2}$

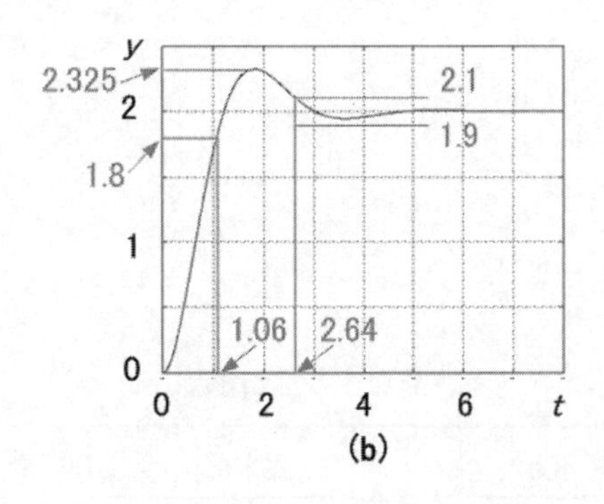


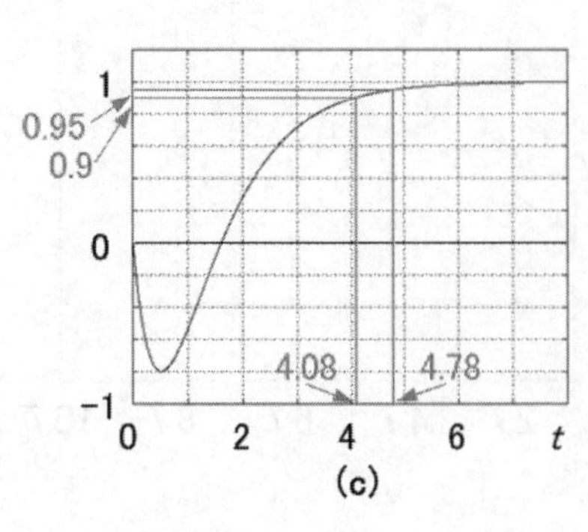


【解 6.1】

(1) $G(s)\dfrac{1}{s}=\dfrac{1}{s(s+2)}=\dfrac{0.5}{s}-\dfrac{0.5}{s+2}\quad\Rightarrow\quad y(t)=L^{-1}\left\{G(s)\dfrac{1}{s}\right\}=0.5-0.5e^{-2t}$

波形は図 6.4 の(a)であり，行き過ぎ量 $O_S=0$，立ち上がり時間 $T_r=1.15$，整定時間 $T_S=1.50$ と読み取れる．これらの値は，時定数 $T=0.5$ であるから，式(6.5)と一致する．

(2) $\zeta=0.5$，$\omega_n=2$ とおけば

$$G(s)=2\frac{\omega_n^2}{s^2+2\zeta\omega_n s+\omega_n^2}$$

であり

$$\frac{1}{\sqrt{1-\zeta^2}}=1.15,\qquad\beta=1,\qquad\gamma=1.73,\qquad\delta=0.524$$

なので，式(6.6)より

$$y(t)=2\left\{1-1.15e^{-t}\cos(1.73t-0.524)\right\}$$

1
0.95
0.9
0
−1
4.08
4.78
0
2
4
6
t
(c)

図 6.4 例題 6.1 のインデシャル応答

波形は図 6.4 の(b)であり，行き過ぎ量 $O_S=0.325$，立ち上がり時間 $T_r=1.06$，整定時間 $T_S=2.64$ と読み取れる．式(6.7)，(6.8)を用いると，$O_S=0.162\times 2=0.326$，

$T_r = 1.21$, $T_S = 3$ と計算され，式(6.8)には若干の誤差があることがわかる．

(3) $G(s)\frac{1}{s} = \frac{-4s+2}{s\left(s^2+3s+2\right)} = \frac{1}{s} - \frac{6}{s+1} + \frac{5}{s+2} \quad \Rightarrow \quad y(t) = L^{-1}\left\{G(s)\frac{1}{s}\right\} = 1 - 6e^{-t} + 5e^{-2t}$

波形は図 6.4 の(c)であり，行き過ぎ量 $O_S = 0$，立ち上がり時間 $T_r = 4.08$，整定時間 $T_S = 4.78$ と読み取れる．インデシャル応答 $y(t)$ は最初に負の方向に大きく動く逆応答を示している．

【例 6.2】 The indicial response of the transfer function

$$G(s) = \frac{b_0}{s^2 + a_1 s + a_0}$$

is observed as shown in Fig.6.5. Obtain the parameter values $a_0$, $a_1$, and $b_0$.

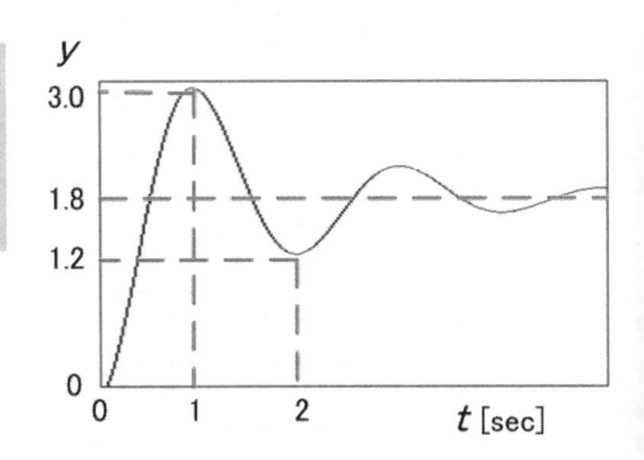


【解 6.2】 The steady state value is 1.8, so the transfer function $G(s)$ is given as

$$G(s) = \frac{1.8\omega_n^2}{s^2 + 2\zeta\omega_n s + \omega_n^2} \quad .$$

Compared Fig.6.5 with Fig.6.3, it is easy to see that $\gamma = \pi$ and

$$\frac{1.8e^{-\frac{\pi\beta}{\gamma}}}{1.8e^{-2\frac{\pi\beta}{\gamma}}} = e^{\frac{\pi\beta}{\gamma}} = \frac{3.0-1.8}{1.8-1.2} = 2 \quad .$$

Therefore we get $\beta = \ln 2$. By using $\frac{\gamma}{\beta} = \frac{\sqrt{1-\zeta^2}}{\zeta}$, which can be derived from Eq.(6.6), it is obtained that $\frac{\sqrt{1-\zeta^2}}{\zeta} = \frac{\pi}{\ln 2}$, so $\zeta = 0.215$. Then the relation $\beta = \zeta\omega_n$ means that $\omega_n = \beta/\zeta = \frac{\ln 2}{0.215} = 3.22$. Now we obtain that

$$a_1 = 2\zeta\omega_n = 1.38, \quad a_0 = \omega_n^2 = 10.4, \quad b_0 = 1.8\omega_n^2 = 18.7 \quad .$$

## 6・2 定常特性 (steady-state characteristic)

図 6.6 のフィードバック制御系において，目標値 $R(s)$ および外乱 $D(s)$ から偏差 $E(s)$ までの関係は

$$E(s) = W_{re}(s)R(s) + W_{de}(s)D(s) \tag{6.9}$$

で与えられる．ここで

$$W_{re}(s) = \frac{1}{1+G(s)C(s)}, \quad W_{de}(s) = -\frac{G(s)}{1+G(s)C(s)} \tag{6.10}$$

である．

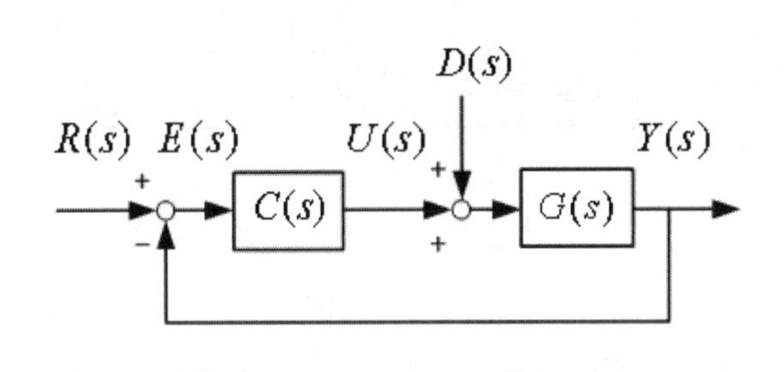


図 6.6 フィードバック制御系

フィードバック制御系が安定であるとき，偏差の時間応答 $e(t) = L^{-1}\{E(s)\}$ の定常値 $e_s$，すなわち

$$e_s = \lim_{t\to\infty} e(t) = \lim_{s\to 0} sE(s) \tag{6.11}$$

を定常偏差(steady-state error)という．特に，目標値に対する定常偏差は

$$e_s = \lim_{s\to 0} sE(s) = \lim_{s\to 0} sW_{re}(s)R(s) \tag{6.12}$$

で，外乱に対する定常偏差は

$$e_s = \lim_{s\to 0} sE(s) = \lim_{s\to 0} sW_{de}(s)D(s) \qquad (6.13)$$

である.

表 6.1 目標値に対する定常偏差

| $\ell$ 型 | 定常位置偏差 | 定常速度偏差 | 定常加速度偏差 |
|---|---|---|---|
| 0型 | $\frac{1}{1+K}$ | ∞ | ∞ |
| 1型 | 0 | $\frac{1}{K}$ | ∞ |
| 2型 | 0 | 0 | $\frac{2}{K}$ |
| 3型 | 0 | 0 | 0 |

### 6・2・1　目標値に対する定常偏差

図 6.6 のフィードバック制御系において，一巡伝達関数(loop transfer function) $L(s)$ が

$$L(s) = G(s)C(s) = \frac{K\left(1+\beta_1 s+\cdots\beta_m s^m\right)}{s^\ell\left(1+\alpha_1 s+\cdots+\alpha_n s^n\right)} \qquad (6.14)$$

のとき，その制御系は $\ell$ 型と呼ばれる.

目標値 $r(t)$ が単位ステップ入力 $r(t)=1$ の定常偏差を定常位置偏差 (steady-state position error)，単位定速度入力 $r(t)=t$ のときの定常偏差を定常速度偏差(steady-state velocity error)，単位定加速度入力 $r(t)=t^2$ のときの定常偏差を定常加速度偏差(steady-state acceleration error)と呼び，それぞれ $e_{sp}$ ，$e_{sv}$ ，$e_{sa}$ で表す．位置偏差定数 $K_p$，速度偏差定数 $K_v$，加速度偏差定数 $K_a$ を

$$K_p = \lim_{s\to 0} L(s),\quad K_v = \lim_{s\to 0} sL(s),\quad K_a = \lim_{s\to 0} s^2 L(s) \qquad (6.15)$$

と定義すれば

$$e_{sp} = \frac{1}{1+K_p},\quad e_{sv} = \frac{1}{K_v},\quad e_{sa} = \frac{2}{K_a} \qquad (6.16)$$

である．まとめると，表 6.1 のようになる.

表 6.2 入力外乱に対する定常偏差

| $\ell$ | $\ell_2$ 型 | 定常位置偏差 | 定常速度偏差 | 定常加速度偏差 |
|---|---|---|---|---|
| 0 | 0型 | $-\frac{K_1}{1+K}$ | −∞ | −∞ |
| ≥1 | 0型 | $-\frac{1}{K_2}$ | −∞ | −∞ |
| | 1型 | 0 | $-\frac{1}{K_2}$ | −∞ |
| | 2型 | 0 | 0 | $-\frac{2}{K_2}$ |
| | 3型 | 0 | 0 | 0 |

### 6・2・2　外乱に対する定常偏差

図 6.6 のフィードバック制御系において，$W_{de}(s) = -G(s)/\left(1+L(s)\right)$ なので，外乱に対する定常偏差は一巡伝達関数 $L(s)$ のみでは定まらず，目標値に対する定常偏差と異なるので，注意が必要である.

$$G(s) = \frac{K_1\left(1+b_1 s+\cdots+b_{m_1} s^{m_1}\right)}{s^{\ell_1}\left(1+a_1 s+\cdots+a_{n_1} s^{n_1}\right)},\quad C(s) = \frac{K_2\left(1+d_1 s+\cdots+d_{m_2} s^{m_2}\right)}{s^{\ell_2}\left(1+c_1 s+\cdots+c_{n_2} s^{n_2}\right)}$$

とすれば，一巡伝達関数は

$$L(s) = G(s)C(s) = \frac{K_1 K_2\left(1+b_1 s+\cdots+b_{m_1} s^{m_1}\right)\left(1+d_1 s+\cdots+d_{m_2} s^{m_2}\right)}{s^{\ell_1+\ell_2}\left(1+a_1 s+\cdots+a_{n_1} s^{n_1}\right)\left(1+c_1 s+\cdots+c_{n_2} s^{n_2}\right)}$$

となり，目標値に対しては $(\ell_1+\ell_2)$ 型であるが，入力外乱に対する定常偏差は $\ell_2$ 型の特性に従う（表 6.2).

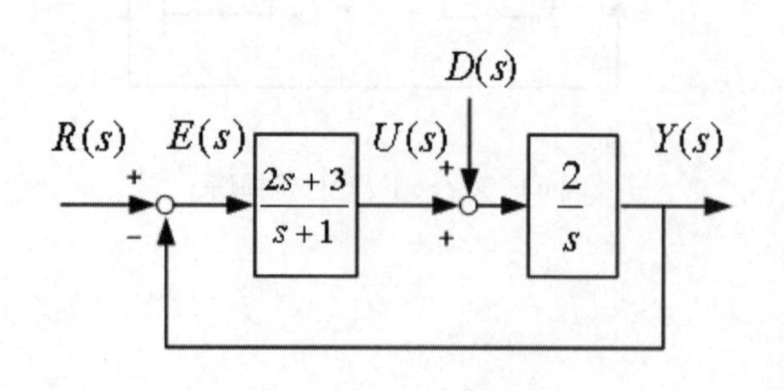


図 6.7 フィードバック制御系

【例 6.3】　図 6.7 のフィードバック制御系において，(1)目標値 $R(s)$ に対する定常位置偏差，定常速度偏差，および(2)外乱 $D(s)$ に対する定常位置偏差，定常速度偏差を求めよ.

【解 6.3】　(1)目標値に対する定常偏差：最初に，式(6.12)に従って，求

めてみる．目標値 $R(s)$ から偏差 $E(s)$ までの伝達関数は

$$W_{re}(s)=\frac{s(4s+6)}{s^2+5s+6}$$

なので，定常位置偏差 $e_{sp}$，定常速度偏差 $e_{sv}$ は，式(6.12)に従って

$$e_{sp}=\lim_{s\to 0}s\frac{s(s+1)}{s^2+5s+6}\frac{1}{s}=0,\qquad e_{sv}=\lim_{s\to 0}s\frac{s(s+1)}{s^2+5s+6}\frac{1}{s^2}=\frac{1}{6}$$

である．

つぎに，式(6.16)に基づいて計算してみる．一巡伝達関数が $L(s)=\dfrac{4s+6}{s(s+1)}$ である（制御系は 1 型）から

$$K_p=\lim_{s\to 0}L(s)=\infty,\quad K_v=\lim_{s\to 0}sL(s)=6\quad\Rightarrow\quad e_{sp}=\frac{1}{1+K_p}=0,\qquad e_{sv}=\frac{1}{K_v}=\frac{1}{6}$$

と得られる．結果は式(6.12)に基づいたものと同じである．

(2)外乱に対する定常偏差：　式(6.13)に従って求める．外乱 $D(s)$ から偏差 $E(s)$ までの伝達関数は

$$W_{de}(s)=-\frac{2s+2}{s^2+5s+6}$$

なので，定常位置偏差 $e_{sp}$，定常速度偏差 $e_{sv}$ は，式(6.13)に従って

$$e_{sp}=\lim_{s\to 0}-s\frac{2s+2}{s^2+5s+6}\frac{1}{s}=\frac{1}{3},\qquad e_{sv}=\lim_{s\to 0}-s\frac{2s+2}{s^2+5s+6}\frac{1}{s^2}=-\infty$$

となる．目標値に対しては 1 型であったが，外乱に対しては 0 型である．

目標値および外乱に対する時間応答を図 6.8 に示す．図(a)は単位ステップの目標値 $r(t)=1$ に対する制御出力 $y(t)$ の様子であり，時間の経過とともに偏差 $e(t)=r(t)-y(t)$ が 0 になっていき，定常位置偏差 $e_{sp}=0$ であることが確認できる．図(b)は単位速度の目標値 $r(t)=t$ に対する制御出力 $y(t)$ および偏差 $e(t)=r(t)-y(t)$ の様子を示しており，定常速度偏差 $e_{sv}=1/6$ であることが確認できる．図(c)は単位ステップの外乱 $d(t)=1$ に対する制御出力 $y(t)$，したがって偏差 $e(t)=-y(t)$ の様子であり，定常位置偏差 $e_{sp}=1/3$ であることが確認できる．図(d)は単位速度の外乱 $d(t)=t$ に対する制御出力 $y(t)$ の様子を示しており，偏差 $e(t)=-y(t)$ が時間の経過とともに大きくなってゆき，定常速度偏差 $e_{sv}=-\infty$ となっていることを確認できる．

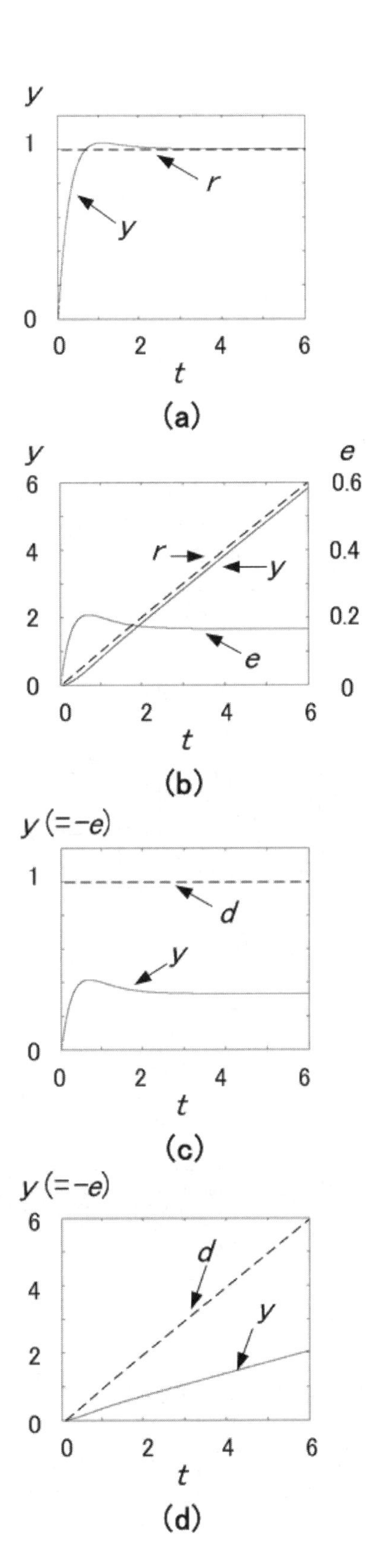


図 6.8　例 6.3

【例 6.4】 Consider a feedback control system in Fig. 6.9. Determine the controller $C(s)$ such that the closed loop system has the following properties (1) and (2).

(1) The steady-state position error is 0.

(2) The steady-state velocity error is less than 0.1.

【解 6.4】 The specifications (1) and (2) imply that the system should be type 1, so a candidate of $C(s)$ is

$$C(s)=\frac{K}{s}$$

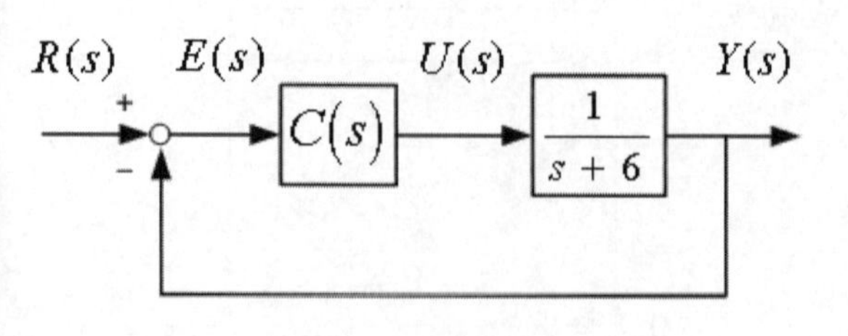


Fig.6.9 Example 6.4

where $K > 0$. Note that the closed loop system with this $C(s)$ is stable. The loop transfer function $L(s)$ is given as

$$L(s) = \frac{K}{s(s+6)}$$

and thus it follows that the specification (1) is satisfied for any $K > 0$. From the fact that $K_v = \lim_{s \to 0} sL(s) = \frac{K}{6}$ ,the steady-state velocity error $e_{sv}$ is obtained as $e_{sv} = 1/K_v = 6/K$. Therefore, the specification (2) means that $K$ should be greater than 60.

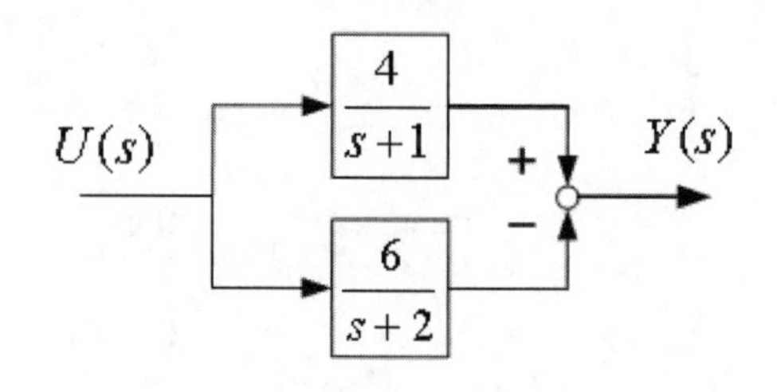


図 6.10 問題 6.1

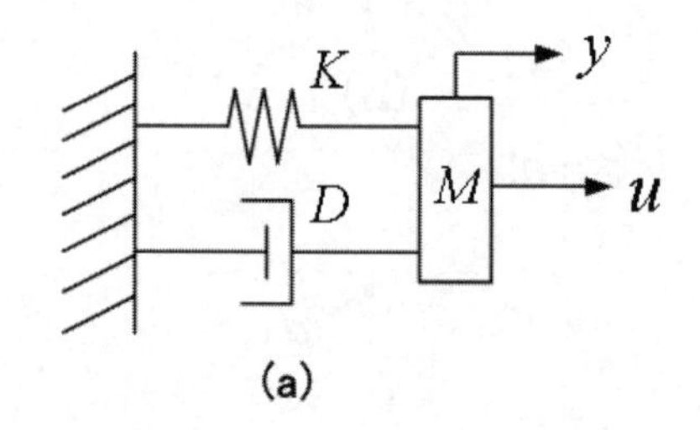


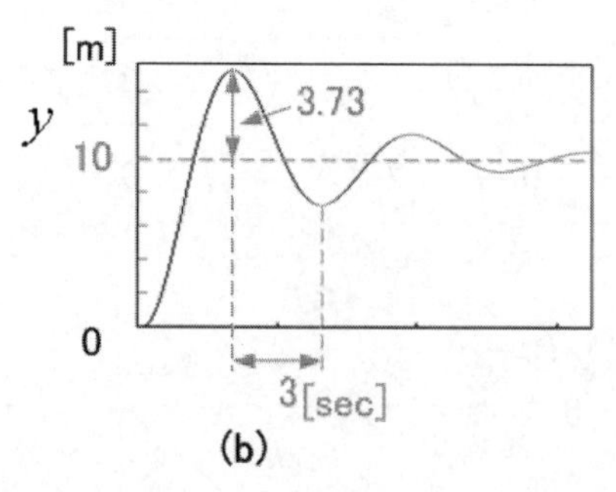


図 6.11 問題 6.2

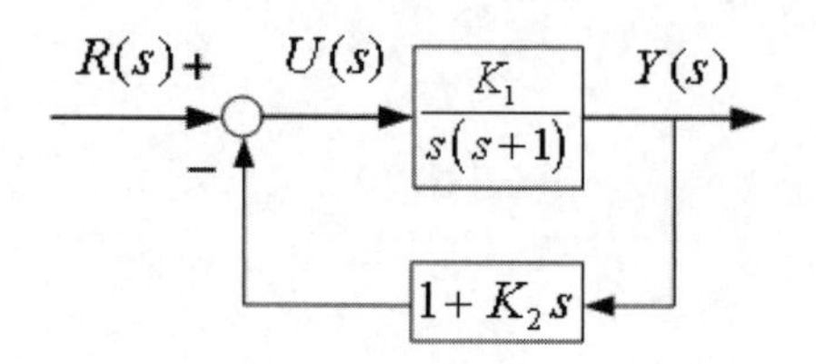


図 6.12 問題 6.3

## 演習問題

【問題 6.1】　図 6.10 のシステムのインデシャル応答を求め，その波形を図示せよ．また，$U(s)$ から $Y(s)$ までの伝達関数 $G(s)$ を求め，極と零点を求めよ．

【問題 6.2】　図 6.11-a は質量 $M$ [kg]，ばね定数 $K$ [N/m]，ダンパ係数 $D$ [N・sec/m]から構成された力学系であり，入力 $u(t)$ は力[N]，出力 $y(t)$ は変位[m]である．入力として単位ステップ入力 $u(t)=1$ [N]を印加したときの出力 $y(t)$ が図 6.11-b のように得られたとき，質量 $M$，ばね定数 $K$，ダンパ係数 $D$ を求めよ．

【問題 6.3】*　図 6.12 に示すフィードバック制御系のインデシャル応答において，隣り合う極大値が周期 2[sec]で現れ，その極大値の減衰比が 0.02 となるように，定数 $K_1$，$K_2$ を決定せよ．また，そのときの行き過ぎ量 $O_S$，立ち上がり時間 $T_r$ [sec]，整定時間 $T_S$ [sec]を求めよ．

【問題 6.4】　図 6.13 のフィードバック制御系において，目標値 $R(s)$ に対する定常位置偏差を求めよ．また，外乱 $D_1(s)$，$D_2(s)$ に対する定常位置偏差を求めよ．

【問題 6.5】　図 6.14 のフィードバック制御系の目標値 $R(s)$ から制御出力 $Y(s)$ までの伝達関数は 2 次系である．以下の条件(1)，(2)を同時に満足する定数 $K$ の範囲を求めよ．

(1)目標値 $R(s)$ に対するインデシャル応答の行き過ぎ量は 0.1 以下である．

(2)目標値 $D(s)$ に対する定常速度偏差の絶対値は 0.2 以下である．

また，求めた範囲の定数 $K$ に対して，目標値 $R(s)$ に対する定常速度偏差の範囲はどのようになるか．

【問題 6.6】 Consider a mechanical system with the spring constant $K$ [N/m] and the viscous friction coefficient $D$ [N・sec/m] in Fig.6.15-a, where the input $u(t)$ [N] is the force and the output $y(t)$ [m] is the displacement. Suppose that you observe the response $y(t)$ as shown in Fig. 6.15(b) when the input $u(t)$ is a unit step function, i.e., $u(t)=1$. What are the values of $K$ and $D$?

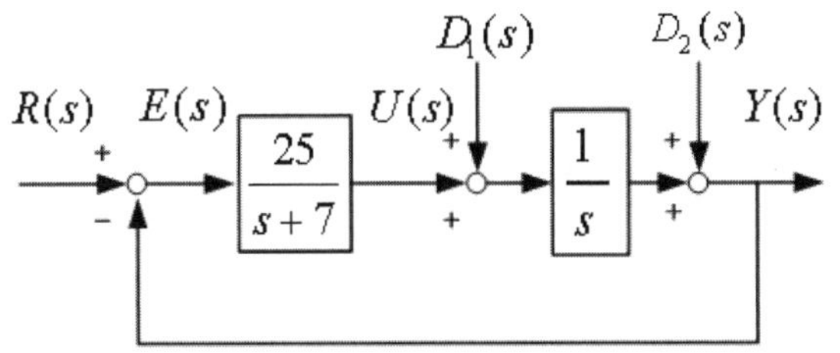


図 6.13 問題 6.4

【問題 6.7】* The indicial response $y(t)$ of second–order system is given as in Eq.(6.6) and it has the following properties shown as in Fig.6.3.

（1） The time $t$ when $y(t)$ is equal to one is given as

$$t=\frac{1}{\gamma}\left\{\frac{(2k+1)\pi}{2}+\delta\right\} \text{ with } k=0,1,2,\cdots \ .$$

（2） The time $t$ when $y(t)$ has the extreme value is given as

$$t=\frac{(k+1)\pi}{\gamma} \text{ with } k=0,1,2\cdots,$$

and its extreme value is $1+(-1)^k e^{-(2k+1)\frac{\pi\beta}{\gamma}}$ .Prove the properties (1) and (2).

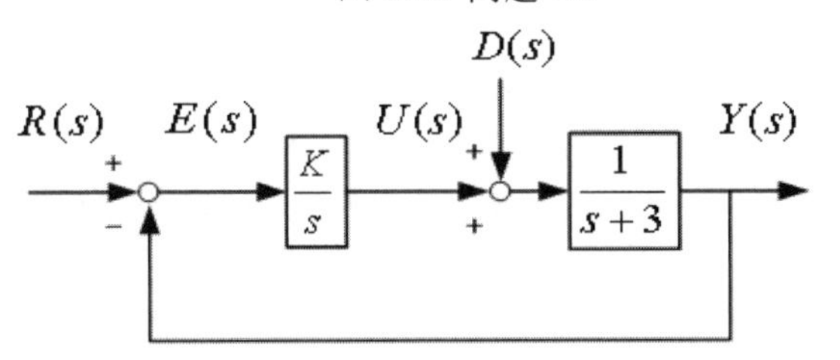


図 6.14 問題 6.5

【問題 6.8】 Consider a feedback control system in Fig. 6.16. This system is subjected to two signals, one the reference input $R(s)$ and the other the disturbance $D(s)$.

When the reference input is a unit step function and the disturbance is zero, what is the output response $y(t)$?

When the reference input is zero and the disturbance is a unit step function, what is the output response $y(t)$?

【問題 6.9】 Consider a feedback control system in Fig.6.17. Obtain the steady-state error for the reference input $r(t)=1+t+t^2$.

【問題 6.10】 Consider the feedback control system in Fig. 6.16. (1) Calculate the steady-state error when subject to a unit ramp reference input assuming that the disturbance is zero. (2) Calculate the steady-state error when subject to a unit ramp disturbance assuming that the reference input is zero.

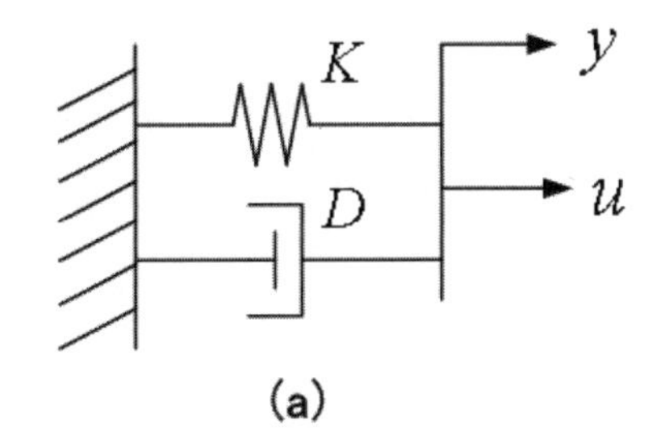


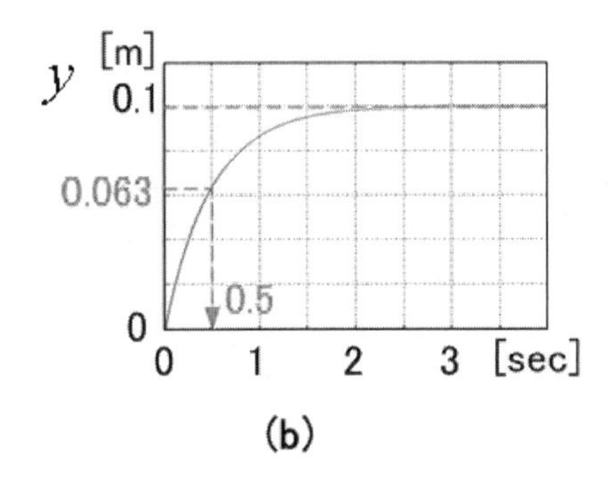


Fig.6.15 Problem6.6

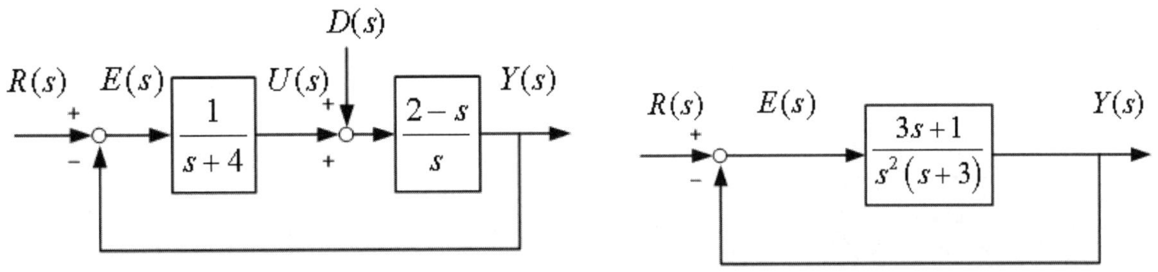


Fig.6.16 Problem 6.78

Fig.6.17 Problem6.9

# 第7章

# 制御系設計の古典的手法

# Classical Method for Controller Design

## 7・1　根軌跡法（root locus method）

制御対象 $P(s)$ に対して，定数フィードバックコントローラ $K$ を考える．このとき，$K$ を 0 から $\infty$ まで変化させたときに，特性方程式の解（閉ループ系の極）がどのように変化するか，これを複素平面上にプロットしたものを根軌跡という．計算機の発達していなかった従来では，閉ループ系の安定性を求めることが難しかった．そのため，視覚的に分かり易い根軌跡法が発達した．今日では閉ループ系の安定性は計算機によって容易に求められるため，根軌跡法が使われることは少ない．

### 根軌跡の性質

［性質 1］　システムの伝達関数を

$$P(s) = \frac{num(s)}{den(s)} \tag{7.1}$$

とする．ここで，$num(s)$：$m$ 次多項式，$den(s)$：$n$ 次多項式とし $m \leq n$ を仮定する．さらに，

$$num(s) = 0 \tag{7.2}$$

の解を $z_1$，$z_2$，…，$z_m$，

$$den(s) = 0 \tag{7.3}$$

の解を $p_1$，$p_2$，…，$p_n$ とすると，根軌跡は $p_i$（$i$=1，2，…，$n$）から出発し，そのうち $m$ 本は $z_i$（$i$=1，2，…，$m$）へ，残りは無限遠点へと向かう．以下では，$p_i$ を○で表し，$z_i$ を×で表現するをものとする．

［性質 2］無限遠点に向かう軌跡の漸近線が実数軸となす角度は

$$\frac{180°(+360°l)}{n-m} \quad (l\text{は任意の整数}) \tag{7.4}$$

である（$n-m$=2，3，4 の場合を図 7.1 に示す）．また，漸近線と実数軸は 1 つの交点を持ち，その座標は

$$\left( \frac{\sum_{i=1}^{n} p_i - \sum_{i=1}^{m} z_i}{n-m}, 0 \right) \tag{7.5}$$

である．

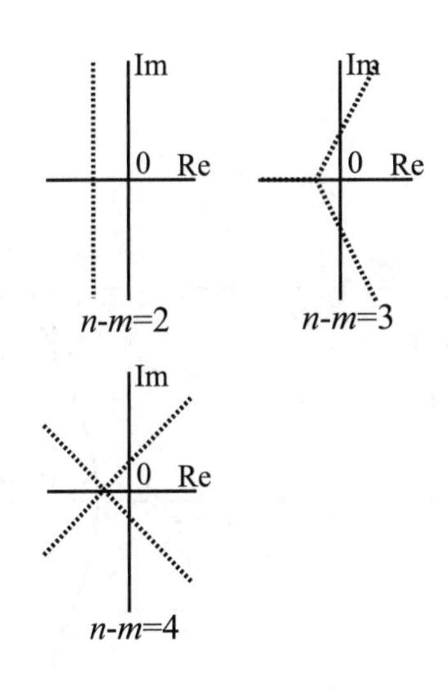


図 7.1　根軌跡の漸近線

［性質 3］　実数軸上の点で，その右側に $P(s)$ の実数極と実数零点が合計奇数個あれば，その点は根軌跡上の点となる（図 7.2 参照）．

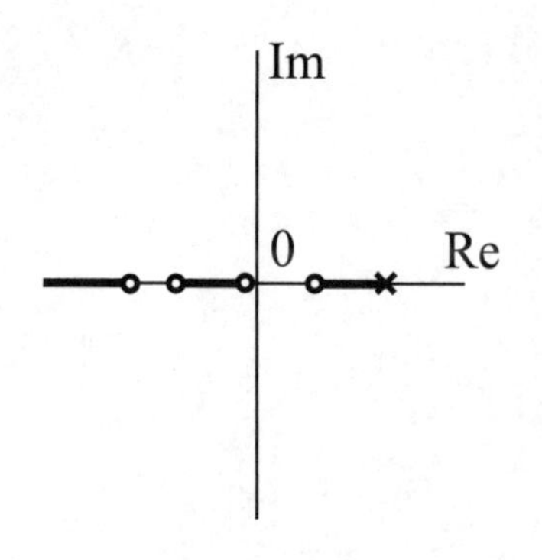


図 7.2　実軸上の根軌跡

［性質 4］根軌跡が実数軸から分岐する点は

$$\frac{d}{ds}P^{-1}(s)=0 \tag{7.6}$$

を満たす（必要条件）．

［性質 5］　複素極 $p_i$ から根軌跡が出発する角度は

$$180°-\sum_{j\neq i}^{n}\angle(p_i-p_j)+\sum_{j=1}^{m}\angle(p_i-z_j) \tag{7.7}$$

であり，複素零点 $z_i$ へ終端する角度は

$$180°+\sum_{j=1}^{n}\angle(z_i-p_j)-\sum_{j\neq i}^{m}\angle(z_i-z_j) \tag{7.8}$$

となる．

【例 7.1】制御対象が

$$P(s)=\frac{1}{s(s+2)(s+4)} \tag{7.9}$$

で与えられたとき，これに対するフィードバック系を構成する．コントローラ $K$ を定数とし，$K:0\le K\le\infty$ で変化させたときの閉ループ系

$$G(s)=\frac{P(s)K}{1+P(s)K} \tag{7.10}$$

の極を根軌跡を描いて調べよ．

【解 7.1】根軌跡は以下の手順で描く．

［性質 1］　出発点は $P(s)$ の極で，$s=0,-2,-4$．零点は存在しないので全て無限遠点へと向かう．

［性質 2］

$$n-m=3-0=3 \tag{7.11}$$

より漸近線は 3 本．それぞれが実数軸となす角度は 60°,180°,300°．また，実数軸との交点は

$$\frac{0-2-4}{3}=-2 \tag{7.12}$$

より，$(-2,0)$．

［性質 3］　実数軸上では $(-\infty,-4)$，$(-2,0)$ 上に存在する．

［性質 4］　根軌跡が実数軸と分離する点は

$$\begin{aligned}\frac{d}{ds}P^{-1}(s)&=(s+2)(s+4)+s(s+4)+s(s+2)\\&=3s^2+12s+8=0\end{aligned} \tag{7.13}$$

より，

$$s=\begin{cases}-3.15\ldots\leftarrow \text{性質3を満たさない}\\-0.845\ldots\end{cases} \tag{7.14}$$

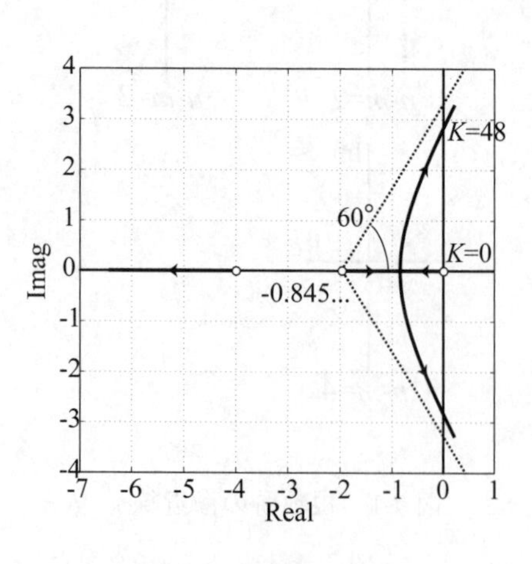


図 7.3　根軌跡（例 7.1）

これより，図 7.3 のような根軌跡が描ける．根軌跡と虚数軸が交わるとき，特性方程式は純虚数の解を持つことを考慮して，特性多項式は

$$Knum(s)+den(s)=s^3+6s^2+8s+K \\ =(s^2+a)(s+b) \tag{7.15}$$

の形で書けて，係数を比較することで $K=48$ を得る．これより，閉ループ系が安定となるためには

$$0<K<48 \tag{7.16}$$

を満たせばよい．

【例 7.2】制御対象が

$$P(s)=\frac{1}{(s+2)(s^2+2s+2)} \tag{7.17}$$

で与えられたとき，このシステムに対する根軌跡を描け．また，フィードバック系が安定となるためのフィードバックゲインの範囲を求めよ．

【解 7.2】根軌跡は以下の手順で描かれる．

[性質 1]　出発点は $P(s)$ の極で，$s=-2,-1\pm j$．零点は存在しないので全て無限遠点へと向かう．

[性質 2]

$$n-m=3-0=3 \tag{7.18}$$

より漸近線は 3 本．それぞれが実数軸となす角度は 60°,180°,300°．また，漸近線の実数軸との交点は

$$\frac{-2-1+j-1-j}{3}=-\frac{4}{3} \tag{7.19}$$

より，$\left(-\frac{4}{3},0\right)$．

[性質 3]　実数軸上では $(-\infty,-2)$ に存在する．

[性質 4]　根軌跡が実数軸と分離する点はない．

[性質 5]　根軌跡が $-1+j$ から出発する角度は，

$$\angle(-1+j+2)=45^\circ \tag{7.20}$$

$$\angle(-1-j+2)=90^\circ \tag{7.21}$$

より，

$$180^\circ-(45^\circ+90^\circ)=45^\circ \tag{7.22}$$

これより，図 7.4 のような根軌跡が描ける．根軌跡と虚数軸が交わるとき，特性方程式は純虚数の解を持つことを考慮して，特性多項式は

$$Knum(s)+den(s)=s^3+4s^2+6s+4+K \\ =(s^2+a)(s+b) \tag{7.23}$$

の形で書けて，$K=20$ を得る．これより，閉ループ系が安定となるためには係数を比較して

$$0\le K<20 \tag{7.24}$$

を満たせばよい．

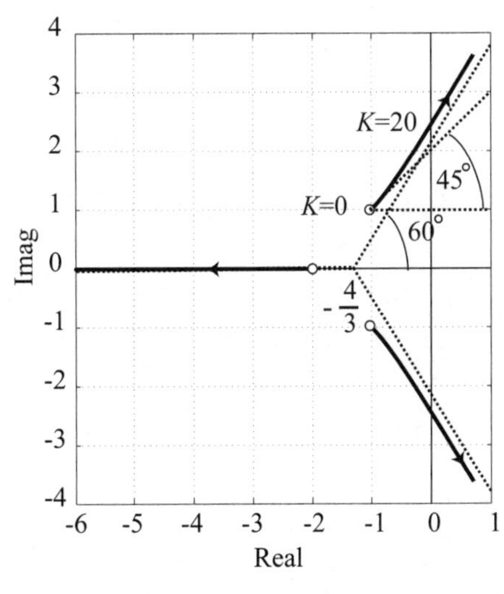


図 7.4　根軌跡（例 7.2）

注意：上記のように，根軌跡法を手で作図しコントローラの安定な範囲を見つけることはシステムの次数が上がるにつれて煩雑になる．実際的なところ，手計算で求められるのは 3 次が限界である．

## 7・2　PID制御とその他の補償法

### (a)PID制御

比例制御（proportional control）

例7.1，例7.2のコントローラは出力の定数フィードバックであった．これを比例制御と呼ぶ．一般にProportionalのPをとってP制御と呼ばれる．

微分制御（derivative control）

制御対象$P(s)$

$$y = P(s)u \tag{7.25}$$

に対して，

$$u = -K_d \frac{dy}{dt} \quad (K_d \text{は定数}) \tag{7.26}$$

の制御則によってコントローラを設計するとき，これを微分制御と呼ぶ．$K_d$を微分ゲインと呼ぶ．一般にDerivativeのDをとってD制御と呼ばれる．

PD制御（proportional-derivative control）

P制御とD制御を合わせて，制御則を

$$u = -K_p y - K_d \frac{dy}{dt} = -(K_p + K_d s)y \tag{7.27}$$

とするとき，これをPD制御と呼ぶ．なお，ここではラプラス演算子$s$を微分オペレータとして取り扱っている．

積分制御（integral control）

式(7.25)の制御対象に対して，制御則を

$$u = -K_i \int_{t_0}^{t} y(t)dt \quad (K_i \text{は定数}) \tag{7.28}$$

としたとき，これを積分制御という．また，$K_i$を積分ゲインと呼ぶ．一般にIntegralのIをとってI制御と呼ばれる．

PID制御（proportional-integral derivative control）

比例制御，積分制御，微分制御を全てあわせて，制御則を

$$u(t) = -\left( K_p y(t) + K_d \dot{y}(t) + K_i \int_{t_0}^{t} y(t)dt \right) \tag{7.29}$$

としたとき，これをPID制御と呼ぶ．PIDコントローラの伝達関数は，

$$-(K_p + sK_d + \frac{K_i}{s}) = -\frac{K_d s^2 + K_p s + K_i}{s} \tag{7.30}$$

となる．PIDコントローラは

$$-K_p(1 + sT_d + \frac{T_i}{s}) = -K_p \frac{T_d s^2 + s + T_i}{s} \tag{7.31}$$

のように表記されることもある．

(b) ジーグラー=ニコルスの限界感度法 (Ziegler Nichols ultimate sensitivity method)

PID コントローラのパラメータを決める方法としては，決定的なものはないが経験的な方法として，ジーグラー=ニコルスの限界感度法がある．ここではこれを紹介する．この手法においてはモデルの情報は使われていない．そのため，この手法ではコントローラのパラメータ決定の方針を与えるに留まっており，安定性を保証したコントローラの設計法を体系的に与えるものではない．

いま，制御対象 $P(s)$ が

$$P(s) = \frac{K}{1+Ts}e^{-Ls} \tag{7.32}$$

の表現，あるいは

$$P(s) = \frac{K}{s}e^{-Ls} \tag{7.33}$$

で近似できたとしよう．プロセス制御系ではこの近似がよく用いられる．この制御対象に対して，目標値応答の行き過ぎ量が 25%程度になるようにパラメータを設定するのがジーグラー=ニコルスの限界感度法である．

ステップ 1　まず，比例制御だけを用いる．$K_d = K_i = 0$ とし，$K_p$ を徐々に大きくしていき閉ループ系が安定限界となる $K_p$ の値を $K_c$ とする．また，このとき安定限界なのでシステムには持続する振動が残る．この振動の周期を $T_c$ とする．

ステップ 2　$K_p$，$K_d$，$K_i$ を $K_c$，$T_c$ に基づいて表 7.1 から決める．

表 7.1 ジーグラー＝ニコルスの限界感度法

| | $K_p$ | $K_d$ | $K_i$ |
|---|---|---|---|
| P 制御 | $0.5\,K_c$ | 0 | 0 |
| PI 制御 | $0.45\,K_c$ | 0 | $K_p/(0.83\,T_c)$ |
| PID 制御 | $0.6\,K_c$ | $0.125\,T_c K_p$ | $K_p/(0.5\,T_c)$ |

制御対象の伝達関数が分かれば，根軌跡法を用いることで $K_c$ の値を求めることができる．そのときの閉ループ系の極の値から $T_c$ も求めることができる．

(c) 位相進み補償と位相遅れ補償

PID コントローラでは 3 つのパラメータが存在しこれらの最適化が良いコントローラを求めるための条件となる．しかし，3 つのパラメータだけでは自由度に限界がありもっと多くのパラメータによってより高度な制御系の設計が必要となる．ここでは位相遅れ補償 (phase lag compensation) と位相進み補償 (phase lead compensation) によるコントローラの設計について述べる．

位相遅れ補償

位相遅れ補償器 $K_{p\_lag}(s)$ は

$$K_{p\_lag}(s) = \frac{k(1+T_2 s)}{1+T_1 s} \quad (T_1 > T_2 > 0) \tag{7.34}$$

のような一次遅れ系の形で表される．PID コントローラ $K_{PID}$ が設計されているとき，PID 制御と位相遅れ補償をあわせた制御則は

$$K(s) = K_{PID}(s)K_{p\_lag}(s) \tag{7.35}$$

位相進み補償

位相進み補償器 $K_{p\_lead}(s)$ は

$$K_{p\_lead}(s)=\frac{k(T_2s+1)}{T_1s+1}\quad (T_2>T_1>0) \tag{7.36}$$

の形で表される．

## 7・3　極配置法(pole assignment technique)ーその1ー

閉ループ系の安定性は，特性方程式の解(極)によって記述できる．そこで，この極を希望のものになるよう，コントローラを設計するのが極配置法である．全ての極を複素平面の左半平面に持つシステムは安定なシステムであった．そこで，極配置法によって閉ループ系の極を左半平面に配置すれば，閉ループ系の安定性が保証される．

【例 7.3】制御対象の伝達関数を

$$P(s)=\frac{1}{s^2+a_1s+a_0} \tag{7.37}$$

とする．このシステムは分母多項式の次数が2なので2次のシステムであるという．このとき，閉ループ系の極を $p_1$，$p_2$ に配置するコントローラを

$$K(s)=k_1s+k_0 \tag{7.38}$$

の形で求めよ．

【解 7.3】閉ループ系の特性方程式は

$$1+P(s)K(s)=(k_1s+k_0)+(s^2+a_1s+a_0)=0 \tag{7.39}$$

となる．このとき，閉ループ系の極を $p_1$，$p_2$ に配置したいとすると，

$$(k_1s+k_0)+(s^2+a_1s+a_0)=(s-p_1)(s-p_2) \tag{7.40}$$

の方程式を満たす $k_1$，$k_0$ によって閉ループ系の極を $p_1$，$p_2$ に配置する．係数を比較することで，以下を得る．

$$k_1=-p_1-p_2-a_1 \tag{7.41}$$

$$k_0=p_1p_2-a_0 \tag{7.42}$$

【例 7.4】 Consider a linear system represented by the following transfer function.

$$P(s)=\frac{2s+1}{s^2+s+1} \tag{7.43}$$

We design a controller $K(s)$ given by,

$$K(s)=k_1s+k_0 \tag{7.44}$$

Obtain $k_1$ and $k_0$ so that the poles of the closed system are placed at $-1$ and $-2$.

【解 7.4】The characteristic equation is represented using a constant $a$ as follows.

$$(k_1s+k_0)(2s+1)+(s^2+s+1)=a(s+1)(s+2) \tag{7.45}$$

By comparing the coefficients of this equation, we obtain

$$k_1=0,\quad k_0=1,\ \text{and}\quad a=1 \tag{7.46}$$

## 7・4　2自由度制御系

2自由度制御系とは，フィードバック制御によって閉ループ系を安定化し，さらにフィードフォワード制御によって閉ループ系の応答を修正する手法である．

外乱を持つ制御対象 $P(s)$ に対する 2 自由度制御系の設計問題を考える．制御対象は

$$y = P(s)u + w \tag{7.47}$$

とし，出力端に入る外乱を考える．まず，図 7.5 で表されるフィードバックコントローラ $K_b$ を考える．このとき，目標値 $r$，外乱 $w$ から $y$ までの伝達関数は

$$y = \frac{PK_b}{1+PK_b}r + \frac{1}{1+PK_b}w \tag{7.48}$$

となる．ここで，コントローラ $K_b$ は閉ループ系の安定化と外乱の影響を小さくすることのみを目的とする．目標値に対する過渡応答に対しては考慮しない．次にフィードフォワードコントローラ $K_f$ を設計する．$K_f$ は図 7.6 のように配置する．これにより，目標値 $r$，外乱 $w$ から $y$ までの伝達関数は

$$y = \frac{PK_b}{1+PK_b}K_f r + \frac{1}{1+PK_b}w \tag{7.49}$$

となる．こうして，外乱の影響は $K_b$ によって抑制し，目標値応答は $K_f$ によって整形できるという設計自由度が 2 となる制御系が構成される．$K_b$ と $K_f$ は経験的に決められる．

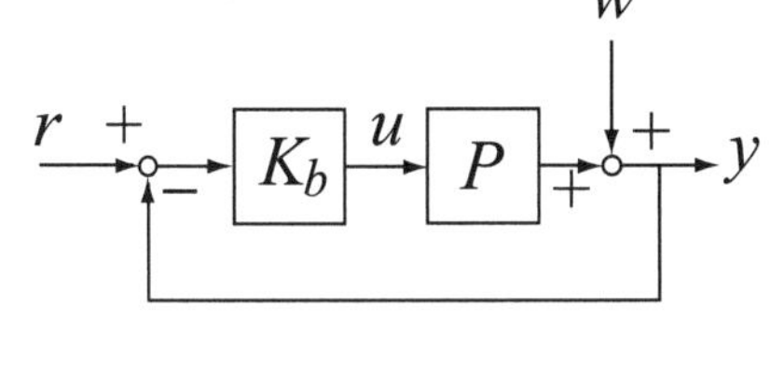


図 7.5　フィードバックコントローラの設計

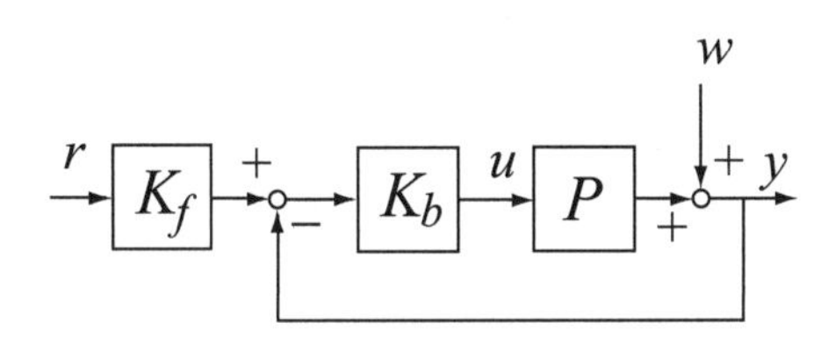


図 7.6　2 自由度制御系

【例 7.5】 制御対象 $P(s)$ が

$$P(s) = \frac{5}{s+10} \tag{7.50}$$

で与えられたとき，安定化コントローラ $K_b$ を $K_b = 100$ として，図 7.5 の閉ループ系を構成した．

(1)　このとき，目標値 $r$ から出力 $y$ までの伝達関数 $G_b(s)$ を求めよ．

(2)　目標値から出力への伝達関数 $G_m(s)$ を

$$G_m(s) = \frac{20}{s+20} \tag{7.51}$$

にしたい．図 7.6 の $K_f$ を設計せよ．

【解 7.5】

(1)　目標値から出力までの伝達関数 $G_b(s)$ は

$$G_b(s) = \frac{P(s)K_b}{1+P(s)K_b} = \frac{500}{s+10+500} = \frac{500}{s+510} \tag{7.52}$$

となる．

(2)　上の結果から，

$$K_f(s) = G_m(s)G_b^{-1}(s) = \frac{20}{s+20}\frac{s+510}{500} = \frac{s+510}{25(s+20)} \tag{7.53}$$

となる．ただし，$K_f$ の値には $K_b$ の値が影響を及ぼすため，本当は $K_b$ と $K_f$ を同時に設計する方が，より効果的な制御法になることに注意．

モデルマッチング問題（model matching problem,）

図 7.6 の制御系では $K_f$ の設計指針は特にはない．そこで，$K_f$ の代わりに，図 7.7 のような構成にして，目標値 $r$ から $y$ までの希望の伝達関数 $G_m$ ($y = G_m r$)を一気に決める手法を考える．これがモデルマッチング問題である．ただし図 7.7 で $P_m$

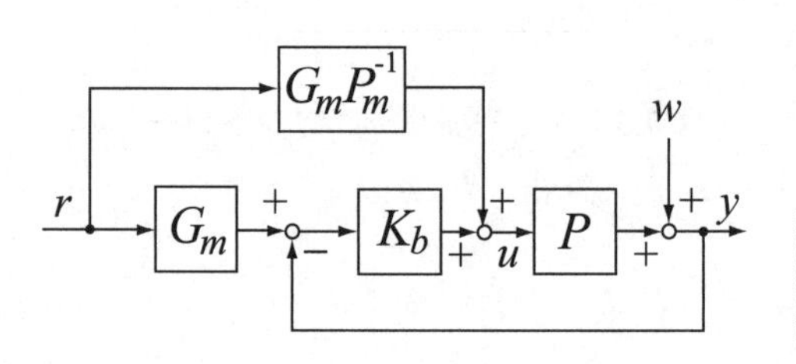


図 7.7 モデルマッチング問題

は $P$ のモデルである.

いま, $P_m$ と $P$ が等しいとき, $r$, $w$ から $y$ までの伝達関数は

$$y = G_m r + \frac{1}{1+PK_b} w \tag{7.54}$$

となる. ここで $K_b$ の役割は外乱に対する影響の軽減である. また, 実際には $P_m$ と $P$ は等しくない. 物理パラメータの測定誤差などの影響によるモデル化誤差が存在する. $K_b$ はこのモデルが誤差の影響を軽減させることも目的としている.

【例 7.6】 図 7.7 の閉ループ系において, $w=0$ のとき, 目標値 $r$ から出力 $y$ までの伝達関数が $G_m$ に一致することを示せ.

【解 7.6】 図より,

$$y = P\{G_m P_m^{-1} r + K_b(G_m r - y)\} \tag{7.55}$$

が成り立つ. これを $y$ について解くと,

$$y = \frac{PP_m^{-1} + PK_b}{1+PK_b} G_m r \tag{7.56}$$

となる. このとき, $P = P_m$ ならば, 以下を得る.

$$y = G_m r \tag{7.57}$$

## 演習問題

【問題 7.1】 制御対象が次式で与えられたとき, これに対するフィードバック系を構成する. コントローラを $K$ とし, $K: 0 \le K \le \infty$ で変化させたときの閉ループ系の極を根軌跡を用いて求めよ.

(1) $P = \dfrac{10}{(s+1)(s+5)}$　　(2) $P = \dfrac{15}{(s+1)(s+3)(s+5)}$

(3) * $P = \dfrac{10}{(s+1)^2(s+5)}$　　(4) * $P = \dfrac{5(s+4)}{(s+1)(s^2+4s+5)}$

(5) * $P = \dfrac{15(s^2+3s+3)}{(s-1)(s-3)(s+5)}$

【問題 7.2】 制御対象 $P$

$$y = Pu$$

が次式で与えられたとき, コントローラ $K$ を次の形で設計した.

$$K = k_1\dot{y} + k_0 y$$

このとき, 閉ループ系の極が与えられた $p$ になるように, $k_1$, $k_0$ を定めよ.

(1) $P = \dfrac{5}{(s+1)(s+5)}$, $p=-2,-4$　　(2) $P = \dfrac{s^2+2s+3}{(s+1)^2}$, $p=-2,-2$

【問題 7.3】 Consider the following controller $K$ as,

$$K = k_1\dot{y} + k_0 y$$

For the controlled object $P$,

$$y = Pu$$

Obtain the parameters $k_1$, $k_0$ so that the poles of the closed system are placed at $p$ for the following (1) and (2).

(1) * $P = \dfrac{10}{(s-1)(s-3)}$,　$p = -5, -5$　　　(2) * $P = \dfrac{s+1}{s^2+3s+4}$,　$p = -3, -3$

【問題 7.4】 制御対象 $P$ が

$$P = \frac{8}{s^2 - 2s - 4}$$

で与えられ，フィードバックコントローラ $K_b$ が

$$K_b = 2 + s + \frac{1}{s}$$

で与えられたとき，次の問に答えよ．

(1) 図 7.6 の 2 自由度系において，$K_f$ を

$$K_f = \frac{100}{(s+10)^2}$$

としたときの，目標値 $r$ から出力 $y$ までの伝達関数を求めよ．

(2) 図 7.6 の 2 自由度系において，$G_m$ を

$$G_m = \frac{100}{(s+10)^2}$$

としたときの目標値 $r$ から出力 $y$ までの伝達関数を求めよ．

# 第 8 章
# 状態空間法へ
# State Space Representation

## 8・1　状態と観測 (state and observation)

図 8.1 に示すように，ある時刻 $t_1$ における出力 $\boldsymbol{y}(t_1)$ が，同じ時刻における入力 $\boldsymbol{u}(t_1)$ のみでなく過去の入力 $\boldsymbol{u}(t; t \le t_1)$ によっても影響されるならば，そのシステムは動的システム(dynamic system)といわれ，微分方程式で記述することができる．このような動的システムの状態を完全に決めるために必要な最小個の内部変数の組を状態変数(state variable)という．

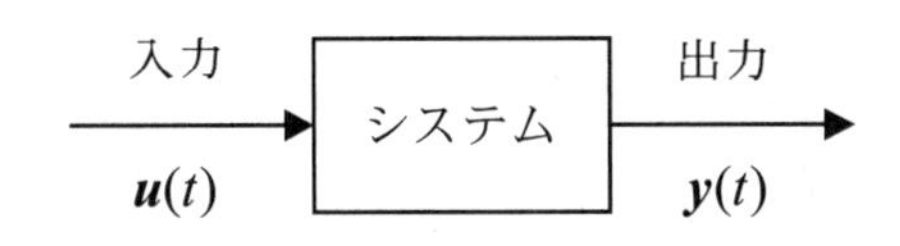


図 8.1　システムの入力と出力

動的システムのうち，状態変数 $\boldsymbol{x}$ と入力変数 $\boldsymbol{u}$ の一次結合で表されるシステムを線形システム(linear system)，そうでないシステムを非線形システム(nonlinear system)という．次式のように係数行列が時間 $t$ に依存しない定数行列の線形システムを線形時不変システム(linear time invariant system)という．

$$\dot{\boldsymbol{x}} = \boldsymbol{A}\boldsymbol{x} + \boldsymbol{B}\boldsymbol{u} \tag{8.1}$$

$$\boldsymbol{y} = \boldsymbol{C}\boldsymbol{x} \tag{8.2}$$

ここで，$\boldsymbol{x} = [x_1 \quad x_2 \quad \cdots \quad x_n]^T$ を状態ベクトル(state vector)，状態ベクトルの次元 $n$ をシステムの次数 (order)といい，$\boldsymbol{u} = [u_1 \quad u_2 \quad \cdots \quad u_m]^T$ は $m$ 次元入力(制御)ベクトル，$\boldsymbol{y} = [y_1 \quad y_2 \quad \cdots \quad y_r]^T$ は $r$ 次元出力(観測)ベクトルである．式(8.1)を状態方程式(state space equation)，式(8.2)を出力方程式(output equation)とよび，これらをまとめてシステム方程式(system equation)とよぶ．なお，状態方程式と出力方程式をまとめて状態方程式とよぶこともある．状態ベクトルの各要素を座標とする空間を状態空間(state space)とすると，状態空間は $n$ 次元空間であり，係数行列 $\boldsymbol{A}$ は $(n \times n)$ 行列，$\boldsymbol{B}$ は $(n \times m)$ 行列，$\boldsymbol{C}$ は $(r \times n)$ 行列である．図 8.2 に線形時不変システムのブロック線図を示す．

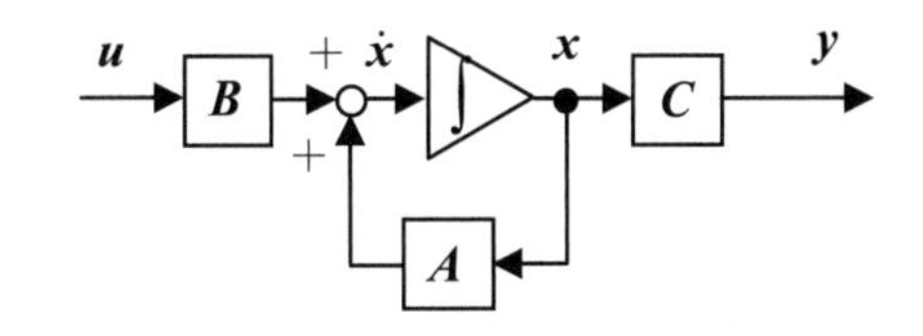


図 8.2　線形時不変システム

多くの動的システムは非線形システムであるが，システムの平衡点の近傍で線形化すると，摂動(微小変位)に関して線形システムとすることができる．

初期状態ベクトル $\boldsymbol{x}(0)$ と入力 $\boldsymbol{u}(t)$ が与えられたときの線形時不変システムの解と出力は次式のように得られる．

$$\boldsymbol{x}(t) = e^{\boldsymbol{A}t}\boldsymbol{x}(0) + \int_0^t e^{\boldsymbol{A}(t-\tau)}\boldsymbol{B}\boldsymbol{u}(\tau)d\tau \tag{8.3}$$

$$\boldsymbol{y}(t) = \boldsymbol{C}e^{\boldsymbol{A}t}\boldsymbol{x}(0) + \int_0^t \boldsymbol{C}e^{\boldsymbol{A}(t-\tau)}\boldsymbol{B}\boldsymbol{u}(\tau)d\tau \tag{8.4}$$

式(8.4)の右辺第 1 項は初期状態の影響を表す自由応答(free response)項で，入力 $\boldsymbol{u} = 0$ に対する応答であるので，零入力応答(zero input response)とよばれる．また，右辺の残りの項は入力 $\boldsymbol{u}(t)$ の影響を表す強制応答(forced response)項で，状態変数 $\boldsymbol{x} = 0$ に対する応答であるので，零状態応答(zero state response)とよばれる．また，$e^{\boldsymbol{A}t}$ は

$$e^{\boldsymbol{A}t} = \boldsymbol{I} + \boldsymbol{A}t + \frac{1}{2!}\boldsymbol{A}^2t^2 + \cdots + \frac{1}{k!}\boldsymbol{A}^kt^k + \cdots = \sum_{k=0}^{\infty}\frac{1}{k!}\boldsymbol{A}^kt^k \tag{8.5}$$

で定義された $(n \times n)$ 行列で，状態推移行列(state transition matrix)とよばれる．

さらに，次のラプラス変換の関係が成り立つ．

$$e^{At} = \mathcal{L}^{-1}[(s\boldsymbol{I} - \boldsymbol{A})^{-1}] \tag{8.6}$$

次の $(r \times m)$ 行列

$$\boldsymbol{G}(t) = \boldsymbol{C}e^{At}\boldsymbol{B} \tag{8.7}$$

をインパルス応答行列(impulse response matrix)という．これを用いると任意の入力 $\boldsymbol{u}(t)$ に対する零状態応答は，次のたたみ込み積分式で得られる．

$$\boldsymbol{y}(t) = \int_0^t \boldsymbol{G}(t-\tau)\boldsymbol{u}(\tau)d\tau \tag{8.8}$$

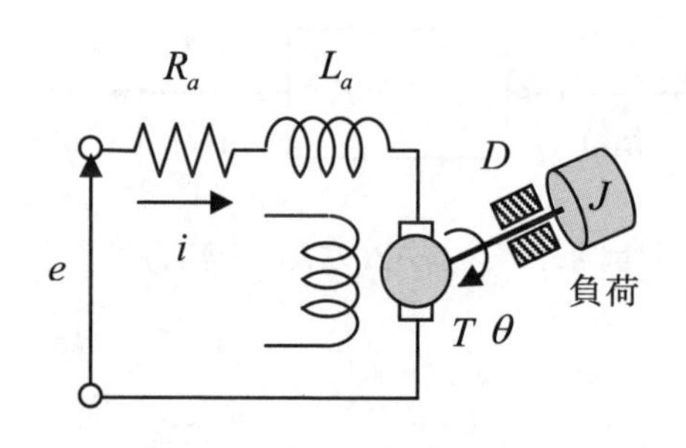

図 8.3　負荷付き直流モータ

【例 8.1】図 8.3 に示す負荷を付けた直流モータを考える．$L_a$ と $R_a$ を電機子回路のインダクタンスと抵抗，$i$ を電機子電流，$e$ を電機子電圧，$v_a$ をモータの逆起電圧，$K_E$ を逆起電圧定数，$T$ をモータのトルク，$K_T$ をトルク定数，$J$ および $D$ をモータの慣性モーメントおよび粘性摩擦係数，$\theta$ を回転角とした時の状態方程式を求めよ．

【解 8.1】図 8.3 より，次のような方程式が得られる

$$\begin{aligned} e &= R_a i + L_a \dot{i} + v_a \\ v_a &= K_E \dot{\theta} \\ T &= K_T i = J\ddot{\theta} + D\dot{\theta} \end{aligned} \tag{8.9}$$

状態変数として $\boldsymbol{x} = [\theta \quad \dot{\theta} \quad i]^T$，入力を $u = e$，出力を $y = \theta$ とすると，次の係数行列を持つ3次の線形時不変システムで表される．

$$\boldsymbol{A} = \begin{bmatrix} 0 & 1 & 0 \\ 0 & -D/J & K_T/J \\ 0 & -K_E/L & -R_a/L_a \end{bmatrix}, \quad \boldsymbol{b} = \begin{bmatrix} 0 \\ 0 \\ 1/L_a \end{bmatrix}, \quad \boldsymbol{c} = \begin{bmatrix} 1 & 0 & 0 \end{bmatrix}$$

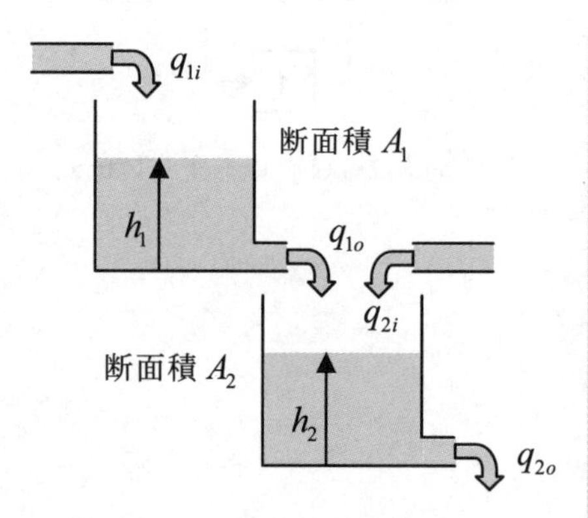

図 8.4　2タンク水位系

【例 8.2】図 8.4 に示すように上下につながった2つのタンクの水位系を考える．上流側および下流側それぞれのタンクの断面積を $A_1$，$A_2$，単位時間あたりに流入する流量を $q_{1i}$，$q_{2i}$，流出する流量を $q_{1o}$，$q_{2o}$，タンクの水位を $h_1$，$h_2$ とする．また，ベルヌーイの定理から $k_1$ と $k_2$ を定数として

$$q_{1o} = k_1\sqrt{h_1}, \quad q_{2o} = k_2\sqrt{h_2}$$

の関係が成り立つものとして，平衡状態（添え字0を付ける）からの微小変動に関して線形化した状態方程式を求めよ．なお，出力は2つのタンクの水位の変動分とする．

【解 8.2】線形化した状態方程式の係数行列は次のようになる．

$$\boldsymbol{A} = \begin{bmatrix} -\dfrac{k_1}{2A_1\sqrt{h_{10}}} & 0 \\ \dfrac{k_1}{2A_2\sqrt{h_{10}}} & -\dfrac{k_2}{2A_2\sqrt{h_{20}}} \end{bmatrix}, \quad \boldsymbol{B} = \begin{bmatrix} \dfrac{1}{A_1} & 0 \\ 0 & \dfrac{1}{A_2} \end{bmatrix}, \quad \boldsymbol{C} = \begin{bmatrix} 1 & 0 \\ 0 & 1 \end{bmatrix}$$

【例 8.3】係数行列 $\boldsymbol{A}$ が与えられたとき，状態遷移行列 $e^{At}$ を求めよ．

(1) $\boldsymbol{A} = \begin{bmatrix} 0 & a \\ 0 & 0 \end{bmatrix}$　(2) $\boldsymbol{A} = \begin{bmatrix} 0 & 1 & 0 \\ 0 & 0 & 1 \\ -10 & -17 & -8 \end{bmatrix}$

【解 8.3】

(1) $\boldsymbol{A}$ が簡単な場合には，式(8.5)から直接求めることができる．

$$\boldsymbol{A}^2 = \begin{bmatrix} 0 & a \\ 0 & 0 \end{bmatrix}\begin{bmatrix} 0 & a \\ 0 & 0 \end{bmatrix} = \begin{bmatrix} 0 & 0 \\ 0 & 0 \end{bmatrix}, \text{ したがって}$$

$$\boldsymbol{A}^k = \begin{bmatrix} 0 & 0 \\ 0 & 0 \end{bmatrix}, \quad (k \geq 2)$$

であるので，式(8.5)より

$$e^{\boldsymbol{A}t} = \boldsymbol{I} + \boldsymbol{A}t = \begin{bmatrix} 1 & 0 \\ 0 & 1 \end{bmatrix} + \begin{bmatrix} 0 & a \\ 0 & 0 \end{bmatrix} t = \begin{bmatrix} 1 & at \\ 0 & 1 \end{bmatrix} \quad \text{となる．}$$

次に式(8.6)を使って状態遷移行列を求めてみる．

$$(s\boldsymbol{I} - \boldsymbol{A})^{-1} = \begin{bmatrix} s & -a \\ 0 & s \end{bmatrix}^{-1} = \frac{1}{s^2}\begin{bmatrix} s & a \\ 0 & s \end{bmatrix} = \begin{bmatrix} \frac{1}{s} & \frac{a}{s^2} \\ 0 & \frac{1}{s} \end{bmatrix} \quad \text{より，}$$

$$e^{\boldsymbol{A}t} = \mathcal{L}^{-1}[(s\boldsymbol{I} - \boldsymbol{A})^{-1}] = \begin{bmatrix} 1 & at \\ 0 & 1 \end{bmatrix}$$

となり，式(8.5)より求めた結果と一致する．

(2) Faddeev の方法で求める．

$$\boldsymbol{B}_2 = \boldsymbol{I}, \quad \alpha_2 = -\mathrm{tr}(\boldsymbol{B}_2\boldsymbol{A}) = -\mathrm{tr}(\boldsymbol{A}) = 8$$

$$\boldsymbol{B}_1 = \boldsymbol{B}_2\boldsymbol{A} + \alpha_2\boldsymbol{I} = \begin{bmatrix} 8 & 1 & 0 \\ 0 & 8 & 1 \\ -10 & -17 & 0 \end{bmatrix}$$

$$\alpha_1 = \frac{-\mathrm{tr}(\boldsymbol{B}_1\boldsymbol{A})}{2} = \frac{-1}{2}\mathrm{tr}\left(\begin{bmatrix} 0 & 8 & 1 \\ -10 & -17 & 0 \\ 0 & -10 & -17 \end{bmatrix}\right) = 17$$

$$\boldsymbol{B}_0 = \boldsymbol{B}_1\boldsymbol{A} + \alpha_1\boldsymbol{I} = \begin{bmatrix} 17 & 8 & 1 \\ -10 & 0 & 0 \\ 0 & -10 & 0 \end{bmatrix}$$

$$\alpha_0 = \frac{-\mathrm{tr}(\boldsymbol{B}_0\boldsymbol{A})}{3} = \frac{-1}{3}\mathrm{tr}\left(\begin{bmatrix} -10 & 0 & 0 \\ 0 & -10 & 0 \\ 0 & 0 & -10 \end{bmatrix}\right) = 10$$

したがって，

$$|s\boldsymbol{I} - \boldsymbol{A}| = s^3 + 8s^2 + 17s + 10 = (s+1)(s+2)(s+5)$$

$$(s\boldsymbol{I} - \boldsymbol{A})^{-1} = \frac{1}{|s\boldsymbol{I} - \boldsymbol{A}|}\left(\boldsymbol{B}_2 s^2 + \boldsymbol{B}_1 s + \boldsymbol{B}_0\right) = \frac{1}{(s+1)(s+2)(s+5)}\begin{bmatrix} s^2+8s+17 & s+8 & 1 \\ -10 & s^2+8s & s \\ -10s & -17s-10 & s^2 \end{bmatrix}$$

また，$C_{11} = \frac{1}{4}\left(\boldsymbol{B}_2 - \boldsymbol{B}_1 + \boldsymbol{B}_0\right) = \frac{1}{4}\begin{bmatrix} 10 & 7 & 1 \\ -10 & -7 & -1 \\ 10 & 7 & 1 \end{bmatrix}$，$C_{21} = \frac{-1}{3}\left(4\boldsymbol{B}_2 - 2\boldsymbol{B}_1 + \boldsymbol{B}_0\right) = \frac{-1}{3}\begin{bmatrix} 5 & 6 & 1 \\ -10 & -12 & -2 \\ 20 & 24 & 4 \end{bmatrix}$

$$C_{31} = \frac{1}{12}\left(25\boldsymbol{B}_2 - 5\boldsymbol{B}_1 + \boldsymbol{B}_0\right) = \frac{1}{12}\begin{bmatrix} 2 & 3 & 1 \\ -10 & -15 & -5 \\ 50 & 75 & 25 \end{bmatrix}$$

したがって，状態遷移行列は

---

Faddeev の方法

$$(s\boldsymbol{I} - \boldsymbol{A})^{-1} = \frac{\mathrm{adj}(s\boldsymbol{I} - \boldsymbol{A})}{|s\boldsymbol{I} - \boldsymbol{A}|} \quad \text{において，}$$

$$|s\boldsymbol{I} - \boldsymbol{A}| = p(s) = s^n + \alpha_{n-1}s^{n-1} + \cdots + \alpha_1 s + \alpha_0$$

$$\mathrm{adj}(s\boldsymbol{I} - \boldsymbol{A}) = \boldsymbol{B}_{n-1}s^{n-1} + \cdots + \boldsymbol{B}_1 s + \boldsymbol{B}_0$$

係数 $\alpha_i$ および $n \times n$ 係数行列 $\boldsymbol{B}_i$ は次の漸化式を満す．

$$\boldsymbol{B}_{n-1} = \boldsymbol{I}, \qquad \alpha_{n-1} = -\mathrm{tr}(\boldsymbol{B}_{n-1}\boldsymbol{A})$$

$$\boldsymbol{B}_{n-2} = \boldsymbol{B}_{n-1}\boldsymbol{A} + \alpha_{n-1}\boldsymbol{I}, \qquad \alpha_{n-2} = -\mathrm{tr}(\boldsymbol{B}_{n-2}\boldsymbol{A})/2$$

$$\vdots \qquad \vdots$$

$$\boldsymbol{B}_{n-k} = \boldsymbol{B}_{n-k+1}\boldsymbol{A} + \alpha_{n-k+1}\boldsymbol{I}, \quad \alpha_{n-k} = -\mathrm{tr}(\boldsymbol{B}_{n-k}\boldsymbol{A})/k$$

$$\vdots \qquad \vdots$$

$$\boldsymbol{B}_0 = \boldsymbol{B}_1\boldsymbol{A} + \alpha_1\boldsymbol{I}, \qquad \alpha_0 = -\mathrm{tr}(\boldsymbol{B}_0\boldsymbol{A})/n$$

$$\boldsymbol{0} = \boldsymbol{B}_0\boldsymbol{A} + \alpha_0\boldsymbol{I}$$

なお，左側の最後の式は $(s\boldsymbol{I} - \boldsymbol{A})^{-1}$ の計算には直接必要ないが，$\boldsymbol{B}_i$ を順次代入すると

$$\boldsymbol{A}^n + \alpha_{n-1}\boldsymbol{A}^{n-1} + \cdots + \alpha_1\boldsymbol{A} + \alpha_0\boldsymbol{I} = \boldsymbol{0}$$

となり，Caylay-Hamilton の定理

$$p(\boldsymbol{A}) = |\boldsymbol{A} - \boldsymbol{A}| = \boldsymbol{A}^n + \alpha_{n-1}\boldsymbol{A}^{n-1} + \cdots + \alpha_1\boldsymbol{A} + \alpha_0\boldsymbol{I} = \boldsymbol{0}$$

を満たしていることがわかる．

特性方程式 $p(s) = 0$ の相異なる根の数を $k$，それらが $m_i$ 重根( $i = 1, \cdots, k$ )とする．すなわち

$$p(s) = \prod_{i=1}^{k}(s - \lambda_i)^{m_i}, \text{ ただし，} \sum_{i=1}^{k} m_i = n \quad \text{とする．}$$

$(s\boldsymbol{I} - \boldsymbol{A})^{-1}$ の部分分数展開は

$$(s\boldsymbol{I} - \boldsymbol{A})^{-1} = \sum_{i=1}^{k}\sum_{j=1}^{m_i}\frac{C_{ij}}{(s - \lambda_i)^j}$$

ここで $C_{ij}$ は定数行列で

$$C_{ij} = \lim_{s \to \lambda_i}\frac{1}{(m_i - j)!}\frac{d^{m_i - j}}{ds^{m_i - j}}\left\{(s - \lambda_i)^{m_i}(s\boldsymbol{I} - \boldsymbol{A})^{-1}\right\}$$

したがって状態遷移行列 $e^{\boldsymbol{A}t}$ は次式で得られる．

$$e^{\boldsymbol{A}t} = \mathcal{L}^{-1}[(s\boldsymbol{I} - \boldsymbol{A})^{-1}] = \sum_{i=1}^{k}\sum_{j=1}^{m_i}\frac{C_{ij}}{(j-1)!}t^{j-1}e^{\lambda_i t}$$

$$e^{At} = C_{11}e^{-t} + C_{21}e^{-2t} + C_{31}e^{-5t}$$
$$= \frac{e^{-t}}{4}\begin{bmatrix} 10 & 7 & 1 \\ -10 & -7 & -1 \\ 10 & 7 & 1 \end{bmatrix} - \frac{e^{-2t}}{3}\begin{bmatrix} 5 & 6 & 1 \\ -10 & -12 & -2 \\ 20 & 24 & 4 \end{bmatrix} + \frac{e^{-5t}}{12}\begin{bmatrix} 2 & 3 & 1 \\ -10 & -15 & -5 \\ 50 & 75 & 25 \end{bmatrix}$$

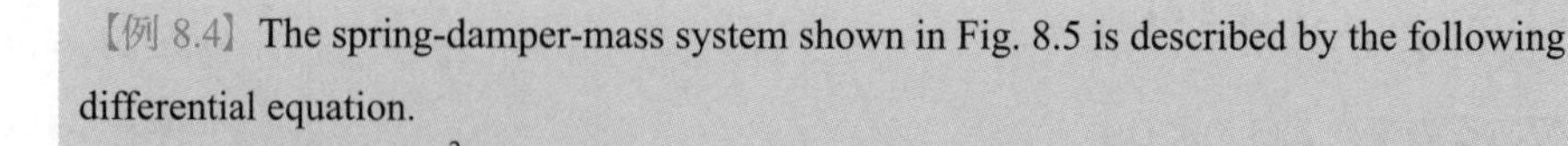

【例 8.4】 The spring-damper-mass system shown in Fig. 8.5 is described by the following differential equation.

$$\ddot{x} + 2\varsigma\omega\dot{x} + \omega^2 x = u \tag{8.10}$$

Find the state equation and output equation in vector-matrix form when the state variables are assigned as $\boldsymbol{x} = [x \quad \dot{x}]^T$, the input is $u$ and the output is $y = x$. Obtain the impulse response and the step response when $\omega = 5$ for $\varsigma$ =2.6, 1, 0.6 and 0.

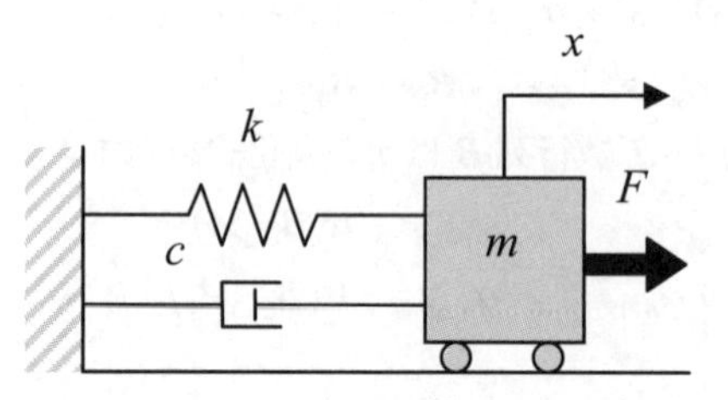


Fig.8.5　1 degree of freedom mass-damper-spring system

【解 8.4】

From Eq. (8.10), the coefficients of the state equation and the output equation of the system are obtained as

$$\boldsymbol{A} = \begin{bmatrix} 0 & 1 \\ -\omega^2 & -2\varsigma\omega \end{bmatrix}, \quad \boldsymbol{b} = \begin{bmatrix} 0 \\ 1 \end{bmatrix}, \quad \boldsymbol{c} = \begin{bmatrix} 1 & 0 \end{bmatrix}$$

(1) When $\varsigma = 2.6$, $\boldsymbol{A} = \begin{bmatrix} 0 & 1 \\ -25 & -26 \end{bmatrix}$. $(s\boldsymbol{I} - \boldsymbol{A})^{-1} = \dfrac{1}{(s+1)(s+25)}\begin{bmatrix} s+26 & 1 \\ -25 & s \end{bmatrix}$

The state transition matrix is

$$e^{At} = \mathcal{L}^{-1}[(s\boldsymbol{I} - \boldsymbol{A})^{-1}] = \frac{1}{24}\begin{bmatrix} 25e^{-t} - e^{-25t} & e^{-t} - e^{-25t} \\ -25e^{-t} + 25e^{-25t} & -e^{-t} + 25e^{-25t} \end{bmatrix}$$

From Eq. (8.7), the impulse response is given as

$$G(t) = \boldsymbol{c}e^{At}\boldsymbol{b} = (e^{-t} - e^{-25t})/24$$

From Eq. (8.8), the step response is

$$y(t) = \int_0^t G(\tau)d\tau = \frac{1}{25} + \frac{1}{24}\left(-e^{-t} + \frac{1}{25}e^{-25t}\right)$$

(2) When $\varsigma = 1.0$, $\boldsymbol{A} = \begin{bmatrix} 0 & 1 \\ -25 & -10 \end{bmatrix}$. $(s\boldsymbol{I} - \boldsymbol{A})^{-1} = \dfrac{1}{(s+5)^2}\begin{bmatrix} s+10 & 1 \\ -25 & s \end{bmatrix}$

$$e^{At} = \mathcal{L}^{-1}[(s\boldsymbol{I} - \boldsymbol{A})^{-1}] = \begin{bmatrix} (1+5t)e^{-5t} & te^{-5t} \\ -25te^{-5t} & (1-5t)e^{-5t} \end{bmatrix}$$

The impulse response and the step response are

$$G(t) = \boldsymbol{c}e^{At}\boldsymbol{b} = te^{-5t}$$

$$y(t) = \int_0^t G(\tau)d\tau = \frac{1}{25} - \frac{1+5t}{25}e^{-5t}$$

(3) When $\varsigma = 0.6$, $\boldsymbol{A} = \begin{bmatrix} 0 & 1 \\ -25 & -6 \end{bmatrix}$. $(s\boldsymbol{I} - \boldsymbol{A})^{-1} = \dfrac{1}{(s+3)^2 + 4^2}\begin{bmatrix} s+6 & 1 \\ -25 & s \end{bmatrix}$

$$e^{At} = \mathcal{L}^{-1}[(s\boldsymbol{I} - \boldsymbol{A})^{-1}] = \begin{bmatrix} e^{-3t}(\cos 4t + \frac{3}{4}\sin 4t) & \frac{1}{4}e^{-3t}\sin 4t \\ -\frac{25}{4}e^{-3t}\sin 4t & e^{-3t}(\cos 4t - \frac{3}{4}\sin 4t) \end{bmatrix}$$

The impulse response and the step response are

$$G(t) = \boldsymbol{c}e^{At}\boldsymbol{b} = \frac{1}{4}e^{-3t}\sin 4t$$

$$y(t)=\int_0^t G(\tau)d\tau=\frac{1}{25}-\frac{e^{-3t}}{100}(4\cos 4t+3\sin 4t)$$

(4) When $\varsigma=0$, $\boldsymbol{A}=\begin{bmatrix}0 & 1\\ -25 & 0\end{bmatrix}$. $(s\boldsymbol{I}-\boldsymbol{A})^{-1}=\dfrac{1}{s^2+5^2}\begin{bmatrix}s & 1\\ -25 & s\end{bmatrix}$

$$e^{\boldsymbol{A}t}=\mathcal{L}^{-1}[(s\boldsymbol{I}-\boldsymbol{A})^{-1}]=\begin{bmatrix}\cos 5t & \dfrac{1}{5}\sin 5t\\ -5\sin 5t & \cos 5t\end{bmatrix}$$

The impulse response and the step response are

$$G(t)=\boldsymbol{c}e^{\boldsymbol{A}t}\boldsymbol{b}=\frac{1}{5}\sin 5t$$

$$y(t)=\int_0^t G(\tau)d\tau=\frac{1}{25}-\frac{1}{25}\cos 5t$$

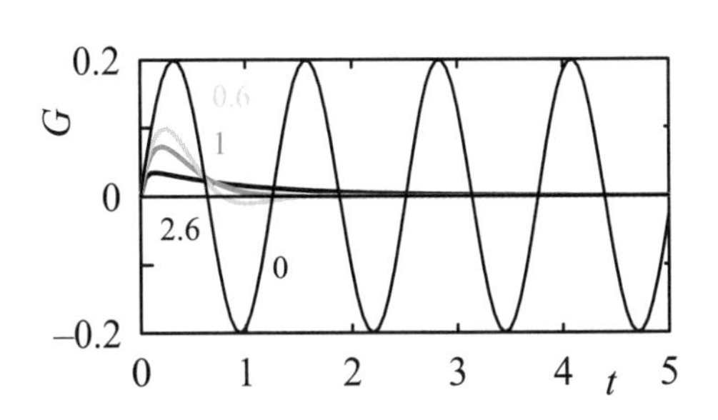


Fig.8.6-a Example 8.4

Fig. 8.6-a shows these impulse responses and Fig. 8.6-b shows the step responses. In these figures, the numerical values indicate the values of $\varsigma$.

## 8・2 状態方程式から伝達関数へ (from state equation to transfer function)

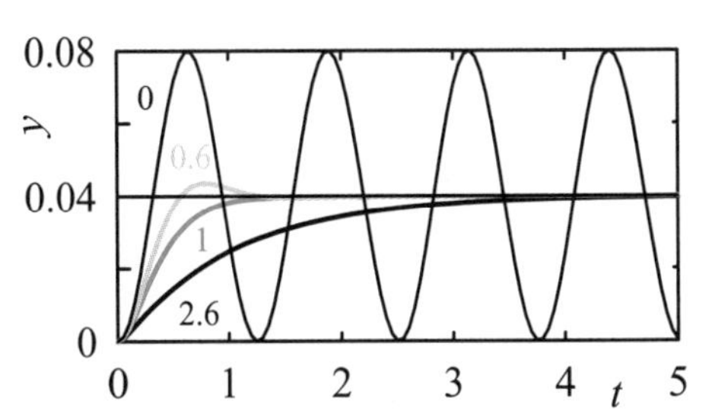


Fig.8.6-b Example 8.4

線形時不変システム

$$\dot{\boldsymbol{x}}=\boldsymbol{A}\boldsymbol{x}+\boldsymbol{B}\boldsymbol{u}$$
$$\boldsymbol{y}=\boldsymbol{C}\boldsymbol{x} \qquad (8.11)$$

の入力から出力への伝達関数行列(transfer function matrix)は次式となる.

$$\boldsymbol{G}(s)=\boldsymbol{C}(s\boldsymbol{I}-\boldsymbol{A})^{-1}\boldsymbol{B}=\frac{\boldsymbol{C}\,\mathrm{adj}(s\boldsymbol{I}-\boldsymbol{A})\boldsymbol{B}}{|s\boldsymbol{I}-\boldsymbol{A}|} \qquad (8.12)$$

状態方程式が動的システムの入力と出力および内部状態の関係を表すのに対し,伝達関数は入力と出力の関係だけを表している.

応答 $\boldsymbol{y}(t)$ は伝達関数行列 $\boldsymbol{G}(s)$ を用いて,次式のように得られる.

$$\boldsymbol{y}(t)=\mathcal{L}^{-1}[\boldsymbol{G}(s)\boldsymbol{U}(s)] \qquad (8.13)$$

伝達関数行列 $\boldsymbol{G}(s)$ とインパルス応答行列 $\boldsymbol{G}(t)$ の間には次のラプラス変換の関係式が成り立つ.

$$\boldsymbol{G}(t)=\mathcal{L}^{-1}[\boldsymbol{G}(s)] \qquad (8.14)$$

【例 8.5】 例題 8.4 で扱った 2 次系の伝達関数を求めよ.

【解 8.5】

(1) $\boldsymbol{A}=\begin{bmatrix}0 & 1\\ -25 & -26\end{bmatrix}$ のとき,式(8.12)より伝達関数は

$$G(s)=\boldsymbol{c}(s\boldsymbol{I}-\boldsymbol{A})^{-1}\boldsymbol{b}=\begin{bmatrix}1 & 0\end{bmatrix}\frac{1}{(s+1)(s+25)}\begin{bmatrix}s+26 & 1\\ -25 & s\end{bmatrix}\begin{bmatrix}0\\ 1\end{bmatrix}=\frac{1}{(s+1)(s+25)}$$

以下,同様に伝達関数を求めると次のようになる.

(2) $\boldsymbol{A}=\begin{bmatrix}0 & 1\\ -25 & -10\end{bmatrix}$ のとき, $G(s)=\dfrac{1}{(s+5)^2}$

(3) $\boldsymbol{A}=\begin{bmatrix}0 & 1\\ -25 & -6\end{bmatrix}$ のとき, $G(s)=\dfrac{1}{s^2+6s+25}$

(4) $\boldsymbol{A}=\begin{bmatrix}0 & 1\\ -25 & 0\end{bmatrix}$ のとき, $G(s)=\dfrac{1}{s^2+25}$

【例 8.6】 Find the transfer function matrix of a system which is described by the following state equation.

$$A=\begin{bmatrix}0 & 1 & 0\\ 0 & 0 & 1\\ -10 & -17 & -8\end{bmatrix},\quad B=\begin{bmatrix}0 & 0\\ 1 & 0\\ 0 & 3\end{bmatrix},\quad C=\begin{bmatrix}2 & 0 & 0\\ 0 & 1 & 0\end{bmatrix}$$

【解 8.6】 To determine the transfer function matrix of the system, we form

$$(sI-A)^{-1}=\frac{1}{(s+1)(s+2)(s+5)}\begin{bmatrix}s^2+8s+17 & s+8 & 1\\ -10 & s(s+8) & s\\ -10s & -17s-10 & s^2\end{bmatrix}$$

Thus, from Eq. (8.12), we obtain the transfer function matrix.

$$G(s)=C(sI-A)^{-1}B=\frac{1}{(s+1)(s+2)(s+5)}\begin{bmatrix}2(s+8) & 6\\ s(s+8) & 3s\end{bmatrix}$$

Note: The transfer function matrix of this system is $2\times 2$ because the system has two inputs and two outputs.

## 8・3 伝達関数から状態方程式へ (from transfer function to state equation)

システムが伝達関数表現で与えられているとき，状態方程式表現を求めることを実現(realization)という．内部変数である状態変数の取り方により状態方程式表現の作り方は無数にある．

1 入力 1 出力線形時不変システム

$$\begin{aligned}\dot{x}&=Ax+bu\\ y&=cx\end{aligned}\tag{8.15}$$

を実現する 3 つの方法（同伴形，部分分数展開形，直列形）を以下に示す．

(1) 同伴形(companion form)

伝達関数

$$G(s)=\frac{Y(s)}{U(s)}=\frac{b_{n-1}s^{n-1}+\cdots+b_1s+b_0}{s^n+a_{n-1}s^{n-1}+\cdots+a_1s+a_0}\tag{8.16}$$

が与えられたとき，変数として $x=[x\quad \dot{x}\quad \cdots\quad x^{(n-1)}]^T$ ととれば，係数行列は次のようになる．

$$A=\begin{bmatrix}0 & 1 & 0 & \cdots & 0\\ 0 & 0 & 1 & \cdots & 0\\ \vdots & \vdots & \vdots & \ddots & \vdots\\ 0 & 0 & 0 & \cdots & 1\\ -a_0 & -a_1 & -a_2 & \cdots & -a_{n-1}\end{bmatrix},\ b=\begin{bmatrix}0\\ 0\\ \vdots\\ 0\\ 1\end{bmatrix},\ c=\begin{bmatrix}b_0 & b_1 & \cdots & b_{n-1}\end{bmatrix}\tag{8.17}$$

(2) 部分分数展開形(partial fraction expansion)

極 $\lambda_i$ が全て相異なる場合，伝達関数は

$$G(s)=\sum_{i=1}^{n}\frac{c_i}{s-\lambda_i}\tag{8.18}$$

と表され，係数行列 $A$ は対角行列となる．

$$A=\begin{bmatrix}\lambda_1 & 0 & \cdots & 0\\ 0 & \lambda_2 & & 0\\ \vdots & & \ddots & \\ 0 & 0 & & \lambda_n\end{bmatrix},\ b=\begin{bmatrix}1\\1\\\vdots\\1\end{bmatrix},\ c=\begin{bmatrix}c_1 & c_2 & \cdots & c_n\end{bmatrix} \tag{8.19}$$

極 $\lambda_i$ が複素数の場合は，対応する状態変数も複素数となる．工学では複素数で表された数学モデルより，実数だけで表された数学モデルを必要とすることが実用上多いので，極が複素数の場合には部分分数は実数の範囲で展開する(9.2 節参照)．

$\lambda_1$ だけが $k$ 重極で，残りの $\lambda_{k+1},\cdots,\lambda_n$ は全て単極の場合，伝達関数は

$$G(s)=\sum_{i=1}^{k}\frac{c_{1i}}{(s-\lambda_1)^{k+1-i}}+\sum_{i=k+1}^{n}\frac{c_i}{(s-\lambda_i)} \tag{8.20}$$

と表され，係数行列は

$$A=\begin{bmatrix}J_k(\lambda_1) & 0 & \cdots & 0\\ 0 & \lambda_{k+1} & & 0\\ \vdots & & \ddots & \\ 0 & 0 & & \lambda_n\end{bmatrix},\quad J_k(\lambda_1)=\begin{bmatrix}\lambda_1 & 1 & & 0\\ 0 & \lambda_1 & \ddots & \\ \vdots & \ddots & \ddots & 1\\ 0 & \cdots & 0 & \lambda_1\end{bmatrix},\quad b=\begin{bmatrix}0\\\vdots\\0\\1\\1\\\vdots\\1\end{bmatrix}\Bigg\}k,$$

$$c=\begin{bmatrix}c_{11} & c_{12} & \cdots & c_{1k} & c_{k+1} & \cdots & c_n\end{bmatrix} \tag{8.21}$$

となる．このとき，行列 $A$ はジョルダン標準形で，$J_k(\lambda_1)$ は 1 つのジョルダンブロックである. 重極が複数ある場合はジョルダンブロックがいくつか並ぶ形にすることができる.

(3) 直列形(series form)

伝達関数 $G(s)$ が極 $\lambda_i,(i=1,\cdots,n)$ と零点 $\gamma_i,(i=1,\cdots,m)$ で

$$G(s)=b_m\prod_{i=1}^{m}\frac{s-\gamma_i}{s-\lambda_i}\prod_{i=m+1}^{n}\frac{1}{s-\lambda_i},\quad (n>m) \tag{8.22}$$

と与えられたときは次のようにとれる.

$$A=\begin{bmatrix}\lambda_1 & 0 & & \cdots & & & & 0\\ \lambda_2-\gamma_2 & \lambda_2 & 0 & \cdots & & & & 0\\ \vdots & & \ddots & \ddots & & & & \vdots\\ \lambda_m-\gamma_m & \cdots & \lambda_m-\gamma_m & \lambda_m & 0 & & & 0\\ 1 & 1 & \cdots & 1 & \lambda_{m+1} & 0 & & 0\\ 0 & 0 & \cdots & 0 & 1 & \lambda_{m+2} & \ddots & 0\\ \vdots & & & & \ddots & \ddots & \ddots & \vdots\\ 0 & & \cdots & & & 0 & 1 & \lambda_n\end{bmatrix},\ b=\begin{bmatrix}\lambda_1-\gamma_1\\ \lambda_2-\gamma_2\\ \vdots\\ \lambda_m-\gamma_m\\ 1\\ 0\\ \vdots\\ 0\end{bmatrix},$$

$$c=\begin{bmatrix}0 & \cdots & 0 & b_m\end{bmatrix} \tag{8.23}$$

【例 8.7】 次の伝達関数を種々の方法で状態方程式に変換せよ.

$$G(s)=\frac{3}{s(s-3)}=\frac{3}{s^2-3s}$$

【解 8.7】

(1) 同伴形：式(8.17)より（図 8.7-a 参照）

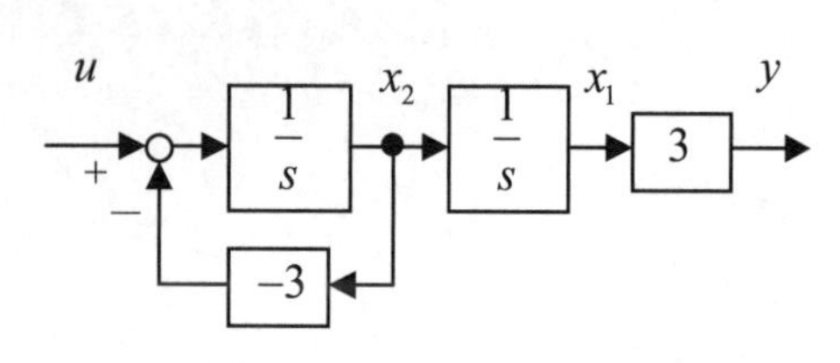


図 8.7-a　同伴形のブロック線図

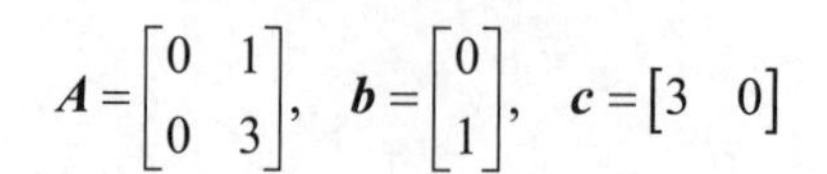

$$A=\begin{bmatrix}0 & 1\\ 0 & 3\end{bmatrix},\quad b=\begin{bmatrix}0\\ 1\end{bmatrix},\quad c=\begin{bmatrix}3 & 0\end{bmatrix}$$

(2) 部分分数展開形

固有値は $\lambda_1=0$, $\lambda_2=3$ であるから，伝達関数 $G(s)$ は次のように部分分数展開できる（図 8.7-b 参照）.

$$G(s)=\frac{3}{s(s-3)}=\frac{-1}{s}+\frac{1}{s-3}$$

したがって，式(8.19)より，次のように対角化できる.

$$A=\begin{bmatrix}0 & 0\\ 0 & 3\end{bmatrix},\quad b=\begin{bmatrix}1\\ 1\end{bmatrix},\quad c=\begin{bmatrix}-1 & 1\end{bmatrix}$$

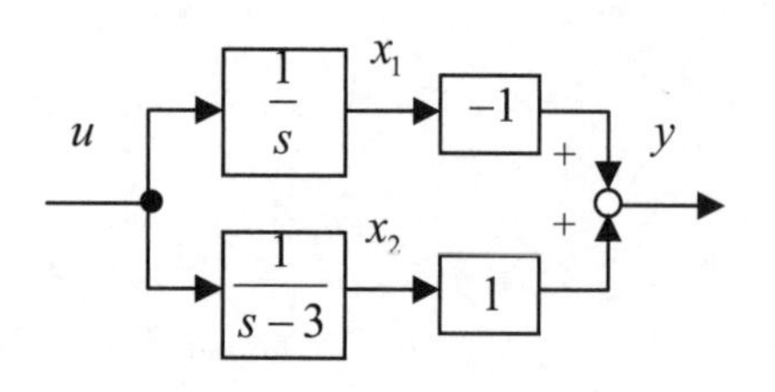


図 8.7-b　部分分数展開形のブロック線図

(3) 直列形

$$G(s)=\frac{3}{s(s-3)}=3\times\frac{1}{s}\times\frac{1}{s-3}$$

であるから，図 8.7-c のように状態変数をとると，

$$\begin{cases}\dot{x}_1=u\\ \dot{x}_2=3x_2+x_1\end{cases}\quad \text{となるので，}\quad A=\begin{bmatrix}0 & 0\\ 1 & 3\end{bmatrix},\quad b=\begin{bmatrix}1\\ 0\end{bmatrix},\quad c=\begin{bmatrix}0 & 3\end{bmatrix}\text{となる.}$$

$$y=3x_2$$

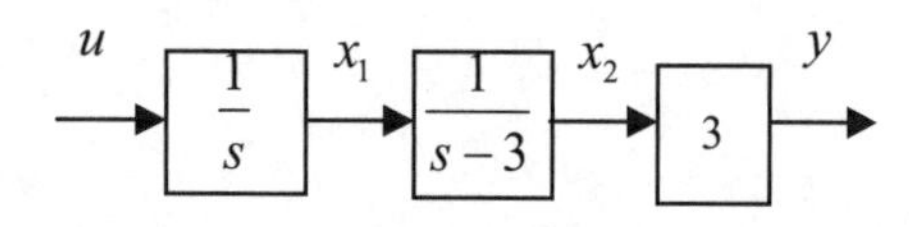


図 8.7-c　直列形のブロック線図

【例 8.8】Derive a state equation and an output equation of the system described by the following transfer function.

$$G(s)=\frac{3(s-4)}{(s-1)^2(s+2)}=\frac{3s-12}{s^3-3s+2}$$

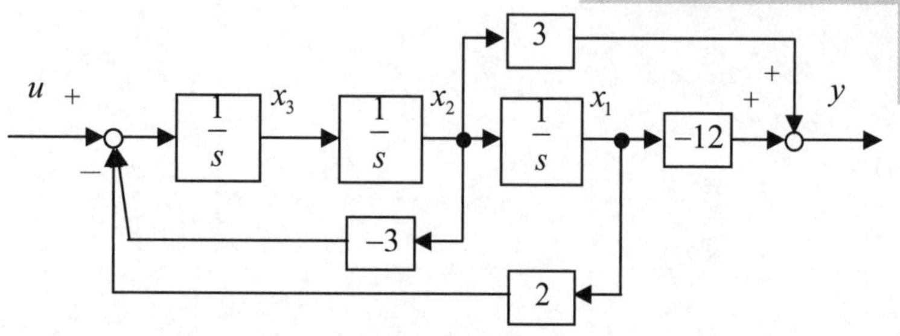


Fig.8.8-a　Companion form

【解 8.8】

(1) Companion form

From Eq. (8.17), we obtain the coefficients of the equations as

$$A=\begin{bmatrix}0 & 1 & 0\\ 0 & 0 & 1\\ -2 & 3 & 0\end{bmatrix},\quad b=\begin{bmatrix}0\\ 0\\ 1\end{bmatrix},\quad c=\begin{bmatrix}-12 & 3 & 0\end{bmatrix}$$

The block diagram is shown in Fig. 8.8 -a.

(2) Partial fraction expansion

The eigenvalues of the system, i.e. the poles, are $\lambda_1=\lambda_2=1$ and $\lambda_3=-2$. This system has a double pole. By using partial fractions, the transfer function $G(s)$ can be represented as follows.

$$G(s)=\frac{3(s-4)}{(s-1)^2(s+2)}=\frac{-3}{(s-1)^2}+\frac{2}{s-1}+\frac{-2}{s+2}$$

Fig.8.8-b　Partial fraction expansion

We assign the state variables as shown in Fig. 8.8 -b. From Eq. (8.21), we obtain

$$A=\begin{bmatrix}1 & 1 & 0\\ 0 & 1 & 0\\ 0 & 0 & -2\end{bmatrix},\quad b=\begin{bmatrix}0\\ 1\\ 1\end{bmatrix},\quad c=\begin{bmatrix}-3 & 2 & -2\end{bmatrix}$$

（3） Series form

The transfer function is given as follows.

$$G(s)=\frac{3(s-4)}{(s-1)^2(s+2)}=3\times\frac{s-4}{s-1}\times\frac{1}{s-1}\times\frac{1}{s+2}=3\times\left(1+\frac{-3}{s-1}\right)\times\frac{1}{s-1}\times\frac{1}{s+2}$$

When the state variables are assigned as shown in Fig. 8.8-c, the following state equation are obtained.

$$\begin{cases}\dot{x}_1=x_1-3u\\ \dot{x}_2=x_2+x_1+u\\ \dot{x}_3=-2x_3+x_2\end{cases}$$ . Therefore, we get,

$$y=3x_3$$

$$\boldsymbol{A}=\begin{bmatrix}1&0&0\\1&1&0\\0&1&-2\end{bmatrix},\quad \boldsymbol{b}=\begin{bmatrix}-3\\1\\0\end{bmatrix},\quad \boldsymbol{c}=\begin{bmatrix}0&0&3\end{bmatrix}$$

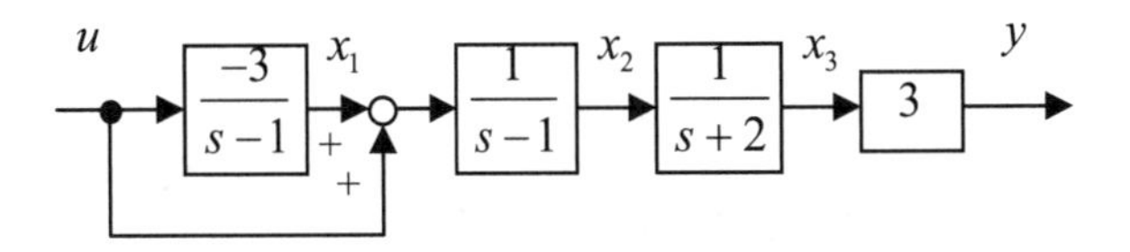


Fig.8.8-c Series form

Note that a different state equation can be obtained by rearranging the block in Fig.8.8-c.

## 8・4 システムの結合 (connection of systems)

第3章では伝達関数で表したブロック線図の結合について学んだ. ここでは状態方程式で表されたシステムの結合について学ぶ.

２つのシステム $S_1$ と $S_2$ が次のような状態方程式で表されているとする.

システム $S_1$　　　　　システム $S_2$

$$\begin{cases}\dot{\boldsymbol{x}}_1=\boldsymbol{A}_1\boldsymbol{x}_1+\boldsymbol{B}_1\boldsymbol{u}_1\\ \boldsymbol{y}_1=\boldsymbol{C}_1\boldsymbol{x}_1\end{cases}\qquad \begin{cases}\dot{\boldsymbol{x}}_2=\boldsymbol{A}_2\boldsymbol{x}_2+\boldsymbol{B}_2\boldsymbol{u}_2\\ \boldsymbol{y}_2=\boldsymbol{C}_2\boldsymbol{x}_2\end{cases}\tag{8.24}$$

なお, それぞれのシステムの次数は $n_1, n_2$, 入力は $m_1, m_2$ 次元, 出力は $r_1, r_2$ 次元とする. この２つのシステムを結合した時の状態方程式を求める.

(1) 直列結合

図 8.9 -a に示すように, システム $S_1$ と $S_2$ を直列に接続した場合を考える. この結合されたシステム全体の状態方程式は次の式(8.25)になる.

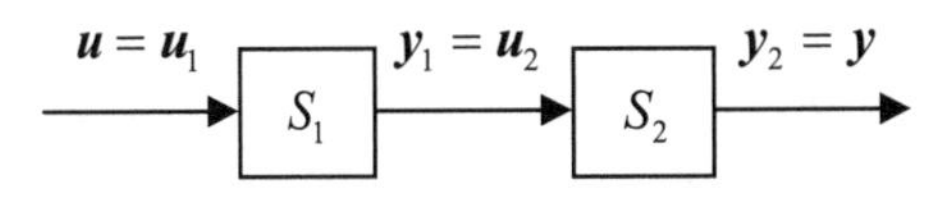


図8.9-a 直列結合

$$\begin{bmatrix}\dot{\boldsymbol{x}}_1\\ \dot{\boldsymbol{x}}_2\end{bmatrix}=\begin{bmatrix}\boldsymbol{A}_1&0\\ \boldsymbol{B}_2\boldsymbol{C}_1&\boldsymbol{A}_2\end{bmatrix}\begin{bmatrix}\boldsymbol{x}_1\\ \boldsymbol{x}_2\end{bmatrix}+\begin{bmatrix}\boldsymbol{B}_1\\ 0\end{bmatrix}\boldsymbol{u}$$
$$\boldsymbol{y}=\begin{bmatrix}0&\boldsymbol{C}_2\end{bmatrix}\begin{bmatrix}\boldsymbol{x}_1\\ \boldsymbol{x}_2\end{bmatrix}\tag{8.25}$$

新たに状態変数を $\boldsymbol{x}=\begin{bmatrix}\boldsymbol{x}_1&\boldsymbol{x}_2\end{bmatrix}^T$ ととれば, 式(8.1)および式(8.2)の形になる.

(2) 並列結合

図 8.9 -b に示すように, システム $S_1$ と $S_2$ を並列に接続した場合を考える. この場合, 出力は $\boldsymbol{y}=\boldsymbol{y}_1\pm\boldsymbol{y}_2$ であるから, 結合されたシステム全体の状態方程式は次の式(8.26)になる.

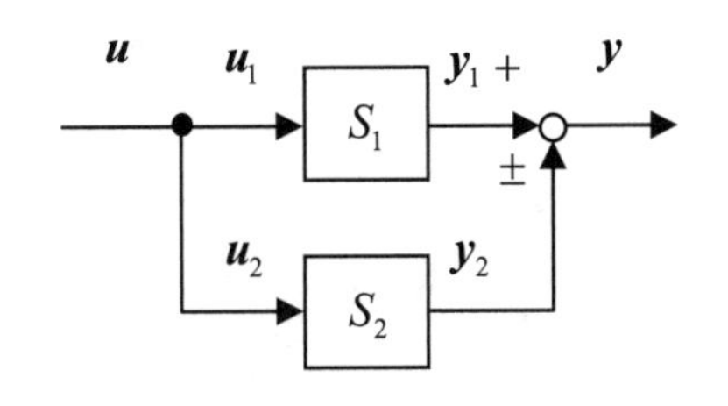


図8.9-b 並列結合

$$\begin{bmatrix}\dot{\boldsymbol{x}}_1\\ \dot{\boldsymbol{x}}_2\end{bmatrix}=\begin{bmatrix}\boldsymbol{A}_1&0\\ 0&\boldsymbol{A}_2\end{bmatrix}\begin{bmatrix}\boldsymbol{x}_1\\ \boldsymbol{x}_2\end{bmatrix}+\begin{bmatrix}\boldsymbol{B}_1\\ \boldsymbol{B}_2\end{bmatrix}\boldsymbol{u}$$
$$\boldsymbol{y}=\begin{bmatrix}\boldsymbol{C}_1&\pm\boldsymbol{C}_2\end{bmatrix}\begin{bmatrix}\boldsymbol{x}_1\\ \boldsymbol{x}_2\end{bmatrix}\tag{8.26}$$

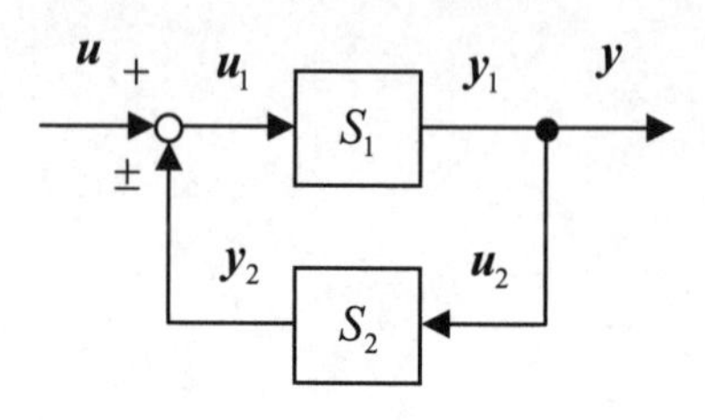

図8.9-c　フィードバック結合

(3) フィードバック結合

図 8.9 -c に示すようなフィードバック結合を考える．結合されたシステム全体の状態方程式は次の式(8.27)になる．

$$\begin{bmatrix} \dot{\boldsymbol{x}}_1 \\ \dot{\boldsymbol{x}}_2 \end{bmatrix} = \begin{bmatrix} \boldsymbol{A}_1 & \pm \boldsymbol{B}_1\boldsymbol{C}_2 \\ \boldsymbol{B}_2\boldsymbol{C}_1 & \boldsymbol{A}_2 \end{bmatrix} \begin{bmatrix} \boldsymbol{x}_1 \\ \boldsymbol{x}_2 \end{bmatrix} + \begin{bmatrix} \boldsymbol{B}_1 \\ 0 \end{bmatrix} \boldsymbol{u}$$
$$\boldsymbol{y} = \begin{bmatrix} \boldsymbol{C}_1 & 0 \end{bmatrix} \begin{bmatrix} \boldsymbol{x}_1 \\ \boldsymbol{x}_2 \end{bmatrix} \tag{8.27}$$

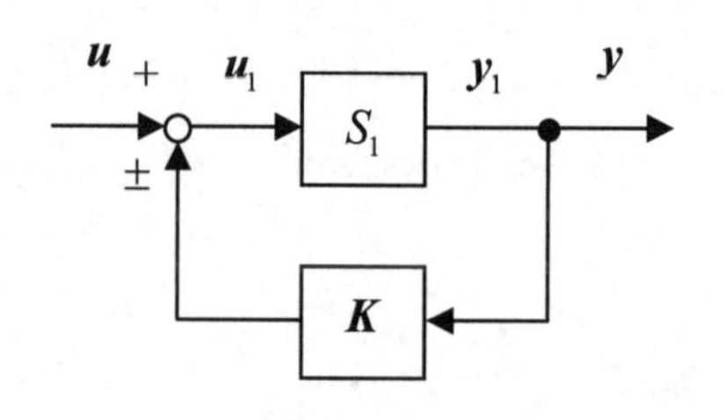

図8.9-d　出力フィードバック

(4) 出力フィードバック

図 8.9-d に示すような出力フィードバックを考える．ただし，フィードバックゲイン $\boldsymbol{K}$ は $(m_1 \times r_1)$ 定数行列である．この場合には、以下を得る．

$$\begin{aligned} \dot{\boldsymbol{x}}_1 &= \boldsymbol{A}_1\boldsymbol{x}_1 + \boldsymbol{B}_1(\boldsymbol{u} \pm \boldsymbol{K}\boldsymbol{y}_1) = \boldsymbol{A}_1\boldsymbol{x}_1 + \boldsymbol{B}_1\boldsymbol{u} \pm \boldsymbol{B}_1\boldsymbol{K}\boldsymbol{C}_1\boldsymbol{x}_1 \\ &= (\boldsymbol{A}_1 \pm \boldsymbol{B}_1\boldsymbol{K}\boldsymbol{C}_1)\boldsymbol{x}_1 + \boldsymbol{B}_1\boldsymbol{u} \\ \boldsymbol{y} &= \boldsymbol{C}_1\boldsymbol{x}_1 \end{aligned} \tag{8.28}$$

【例 8.9】2 つのシステム $S_1$ と $S_2$ が次のような状態方程式で表されているとして，結合されたシステムの状態方程式を求めよ．ただし，加え合わせ点での複号は＋をとるものとする．

システム $S_1$

$$\begin{cases} \dot{x}_1 = 2x_1 + u_1 \\ y_1 = 3x_1 \end{cases}$$

フィードバックゲイン行列

$K$

システム $S_2$

$$\begin{cases} \begin{bmatrix} \dot{x}_{21} \\ \dot{x}_{22} \end{bmatrix} = \begin{bmatrix} 0 & 1 \\ -5 & -4 \end{bmatrix} \begin{bmatrix} x_{21} \\ x_{22} \end{bmatrix} + \begin{bmatrix} 0 \\ 1 \end{bmatrix} u_2 \\ y_2 = \begin{bmatrix} 1 & 0 \end{bmatrix} \begin{bmatrix} x_{21} \\ x_{22} \end{bmatrix} \end{cases}$$

【解 8.9】

(1) 直列結合：式(8.25)より，

$$\begin{bmatrix} \dot{x}_1 \\ \dot{x}_{21} \\ \dot{x}_{21} \end{bmatrix} = \left[\begin{array}{c|cc} 2 & 0 & 0 \\ \hline 0 & 0 & 1 \\ 3 & -5 & -4 \end{array}\right] \begin{bmatrix} x_1 \\ x_{21} \\ x_{22} \end{bmatrix} + \begin{bmatrix} 1 \\ \hline 0 \\ 0 \end{bmatrix} u, \quad y = \left[\begin{array}{c|cc} 0 & 1 & 0 \end{array}\right] \begin{bmatrix} x_1 \\ x_{21} \\ x_{22} \end{bmatrix}$$

(2) 並列結合：式(8.26)より，

$$\begin{bmatrix} \dot{x}_1 \\ \dot{x}_{21} \\ \dot{x}_{21} \end{bmatrix} = \left[\begin{array}{c|cc} 2 & 0 & 0 \\ \hline 0 & 0 & 1 \\ 0 & -5 & -4 \end{array}\right] \begin{bmatrix} x_1 \\ x_{21} \\ x_{22} \end{bmatrix} + \begin{bmatrix} 1 \\ \hline 0 \\ 1 \end{bmatrix} u, \quad y = \left[\begin{array}{c|cc} 3 & 1 & 0 \end{array}\right] \begin{bmatrix} x_1 \\ x_{21} \\ x_{22} \end{bmatrix}$$

(3) フィードバック結合：式(8.27)より，

$$\begin{bmatrix} \dot{x}_1 \\ \dot{x}_{21} \\ \dot{x}_{21} \end{bmatrix} = \left[\begin{array}{c|cc} 2 & 1 & 0 \\ \hline 0 & 0 & 1 \\ 3 & -5 & -4 \end{array}\right] \begin{bmatrix} x_1 \\ x_{21} \\ x_{22} \end{bmatrix} + \begin{bmatrix} 1 \\ \hline 0 \\ 0 \end{bmatrix} u, \quad y = \left[\begin{array}{c|cc} 3 & 0 & 0 \end{array}\right] \begin{bmatrix} x_1 \\ x_{21} \\ x_{22} \end{bmatrix}$$

(4) 出力フィードバック：式(8.28)より，

$$\dot{x}_1 = (2 + 3K)x_1 + u, \quad y = 3x_1$$

## 演習問題

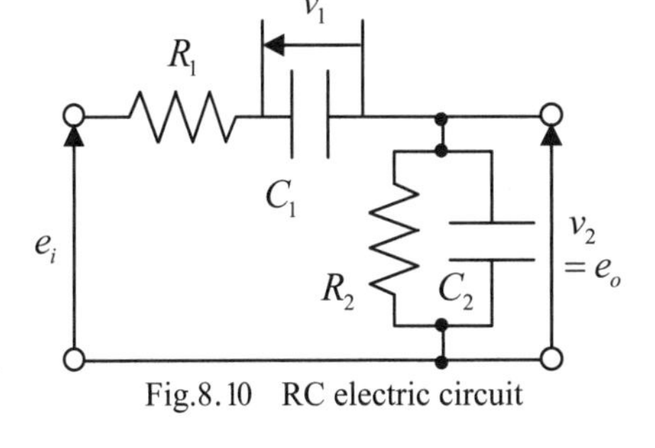

Fig.8.10　RC electric circuit

【問題 8.1】次の連立微分方程式を状態方程式で表せ.

$$\ddot{x}_1 + 2\dot{x}_1 + 3\dot{x}_2 + 4x_1 + 5x_2 = 2u_1 + u_2$$
$$\ddot{x}_2 + 6\dot{x}_1 + 7\dot{x}_2 + 8x_1 + 9x_2 = 3u_2$$

【問題 8.2】 Consider the electric circuit shown in Fig.8.10. Find a state equation and an output equation in vector-matrix form when the voltage across the capacitor $C_1$ and $C_2$, $v_1$ and $v_2$ respectively, are assigned as state variables, and the input is applied voltage $e_i$ and an output is $e_o = v_2$.

【問題 8.3】* 図 8.11 に示すように横につながった２つのタンクの水位系を考える．それぞれのタンクの断面積を $A_1$, $A_2$, 単位時間あたりに流入する流量を $q_{1i}$, $q_{2i}$, 流出する流量を $q_{1o}$, $q_{2o}$, タンクの水位を $h_1$, $h_2$ とする．また，$k_1$, $k_2$, $k_3$ を定数として，

$$q_{1o} = k_1\sqrt{h_1},\quad q_{2o} = k_2\sqrt{h_2},\quad q_{21} = k_3\sqrt{|h_2 - h_1|}\,\mathrm{sgn}(h_2 - h_1)$$

の関係が成り立つものとする．平衡状態（添え字０を付ける）からの微小変動に関して線形化した状態方程式を求めよ．

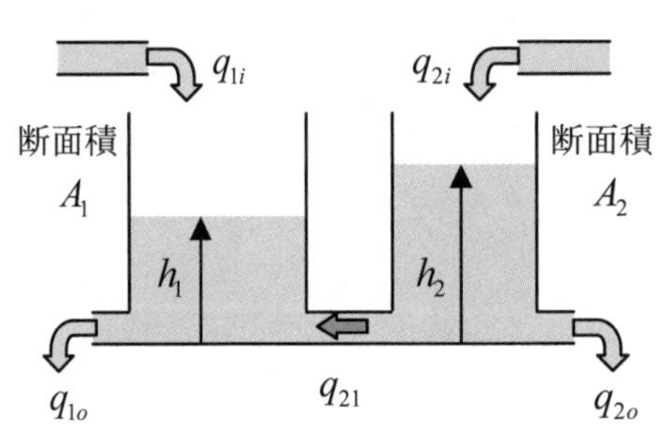

図 8.11　２タンク水位系

【問題 8.4】Find the state transition matrix $e^{At}$ for the following case.

(1) $\boldsymbol{A} = \begin{bmatrix} 0 & 0 \\ 1 & 0 \end{bmatrix}$　(2) $\boldsymbol{A} = \begin{bmatrix} \lambda & 1 \\ 0 & \lambda \end{bmatrix}$　(3) $\boldsymbol{A} = \begin{bmatrix} \sigma & \omega \\ -\omega & \sigma \end{bmatrix}$

(4) $\boldsymbol{A} = \begin{bmatrix} 1 & 4 \\ 2 & 3 \end{bmatrix}$　(5) $\boldsymbol{A} = \begin{bmatrix} 1 & -2 \\ 4 & -3 \end{bmatrix}$　(6) $\boldsymbol{A} = \begin{bmatrix} 0 & a \\ a & 0 \end{bmatrix}$

【問題 8.5】例題 8.1 で扱った負荷を付けた直流モータを考える（図 8.3 参照）．係数行列が次のように得られたときのインパルス応答およびステップ応答を求めよ．

$$\boldsymbol{A} = \begin{bmatrix} 0 & 1 & 0 \\ 0 & -2 & 3 \\ 0 & -1 & -6 \end{bmatrix},\quad \boldsymbol{b} = \begin{bmatrix} 0 \\ 0 \\ 1 \end{bmatrix},\quad \boldsymbol{c} = \begin{bmatrix} 1 & 0 & 0 \end{bmatrix}$$

【問題 8.6】Let us again consider the fluid system of two tanks described in Example 8.2 (see Fig.8.4). Determine the impulse response matrix when the coefficients of the state equation are given as follows:

$$\boldsymbol{A} = \begin{bmatrix} -4 & 0 \\ 2 & -3 \end{bmatrix},\quad \boldsymbol{B} = \begin{bmatrix} 1 & 0 \\ 0 & 2 \end{bmatrix},\quad \boldsymbol{C} = \begin{bmatrix} 1 & 0 \\ 0 & 1 \end{bmatrix}$$

【問題 8.7】問題 8.3 で扱った横につながった２つのタンクの水位系を考える（図 8.11 参照）．平衡点近傍で線形化された状態方程式の係数行列が次のように得られたときのインパルス応答行列を求めよ．

$$\boldsymbol{A} = \begin{bmatrix} -4 & 1 \\ 2 & -3 \end{bmatrix},\quad \boldsymbol{B} = \begin{bmatrix} 1 & 0 \\ 0 & 2 \end{bmatrix},\quad \boldsymbol{C} = \begin{bmatrix} 1 & 0 \\ 0 & 1 \end{bmatrix}$$

【問題 8.8】 Let us again consider the DC motor system described in Example 8.1 (see Fig.8.3). Find the transfer function when the coefficients of the state equation are given as follows:

$$\boldsymbol{A}=\begin{bmatrix}0 & 1 & 0\\ 0 & -2 & 3\\ 0 & -1 & -6\end{bmatrix},\quad \boldsymbol{b}=\begin{bmatrix}0\\ 0\\ 1\end{bmatrix},\quad \boldsymbol{c}=\begin{bmatrix}1 & 0 & 0\end{bmatrix}$$

【問題 8.9】 問題 8.6 で扱った上下につながった２つのタンクの水位系を考える（図 8.4 参照）. 平衡点近傍で線形化された状態方程式の係数行列が次のように得られたときの伝達関数行列を求めよ.

$$\boldsymbol{A}=\begin{bmatrix}-4 & 0\\ 2 & -3\end{bmatrix},\quad \boldsymbol{B}=\begin{bmatrix}1 & 0\\ 0 & 2\end{bmatrix},\quad \boldsymbol{C}=\begin{bmatrix}1 & 0\\ 0 & 1\end{bmatrix}$$

【問題 8.10】 Let us again consider the fluid system of two tanks in series of Problem 8.7 (see Fig.8.11). Find the transfer function when the coefficients of the state equation are given as follows:

$$\boldsymbol{A}=\begin{bmatrix}-4 & 1\\ 2 & -3\end{bmatrix},\quad \boldsymbol{B}=\begin{bmatrix}1 & 0\\ 0 & 2\end{bmatrix},\quad \boldsymbol{C}=\begin{bmatrix}1 & 0\\ 0 & 1\end{bmatrix}$$

【問題 8.11】 次の伝達関数を状態方程式に変換せよ.

(1) $G(s)=\dfrac{1}{s^2+4}$　(2) $G(s)=\dfrac{4(s+2)}{s^2+2s-3}$　(3) $G(s)=\dfrac{s^2+3s+2}{s^3+4s^2}$

【問題 8.12】 Consider the connection of two systems, $S_1$ and $S_2$, with the following coefficients. Determine the state equation and the output equation of the connected system if they can be connected in (a) series, (b) parallel, or (c) feedback form.

(1) $S_1 : \boldsymbol{A}_1=\begin{bmatrix}0 & 1\\ 2 & -3\end{bmatrix},\quad \boldsymbol{B}_1=\begin{bmatrix}0\\ 1\end{bmatrix},\quad \boldsymbol{C}_1=\begin{bmatrix}4 & -5\end{bmatrix}$

$S_2 : \boldsymbol{A}_2=-2,\quad \boldsymbol{B}_2=3,\quad \boldsymbol{C}_2=-1$

(2) $S_1 : \boldsymbol{A}_1=\begin{bmatrix}-4 & 0\\ 2 & -3\end{bmatrix},\quad \boldsymbol{B}_1=\begin{bmatrix}1 & 0\\ 0 & 2\end{bmatrix},\quad \boldsymbol{C}_1=\begin{bmatrix}1 & 1\\ 1 & -1\end{bmatrix}$

$S_2 : \boldsymbol{A}_2=\begin{bmatrix}1 & 4\\ 2 & 3\end{bmatrix},\quad \boldsymbol{B}_2=\begin{bmatrix}1 & 2\\ 2 & 1\end{bmatrix},\quad \boldsymbol{C}_2=\begin{bmatrix}1 & 0\\ 0 & 1\end{bmatrix}$

(3) $S_1 : \boldsymbol{A}_1=\begin{bmatrix}0 & 1\\ -3 & -2\end{bmatrix},\quad \boldsymbol{B}_1=\begin{bmatrix}0\\ 1\end{bmatrix},\quad \boldsymbol{C}_1=\begin{bmatrix}1 & 0\\ 0 & 1\end{bmatrix}$

$S_2 : \boldsymbol{A}_2=\begin{bmatrix}0 & 1\\ -4 & -3\end{bmatrix},\quad \boldsymbol{B}_2=\begin{bmatrix}0 & 0\\ 1 & -1\end{bmatrix},\quad \boldsymbol{C}_2=\begin{bmatrix}2 & 0\end{bmatrix}$

第 9 章

# システムの座標変換

## Coordinate Transformation

### 9・1 いろいろな座標変換 (coordinate transformations)

状態方程式の表現は内部状態を表す状態変数の選び方に依存し，一意的ではなく無数にある．それらの表現は状態変数を座標変換(coordinate transformation)によって変換することで得られる．

線形時不変システム

$$\dot{\boldsymbol{x}} = \boldsymbol{A}\boldsymbol{x} + \boldsymbol{B}\boldsymbol{u}$$
$$\boldsymbol{y} = \boldsymbol{C}\boldsymbol{x} \tag{9.1}$$

の状態変数 $\boldsymbol{x}$ をある正則な変換行列 $\boldsymbol{T}$ （$|\boldsymbol{T}| \neq 0$）によって，

$$\boldsymbol{x} = \boldsymbol{T}\boldsymbol{z} \tag{9.2}$$

として，新しい状態変数 $\boldsymbol{z}$ に相似変換(similarity transformation)する．変換されたシステムは次のように表すことができる（図 9.1 参照）．

$$\dot{\boldsymbol{z}} = \bar{\boldsymbol{A}}\boldsymbol{z} + \bar{\boldsymbol{B}}\boldsymbol{u}$$
$$\boldsymbol{y} = \bar{\boldsymbol{C}}\boldsymbol{z} \tag{9.3}$$

ただし，

$$\bar{\boldsymbol{A}} = \boldsymbol{T}^{-1}\boldsymbol{A}\boldsymbol{T}, \quad \bar{\boldsymbol{B}} = \boldsymbol{T}^{-1}\boldsymbol{B}, \quad \bar{\boldsymbol{C}} = \boldsymbol{C}\boldsymbol{T} \tag{9.4}$$

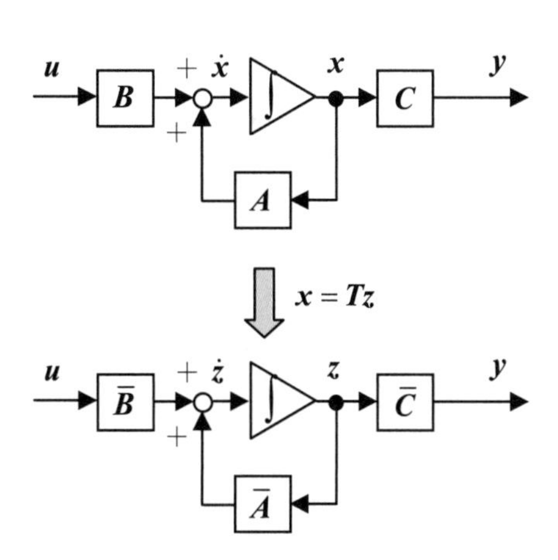


図 9.1 線形時不変システムの相似変換
$\bar{\boldsymbol{A}} = \boldsymbol{T}^{-1}\boldsymbol{A}\boldsymbol{T}$, $\bar{\boldsymbol{B}} = \boldsymbol{T}^{-1}\boldsymbol{B}$, $\bar{\boldsymbol{C}} = \boldsymbol{C}\boldsymbol{T}$,
相似変換の性質
$\bar{\boldsymbol{G}}(s) = \boldsymbol{G}(s)$
$|s\boldsymbol{I} - \bar{\boldsymbol{A}}| = |s\boldsymbol{I} - \boldsymbol{A}|$

入力 $\boldsymbol{u}$ と出力 $\boldsymbol{y}$ は同じで状態変数が変わっただけであり，同じシステムを表している．このような相似変換を行っても，変換後のシステムの伝達関数行列 $\bar{\boldsymbol{G}}(s)$ は元の伝達関数 $\boldsymbol{G}(s)$ と同じである．また特性方程式も同じであり，同じ動的挙動を示す．

### 9・2 モード分解 (mode decomposition)

次のような入力 $\boldsymbol{u}$ がない線形時不変の自由システムを考える．

$$\dot{\boldsymbol{x}} = \boldsymbol{A}\boldsymbol{x} \tag{9.5}$$

以下に示すような対角形を含むジョルダン標準形に変換されたシステムは，モード領域で表現されたシステムとよばれ，時間領域で見通しのよい関係式が得られ，内部構造がわかりやすくなる．

(1) 固有値が相異なる場合

固有値 $\lambda_i$ に重複がなく全て相異なる場合，固有ベクトル $\boldsymbol{v}_i$ は一次独立となる．この固有ベクトルからなる変換行列

$$\boldsymbol{T} = [\boldsymbol{v}_1 \quad \boldsymbol{v}_2 \quad \cdots \quad \boldsymbol{v}_n] \tag{9.6}$$

を用いると，係数行列 $\boldsymbol{A}$ は次式のような対角形(diagonal form)となる．

$$\dot{\boldsymbol{z}} = \boldsymbol{T}^{-1}\boldsymbol{A}\boldsymbol{T}\boldsymbol{z} = \overline{\boldsymbol{A}}\boldsymbol{z} = \begin{bmatrix} \lambda_1 & & 0 \\ & \ddots & \\ 0 & & \lambda_n \end{bmatrix} \boldsymbol{z} \tag{9.7}$$

新しい状態変数 $\boldsymbol{z}$ の各要素 $z_i$ は非干渉化され，独立な $n$ 個の方程式で表される．初期値を $z_i(0)$ とすると，解は

$$z_i(t) = e^{\lambda_i t} z_i(0) \quad (i = 1, \cdots, n) \tag{9.8}$$

となる．したがってシステムの解 $\boldsymbol{x}(t)$ は次のようにモード分解(mode decomposition)された形で表すことができる．

$$\boldsymbol{x}(t) = \boldsymbol{T}\boldsymbol{z}(t) = \boldsymbol{v}_1 e^{\lambda_1 t} z_1(0) + \boldsymbol{v}_2 e^{\lambda_2 t} z_2(0) + \cdots + \boldsymbol{v}_n e^{\lambda_n t} z_n(0) \tag{9.9}$$

(2) 固有値が重複する場合

固有値が重複し，独立な固有ベクトルを固有値の数だけ求めることができない場合は，係数行列 $\boldsymbol{A}$ は対角化されず，対角項の上に1を要素に持つジョルダン標準形(Jordan canonical form)に変換される．なお，固有値が重複しても，その固有値に対応する固有ベクトルが複数本存在することもある．

例えば，方程式

$$\dot{\boldsymbol{z}} = \begin{bmatrix} \lambda & 1 \\ 0 & \lambda \end{bmatrix} \boldsymbol{z} \tag{9.10}$$

の解は

$$\begin{aligned} z_1(t) &= e^{\lambda t} z_1(0) + t e^{\lambda t} z_2(0) \\ z_2(t) &= e^{\lambda t} z_2(0) \end{aligned} \tag{9.11}$$

となる．また，

$$\dot{\boldsymbol{z}} = \begin{bmatrix} \lambda & 0 \\ 0 & \lambda \end{bmatrix} \boldsymbol{z} \tag{9.12}$$

の解は

$$\begin{aligned} z_1(t) &= e^{\lambda t} z_1(0) \\ z_2(t) &= e^{\lambda t} z_2(0) \end{aligned} \tag{9.13}$$

である．

(3) 固有値が複素数の場合

固有値が複素数の場合は対応する固有ベクトルも複素数となり，係数行列も複素数となる．第8章で述べたように，工学的には実数でのモデルが必要になることがあるので，以下のような実ジョルダン標準形(real Jordan canonical form)に変換する．

いま，簡単のため，共役な複素固有値 $\lambda_1 = \sigma + j\omega$，$\lambda_2 = \sigma - j\omega$ が特性方程式の単根である場合を考える．それぞれの固有値に対応する固有ベクトルも共役で $\boldsymbol{v}_1 = \boldsymbol{y} + j\boldsymbol{z}$，$\boldsymbol{v}_2 = \boldsymbol{y} - j\boldsymbol{z}$ とする．

$$\boldsymbol{T} = \begin{bmatrix} \boldsymbol{y} & \boldsymbol{z} \end{bmatrix} \tag{9.14}$$

として変換すると

$$\bar{A} = T^{-1}AT = \begin{bmatrix} \sigma & \omega \\ -\omega & \sigma \end{bmatrix} \tag{9.15}$$

と対角ではないが，全ての要素が実数となる行列に変換できる．この部分の方程式は

$$\dot{z} = \begin{bmatrix} \sigma & \omega \\ -\omega & \sigma \end{bmatrix} z \tag{9.16}$$

と表され，その解は次のようになる．

$$\begin{bmatrix} z_1(t) \\ z_2(t) \end{bmatrix} = e^{\sigma t} \begin{bmatrix} \cos\omega t & \sin\omega t \\ -\sin\omega t & \cos\omega t \end{bmatrix} \begin{bmatrix} z_1(0) \\ z_2(0) \end{bmatrix} \tag{9.17}$$

【例 9.1】 図 9.2 に示す 1 自由度系は次のような式で表すことができる．

$$\ddot{x} + 2\varsigma\omega\dot{x} + \omega^2 x = 0 \tag{9.18}$$

の状態方程式は，状態変数として $x = [x \quad \dot{x}]^T$ とすると，

$$\dot{x} = Ax, \quad A = \begin{bmatrix} 0 & 1 \\ -\omega^2 & -2\varsigma\omega \end{bmatrix} \tag{9.19}$$

と表される．$\omega = 5$ とし，$\varsigma$ を 2.6，1，0.6，0 とした時のモードを調べよ．

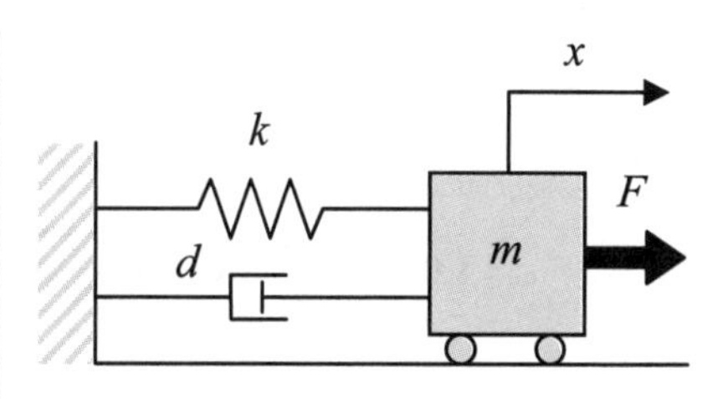


図 9.2　質量　ばね　ダンパ 1 自由度系

【解 9.1】

(1)　$\varsigma = 2.6$ のとき，$A = \begin{bmatrix} 0 & 1 \\ -25 & -26 \end{bmatrix}$ であり，

固有値と対応する固有ベクトルは次のようになる．

$$\lambda_1 = -1, \quad \lambda_2 = -25, \quad v_1 = [1 \quad -1]^T, \quad v_2 = [1 \quad -25]^T$$

したがって，変換行列を

$$T = [v_1 \quad v_2] = \begin{bmatrix} 1 & 1 \\ -1 & -25 \end{bmatrix}$$

とすると，式(9.19)は次のように対角化される．

$$\dot{z} = \bar{A}z, \quad \bar{A} = \begin{bmatrix} -1 & 0 \\ 0 & -25 \end{bmatrix}$$

したがって，式(9.19)の解は次のようになる．

$$x(t) = Tz(t) = \begin{bmatrix} 1 \\ -1 \end{bmatrix} e^{-t} z_1(0) + \begin{bmatrix} 1 \\ -25 \end{bmatrix} e^{-25t} z_2(0)$$

図 9.3-a に種々の初期状態で計算したシステムの状態軌道を示す．2 つの固有ベクトルに対応する 2 本の直線軌道がある．

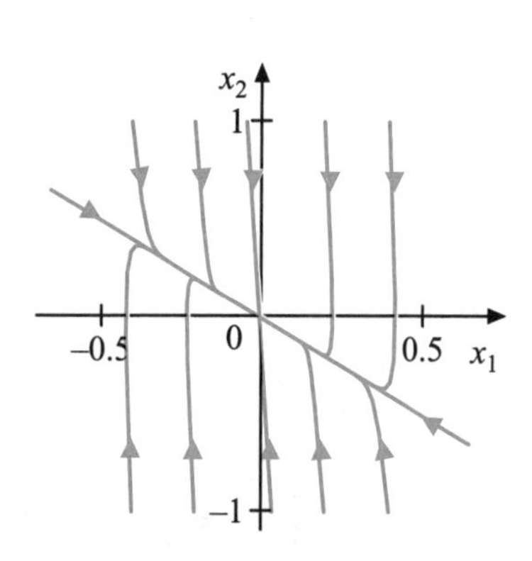


図 9.3-a　$\varsigma = 2.6$ のときの状態軌道

(2)　$\varsigma = 1.0$ のとき，$A = \begin{bmatrix} 0 & 1 \\ -25 & -10 \end{bmatrix}$ であり，

固有値と対応する固有ベクトルは次のようになる．

$$\lambda_1 = \lambda_2 = -5 \quad (重根), \quad v_1 = [1 \quad -5]^T$$

もう 1 つの一般化固有ベクトル $v_2 = [v_{21} \quad v_{22}]^T$ は

$$(A - \lambda_1 I)v_2 = v_1$$

より，

$$5v_{21} + v_{22} = 1$$

なる関係式が得られるから，例えば

$$\boldsymbol{v}_2 = [0 \quad 1]^T$$

と選ぶと

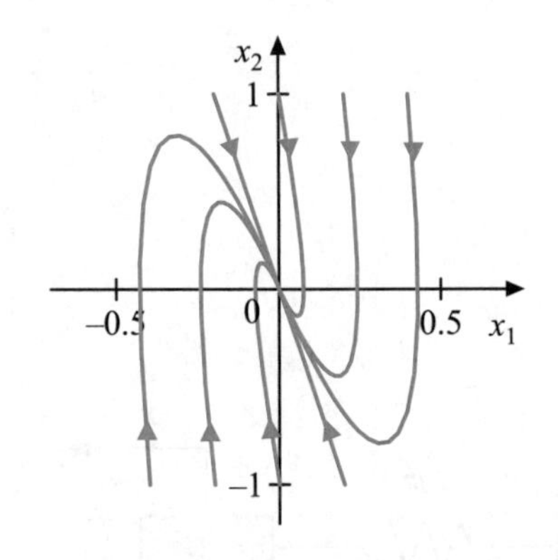

図 9.3–b　$\varsigma = 1.0$ のときの状態軌道

$$\boldsymbol{T} = [\boldsymbol{v}_1 \quad \boldsymbol{v}_2] = \begin{bmatrix} 1 & 0 \\ -5 & 1 \end{bmatrix}$$

となり，式(9.19)は次のようなジョルダン標準形に変換される．

$$\dot{\boldsymbol{z}} = \bar{\boldsymbol{A}}\boldsymbol{z}, \quad \bar{\boldsymbol{A}} = \begin{bmatrix} -5 & 1 \\ 0 & -5 \end{bmatrix}$$

したがって，式(9.19)の解は次のようになる．

$$\boldsymbol{x}(t) = \boldsymbol{T}\boldsymbol{z}(t) = \begin{bmatrix} 1 \\ -5 \end{bmatrix} e^{-5t} z_1(0) + \left( \begin{bmatrix} 1 \\ -5 \end{bmatrix} t + \begin{bmatrix} 0 \\ 1 \end{bmatrix} \right) e^{-5t} z_2(0)$$

図 9.3-b にシステムの状態軌道を示す．固有ベクトルは 1 つであるので，それに対応する 1 本の直線軌道がある．

(3)　$\varsigma = 0.6$ のとき，$\boldsymbol{A} = \begin{bmatrix} 0 & 1 \\ -25 & -6 \end{bmatrix}$ であり，

固有値と対応する固有ベクトルは次のように複素数になる．

$$\lambda_1 = -3 + 4i, \quad \lambda_2 = -3 - 4i, \quad \boldsymbol{v}_1 = [1 \quad -3 + 4i]^T, \quad \boldsymbol{v}_2 = [1 \quad -3 - 4i]^T$$

したがって，変換行列を

$$\boldsymbol{T} = [\boldsymbol{v}_1 \quad \boldsymbol{v}_2] = \begin{bmatrix} 1 & 1 \\ -3 + 4i & -3 - 4i \end{bmatrix}$$

とすると，式(9.19)は次のように複素数を含む形で対角化される．

$$\dot{\boldsymbol{z}} = \bar{\boldsymbol{A}}\boldsymbol{z}, \quad \bar{\boldsymbol{A}} = \begin{bmatrix} -3 + 4i & 0 \\ 0 & -3 - 4i \end{bmatrix}$$

したがって，式(9.19)の解は次のような複素数で表される．

$$\boldsymbol{x}(t) = \boldsymbol{T}\boldsymbol{z}(t) = \begin{bmatrix} 1 \\ -3 + 4i \end{bmatrix} e^{(-3+4i)t} z_1(0) + \begin{bmatrix} 1 \\ -3 - 4i \end{bmatrix} e^{(-3-4i)t} z_2(0)$$

次に実数解を求めてみる．いま，変換行列を

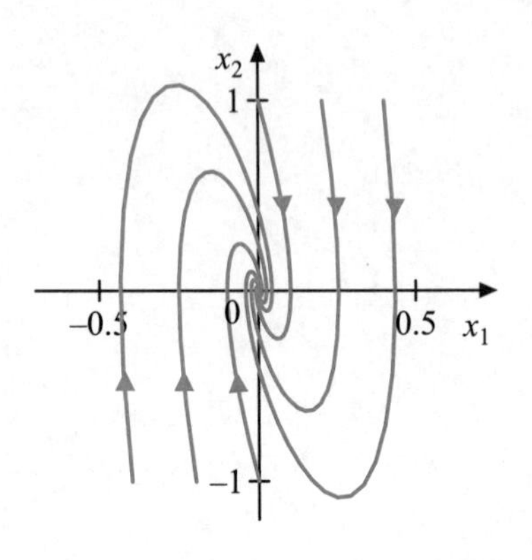

図 9.3-c　$\varsigma = 0.6$ のときの状態軌道

$$\boldsymbol{T} = \begin{bmatrix} 1 & 0 \\ -3 & 4 \end{bmatrix}$$

とすると，式(9.19)は次のように実ジョルダン標準形に変換される．

$$\dot{\boldsymbol{z}} = \bar{\boldsymbol{A}}\boldsymbol{z}, \quad \bar{\boldsymbol{A}} = \begin{bmatrix} -3 & 4 \\ -4 & -3 \end{bmatrix}$$

したがって，式(9.19)の解は次のような実数で表すことができる．

$$\boldsymbol{x}(t) = \boldsymbol{T}\boldsymbol{z}(t) = \begin{bmatrix} 1 & 0 \\ -3 & 4 \end{bmatrix} \begin{bmatrix} e^{-3t}\cos 4t & e^{-3t}\sin 4t \\ -e^{-3t}\sin 4t & e^{-3t}\cos 4t \end{bmatrix} \begin{bmatrix} z_1(0) \\ z_2(0) \end{bmatrix}$$

$$= \begin{bmatrix} e^{-3t}\cos 4t & e^{-3t}\sin 4t \\ e^{-3t}(-3\cos 4t - 4\sin 4t) & e^{-3t}(-3\sin 4t + 4\cos 4t) \end{bmatrix} \begin{bmatrix} z_1(0) \\ z_2(0) \end{bmatrix}$$

システムは減衰振動を行い，図 9.3-c に示すように状態軌道は渦状になる．

(4)　$\varsigma = 0$ のとき，$\boldsymbol{A} = \begin{bmatrix} 0 & 1 \\ -25 & 0 \end{bmatrix}$ であり，

この場合も固有値と対応する固有ベクトルは次のように複素数になる．

$$\lambda_1 = 5i,\quad \lambda_2 = -5i,\quad \boldsymbol{v}_1 = [1 \quad 5i]^T,\quad \boldsymbol{v}_2 = [1 \quad -5i]^T$$

したがって，変換行列を

$$\boldsymbol{T} = [\boldsymbol{v}_1 \quad \boldsymbol{v}_2] = \begin{bmatrix} 1 & 1 \\ 5i & -5i \end{bmatrix}$$

とすると，式(9.19)は次のように対角化される．

$$\dot{\boldsymbol{z}} = \overline{\boldsymbol{A}}\boldsymbol{z},\quad \overline{\boldsymbol{A}} = \begin{bmatrix} 5i & 0 \\ 0 & -5i \end{bmatrix}$$

したがって，式(9.19)の解は次のような複素数で表される．

$$\boldsymbol{x}(t) = \boldsymbol{T}\boldsymbol{z}(t) = \begin{bmatrix} 1 \\ 5i \end{bmatrix} e^{5it} z_1(0) + \begin{bmatrix} 1 \\ -5i \end{bmatrix} e^{-5it} z_2(0)$$

また，(3) と同様にして，変換行列を

$$\boldsymbol{T} = \begin{bmatrix} 1 & 0 \\ 0 & 5 \end{bmatrix}$$

とすると，式(9.19)は次のように変換される．

$$\dot{\boldsymbol{z}} = \overline{\boldsymbol{A}}\boldsymbol{z},\quad \overline{\boldsymbol{A}} = \begin{bmatrix} 0 & 5 \\ -5 & 0 \end{bmatrix}$$

したがって，式(9.19)の解は次のような実数で表すことができる．

$$\boldsymbol{x}(t) = \boldsymbol{T}\boldsymbol{z}(t) = \begin{bmatrix} 1 & 0 \\ 0 & 5 \end{bmatrix} \begin{bmatrix} \cos 5t & \sin 5t \\ -\sin 5t & \cos 5t \end{bmatrix} \begin{bmatrix} z_1(0) \\ z_2(0) \end{bmatrix}$$
$$= \begin{bmatrix} \cos 5t & \sin 5t \\ -5\sin 5t & 5\cos 5t \end{bmatrix} \begin{bmatrix} z_1(0) \\ z_2(0) \end{bmatrix}$$

システムは減衰のない単振動を行い，図 9.3-d に示すように状態軌道は楕円状になる．

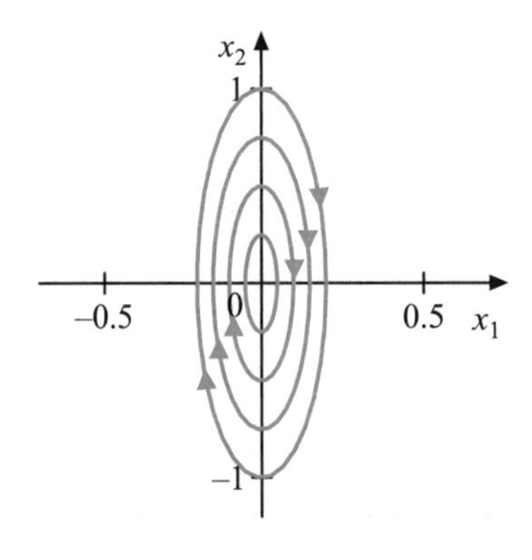


図 9.3-d　$\varsigma = 0$ のときの状態軌道

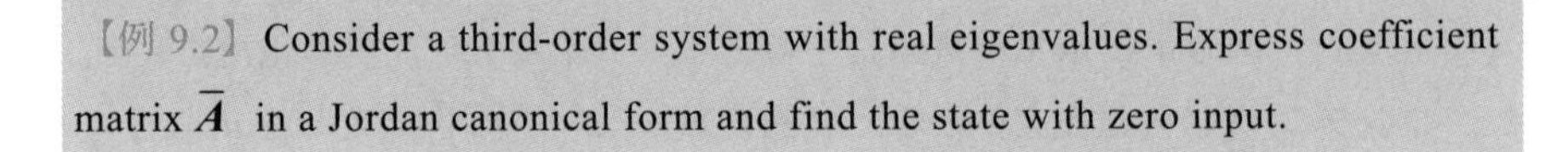

【例 9.2】 Consider a third-order system with real eigenvalues. Express coefficient matrix $\overline{\boldsymbol{A}}$ in a Jordan canonical form and find the state with zero input.

【解 9.2】 Let's classify the system according to multiplicities of eigenvalues.

(1) Three different eigenvalues $\lambda_1 \neq \lambda_2 \neq \lambda_3$

The coefficient matrix $\overline{\boldsymbol{A}}$ and the solution of the state equation with zero input are obtained as follows. There are three linearly independent eigenvectors and three modes.

$$\overline{\boldsymbol{A}} = \begin{bmatrix} \lambda_1 & 0 & 0 \\ 0 & \lambda_2 & 0 \\ 0 & 0 & \lambda_3 \end{bmatrix},\quad z_i(t) = e^{\lambda_i t} z_i(0),\ i = 1..3$$

(2) A double eigenvalue $\lambda_1 = \lambda_2$ and a different eigenvalue $\lambda_3 \neq \lambda_1$

(Case 2a) $\overline{\boldsymbol{A}}$ has three eigenvectors

$$\bar{A}=\begin{bmatrix}\lambda_1 & 0 & 0\\ 0 & \lambda_1 & 0\\ 0 & 0 & \lambda_3\end{bmatrix},\quad \begin{cases} z_1(t)=e^{\lambda_1 t}z_1(0)\\ z_2(t)=e^{\lambda_1 t}z_2(0)\\ z_3(t)=e^{\lambda_3 t}z_3(0)\end{cases}$$

(Case 2b) $\bar{A}$ has two eigenvectors

$$\bar{A}=\begin{bmatrix}\lambda_1 & 1 & 0\\ 0 & \lambda_1 & 0\\ 0 & 0 & \lambda_3\end{bmatrix},\quad \begin{cases} z_1(t)=e^{\lambda_1 t}\{z_1(0)+tz_2(0)\}\\ z_2(t)=e^{\lambda_1 t}z_2(0)\\ z_3(t)=e^{\lambda_3 t}z_3(0)\end{cases}$$

(3) A triple eigenvalue $\lambda_1=\lambda_2=\lambda_3$

(Case 3a) $\bar{A}$ has three eigenvectors

$$\bar{A}=\begin{bmatrix}\lambda_1 & 0 & 0\\ 0 & \lambda_1 & 0\\ 0 & 0 & \lambda_1\end{bmatrix},\quad z_i(t)=e^{\lambda_1 t}z_i(0),\ i=1..3$$

(Case 3b) $\bar{A}$ has two eigenvectors

$$\bar{A}=\begin{bmatrix}\lambda_1 & 1 & 0\\ 0 & \lambda_1 & 0\\ 0 & 0 & \lambda_1\end{bmatrix},\quad \begin{cases} z_1(t)=e^{\lambda_1 t}\{z_1(0)+tz_2(0)\}\\ z_2(t)=e^{\lambda_1 t}z_2(0)\\ z_3(t)=e^{\lambda_1 t}z_3(0)\end{cases}$$

(Case 3c) $\bar{A}$ has only a single eigenvector

$$\bar{A}=\begin{bmatrix}\lambda_1 & 1 & 0\\ 0 & \lambda_1 & 1\\ 0 & 0 & \lambda_1\end{bmatrix},\quad \begin{cases} z_1(t)=e^{\lambda_1 t}\{z_1(0)+tz_2(0)+t^2z_3(0)/2\}\\ z_2(t)=e^{\lambda_1 t}\{z_2(0)+tz_3(0)\}\\ z_3(t)=e^{\lambda_1 t}z_3(0)\end{cases}$$

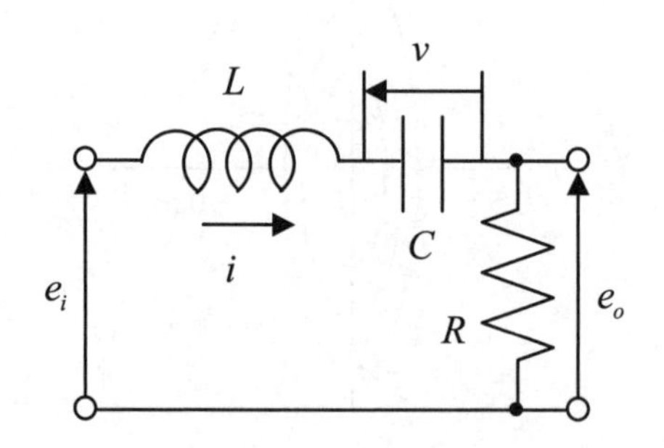

図 9.4　RLC 電気回路

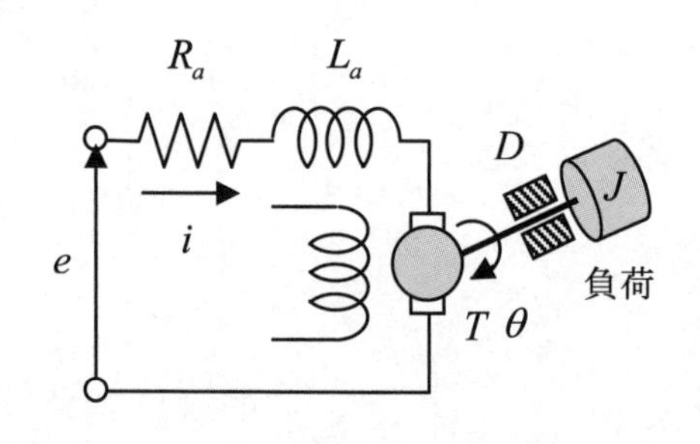

Fig.9.5　DC motor

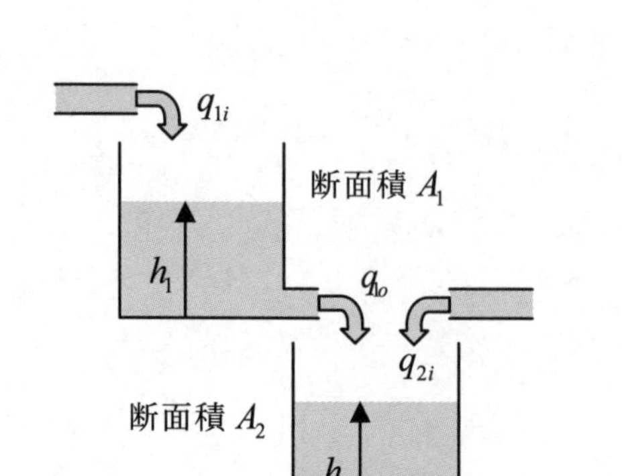

図 9.6　2タンク水位系

## 演習問題

【問題 9.1】 図 9.4 に示す電気回路を考える．コイル $L$ に流れる電流を $i$ とし，コンデンサ $C$ の電圧を $v$ とし，状態変数を $\boldsymbol{x}=[i \quad v]^T$，入力を $u=e_i$，出力を $y=e_o$ として状態方程式を求めよ．

次に，$L=1$[H]，$C=1$[$\mu$F]として，$R$ を下記のような種々の値としたときのモードを調べよ．

(1) $R=1$[kΩ]　　(2) $R=2$[kΩ]　　(3) $R=4$[kΩ]

【問題 9.2】Let us again consider the DC motor system described in Example 8.1 (see Fig.9.5). Decompose its system equation into modes and find the state with zero input when the coefficients of the state equation are given as follows:

$$A=\begin{bmatrix}0 & 1 & 0\\ 0 & -2 & 3\\ 0 & -1 & -6\end{bmatrix}$$

【問題 9.3】例題 8.2 で扱った上下につながった２つのタンクの水位系を考える（図 9.6 参照）．平衡点近傍で線形化された状態方程式の係数行列 $\boldsymbol{A}$ が次のように得られたときのモードを調べ，零入力状態を求めよ．

$$\boldsymbol{A}=\begin{bmatrix} -4 & 0 \\ 2 & -3 \end{bmatrix}$$

【問題 9.4】 Let us again consider the fluid system of two tanks in series of Problem 8.7 (see Fig.9.7). Decompose its system equation into modes and find the state with zero input when the coefficients of the state equation are given as follows:

$$\boldsymbol{A}=\begin{bmatrix} -4 & 1 \\ 2 & -3 \end{bmatrix}$$

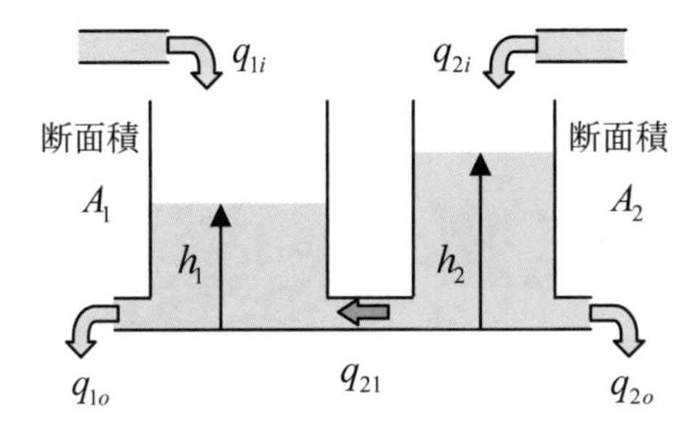


Fig.9.7　Two water tank system

【問題 9.5】＊ モード分解された２次系の係数行列 $\bar{\boldsymbol{A}}$ を固有値の正負零，単根か重根，実数か複素数かなどにより分類し，状態軌道の概略を描け．

第 10 章

# システムの構造的性質

## Structural Properties of System

### 10・1　制御のできる構造 (controllability)

次の線形時不変システムを考える．

$$\dot{\boldsymbol{x}} = \boldsymbol{A}\boldsymbol{x} + \boldsymbol{B}\boldsymbol{u}$$
$$\boldsymbol{y} = \boldsymbol{C}\boldsymbol{x} \tag{10.1}$$

ここで，$\boldsymbol{x}(t)$ は $n$ 次元状態ベクトル，$\boldsymbol{u}(t)$ は $m$ 次元入力ベクトル，$\boldsymbol{y}(t)$ は $r$ 次元出力ベクトルである．

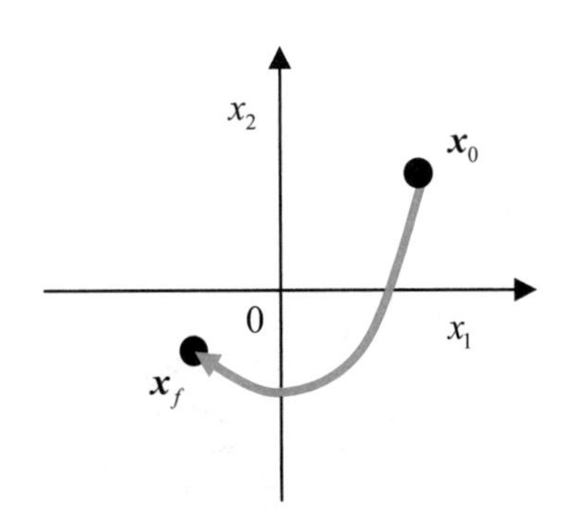


図 10.1　可制御性

可制御性(controllability)

式(10.1)で表されるシステムにおいて，任意の初期時刻 $t_0$ での任意の初期状態 $\boldsymbol{x}(t_0) = \boldsymbol{x}_0$ からある有限時刻 $t_f$ に任意の目標状態 $\boldsymbol{x}(t_f) = \boldsymbol{x}_f$ へ移動させることができるような入力 $\boldsymbol{u}(t)$，($t_0 \le t \le t_f$) が存在するとき，このシステムは可制御(controllable)，あるいは $(\boldsymbol{A}, \boldsymbol{B})$ は可制御であるという．図 10.1 に 2 次元での可制御性のイメージを示す．

式(10.1)で表されるシステムが可制御であるための必要十分条件は，
可制御行列(controllability matrix)

$$\boldsymbol{U}_c = [\boldsymbol{B} \quad \boldsymbol{A}\boldsymbol{B} \quad \boldsymbol{A}^2\boldsymbol{B} \quad \cdots \quad \boldsymbol{A}^{n-1}\boldsymbol{B}] \tag{10.2}$$

において，$\mathrm{rank}\,\boldsymbol{U}_c = n$ である．

状態方程式の相似変換を行っても可制御性は変わらない．

1 入力 1 出力システムの伝達関数 $G(s)$ が

$$G(s) = \frac{Y(s)}{U(s)} = \frac{b_{n-1}s^{n-1} + \cdots + b_1 s + b_0}{s^n + a_{n-1}s^{n-1} + \cdots + a_1 s + a_0} \tag{10.3}$$

のように与えられたとき，可制御正準形(controllable canonical form)による実現は次のようになる．

$$\dot{\boldsymbol{x}} = \boldsymbol{A}_c\boldsymbol{x} + \boldsymbol{b}_c u$$
$$y = \boldsymbol{c}_c\boldsymbol{x} \tag{10.4}$$

ただし，

$$\boldsymbol{A}_c = \begin{bmatrix} 0 & 1 & 0 & \cdots & 0 \\ 0 & 0 & 1 & \cdots & 0 \\ \vdots & \vdots & \vdots & \ddots & \vdots \\ 0 & 0 & 0 & \cdots & 1 \\ -a_0 & -a_1 & -a_2 & \cdots & -a_{n-1} \end{bmatrix}, \quad \boldsymbol{b}_c = \begin{bmatrix} 0 \\ 0 \\ \vdots \\ 0 \\ 1 \end{bmatrix}$$

$$\boldsymbol{c}_c = \begin{bmatrix} b_0 & b_1 & \cdots & b_{n-1} \end{bmatrix} \tag{10.5}$$

1 入力 1 出力の可制御なシステムが状態方程式表現で，

$$\begin{aligned} \dot{\boldsymbol{x}} &= \boldsymbol{A}\boldsymbol{x} + \boldsymbol{b}u \\ y &= \boldsymbol{c}\boldsymbol{x} \end{aligned} \tag{10.6}$$

と与えられたとし，その特性多項式が

$$|s\boldsymbol{I} - \boldsymbol{A}| = s^n + a_{n-1}s^{n-1} + \cdots + a_1 s + a_0 \tag{10.7}$$

であるとする．このとき，可制御行列 $\boldsymbol{U}_c$ と特性多項式の係数からなる次の相似変換行列により式(10.6)のシステムを可制御標準形に変換できる．

$$\boldsymbol{T}_c = \boldsymbol{U}_c \begin{bmatrix} a_1 & a_2 & \cdots & a_{n-1} & 1 \\ a_2 & a_3 & \cdots & 1 & 0 \\ \vdots & \vdots & \iddots & \vdots & \vdots \\ a_{n-1} & 1 & \cdots & 0 & 0 \\ 1 & 0 & \cdots & 0 & 0 \end{bmatrix} \tag{10.8}$$

【例 10.1】第 8 章の例題 8.1 で扱った負荷付きの直流モータを考える (図 10.2 参照)．状態変数を $\boldsymbol{x} = [\theta \quad \dot{\theta} \quad i]^T$ とし，係数行列が次のように得られたときの可制御性を調べよ．

$$\boldsymbol{A} = \begin{bmatrix} 0 & 1 & 0 \\ 0 & -2 & 3 \\ 0 & -1 & -6 \end{bmatrix}, \quad \boldsymbol{b} = \begin{bmatrix} 0 \\ 0 \\ 1 \end{bmatrix}, \quad \boldsymbol{c} = [1 \quad 0 \quad 0]$$

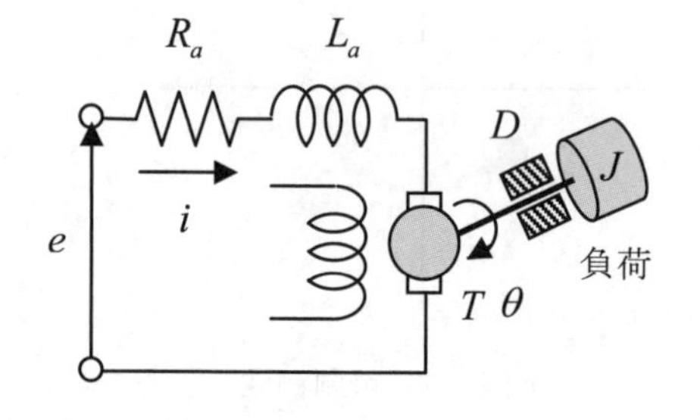


図 10.2　負荷付き直流モータ

【解 10.1】

このシステムの次数 $n$ は 3 であり，可制御行列 $\boldsymbol{U}_c$ は式(10.2)より

$$\boldsymbol{U}_c = [\boldsymbol{b} \quad \boldsymbol{A}\boldsymbol{b} \quad \boldsymbol{A}^2\boldsymbol{b}] = \begin{bmatrix} 0 & 0 & 3 \\ 0 & 3 & -24 \\ 1 & -6 & 33 \end{bmatrix}$$

となる．したがって，$\operatorname{rank} \boldsymbol{U}_c = 3 = n$ であるから，このシステムは可制御である．また，特性多項式は

$$|s\boldsymbol{I} - \boldsymbol{A}| = s^3 + 8s^2 + 15s = s(s+3)(s+5)$$

であり，このシステムの伝達関数は

$$G(s) = \boldsymbol{c}(s\boldsymbol{I} - \boldsymbol{A})^{-1}\boldsymbol{b} = \frac{3}{s(s+3)(s+5)}$$

である．したがって，式(10.8)より

$$\boldsymbol{T}_c = \boldsymbol{U}_c \begin{bmatrix} 15 & 8 & 1 \\ 8 & 1 & 0 \\ 1 & 0 & 0 \end{bmatrix} = \begin{bmatrix} 3 & 0 & 0 \\ 0 & 3 & 0 \\ 0 & 2 & 1 \end{bmatrix}$$

を用いて変換すると，可制御標準形の係数行列は

$$\boldsymbol{A}_c = \boldsymbol{T}_c^{-1}\boldsymbol{A}\boldsymbol{T}_c = \begin{bmatrix} 0 & 1 & 0 \\ 0 & 0 & 1 \\ 0 & -15 & -8 \end{bmatrix}, \boldsymbol{b}_c = \boldsymbol{T}_c^{-1}\boldsymbol{b} = \begin{bmatrix} 0 \\ 0 \\ 1 \end{bmatrix}, \boldsymbol{c}_c = \boldsymbol{c}\boldsymbol{T}_c = [3 \quad 0 \quad 0]^T$$

と得られる．

次にこのシステムをモード分解してみる．このシステムの固有値は，

$$\lambda_1 = 0, \quad \lambda_2 = -3, \quad \lambda_3 = -5$$

であり，対応する固有ベクトル $\boldsymbol{v}_1, \boldsymbol{v}_2, \boldsymbol{v}_3$ を求めて，第 9 章で学んだように変換行列を

$$\boldsymbol{T} = [\boldsymbol{v}_1 \quad \boldsymbol{v}_2 \quad \boldsymbol{v}_3] = \begin{bmatrix} 1 & 1 & 1 \\ 0 & -3 & -5 \\ 0 & 1 & 5 \end{bmatrix}$$

と選ぶと，次のように対角化できる．

$$\bar{\boldsymbol{A}} = \begin{bmatrix} 0 & 0 & 0 \\ 0 & -3 & 0 \\ 0 & 0 & -5 \end{bmatrix}, \quad \bar{\boldsymbol{b}} = \begin{bmatrix} 0.2 \\ -0.5 \\ 0.3 \end{bmatrix}, \quad \bar{\boldsymbol{c}} = [1 \quad 1 \quad 1] \tag{10.9}$$

したがって，固有値は相異なり，$\bar{\boldsymbol{b}}$ の要素はどれも 0 ではないので可制御であることがわかる．

【例 10.2】Consider the system with the following coefficients of the state equation.

$$\boldsymbol{A} = \begin{bmatrix} 0 & 1 \\ -\omega^2 & -4\omega \end{bmatrix}, \quad \boldsymbol{b} = \begin{bmatrix} 1 \\ b \end{bmatrix}$$

Determine the relation between $\omega$ and $b$ such that the system is controllable.

【解 10.2】The controllability matrix of the system is

$$\boldsymbol{U}_c = [\boldsymbol{b} \quad \boldsymbol{Ab}] = \begin{bmatrix} 1 & b \\ b & -\omega^2 - 4\omega b \end{bmatrix}$$

The necessary and sufficient condition of controllability is $\mathrm{rank}\,\boldsymbol{U}_c = 2$. In this case, since $\boldsymbol{U}_c$ is a square matrix, the condition is equivalent to $|\boldsymbol{U}_c| \neq 0$, i.e., $\boldsymbol{U}_c$ should be nonsingular.

Hence,

$$|\boldsymbol{U}_c| = b^2 + 4\omega b + \omega^2 \neq 0$$

Therefore, the system is controllable if $b \neq (-2 \pm \sqrt{3})\omega$.

## 10・2 観測のできる構造 (observability)

可観測性(observability)

式(10.1)で表されるシステムにおいて，任意の時刻 $t_0$ から任意の有限時刻 $t_f$ まで出力 $\boldsymbol{y}(t)$ を観測することにより，初期状態 $\boldsymbol{x}(t_0) = \boldsymbol{x}_0$ を一意に決定できるとき，このシステムは可観測(observable)，あるいは $(\boldsymbol{A}, \boldsymbol{C})$ は可観測という．ただし，入力 $\boldsymbol{u}(t)$ は観測時間 $t_0 \leq t \leq t_f$ にわたって既知とする．

式(10.1)で表されるシステムが可観測であるための必要十分条件は，

可観測行列(observability matrix)

$$\boldsymbol{U}_o = [\boldsymbol{C}^T \quad \boldsymbol{A}^T\boldsymbol{C}^T \quad (\boldsymbol{A}^T)^2\boldsymbol{C}^T \quad \cdots \quad (\boldsymbol{A}^T)^{n-1}\boldsymbol{C}^T]^T \tag{10.10}$$

において，$\mathrm{rank}\,\boldsymbol{U}_o = n$ である．

ここで注意しなければならないのは，状態方程式の相似変換を行っても可観測性は変わらない**ということである．**

1 入力 1 出力システムの伝達関数 $G(s)$ が式(10.3)のように与えられたとすると，次のような可観測正準形(observable canonical form)で表すことができる．

$$\begin{aligned} \dot{\boldsymbol{x}} &= \boldsymbol{A}_o \boldsymbol{x} + \boldsymbol{b}_o u \\ y &= \boldsymbol{c}_o \boldsymbol{x} \end{aligned} \tag{10.11}$$

ただし，

$$\boldsymbol{A}_o = \begin{bmatrix} 0 & 0 & \cdots & 0 & -a_0 \\ 1 & 0 & \cdots & 0 & -a_1 \\ 0 & 1 & \vdots & 0 & -a_2 \\ \vdots & \vdots & \ddots & \vdots & \vdots \\ 0 & 0 & \cdots & 1 & -a_{n-1} \end{bmatrix}, \quad \boldsymbol{b}_o = \begin{bmatrix} b_0 \\ b_1 \\ b_2 \\ \vdots \\ b_{n-1} \end{bmatrix}$$

$$\boldsymbol{c}_o = \begin{bmatrix} 0 & 0 & \cdots & 0 & 1 \end{bmatrix} \tag{10.12}$$

同じ 1 入力 1 出力システムを表す式(10.5)と式(10.12)を比較すると

$$\boldsymbol{A}_o = \boldsymbol{A}_c^T, \quad \boldsymbol{b}_o = \boldsymbol{c}_c^T, \quad \boldsymbol{c}_o = \boldsymbol{b}_c^T \tag{10.13}$$

であることがわかる．このような関係を双対(duality)とよぶ．

【例 10.3】例 10.1 で扱った負荷付きの直流モータを再度扱う．

$$\boldsymbol{A} = \begin{bmatrix} 0 & 1 & 0 \\ 0 & -2 & 3 \\ 0 & -1 & -6 \end{bmatrix}, \quad \boldsymbol{b} = \begin{bmatrix} 0 \\ 0 \\ 1 \end{bmatrix}, \quad \boldsymbol{c} = \begin{bmatrix} 1 & 0 & 0 \end{bmatrix}$$

このシステムの可観測性を調べよ．

【解 10.3】

可観測行列 $\boldsymbol{U}_o$ は式(10.10)より

$$\boldsymbol{U}_o = [\boldsymbol{c}^T \quad \boldsymbol{A}^T\boldsymbol{c}^T \quad (\boldsymbol{A}^T)^2\boldsymbol{c}^T]^T = \begin{bmatrix} 1 & 0 & 0 \\ 0 & 1 & 0 \\ 0 & -2 & 3 \end{bmatrix}$$

となる．したがって，$\mathrm{rank}\,\boldsymbol{U}_c = 3 = n$ であるから，このシステムは可観測である．また，可観測標準形で表すと係数行列は

$$\boldsymbol{A}_o = \begin{bmatrix} 0 & 0 & 0 \\ 1 & 0 & -15 \\ 0 & 1 & -8 \end{bmatrix}, \boldsymbol{b}_o = \begin{bmatrix} 3 \\ 0 \\ 0 \end{bmatrix}, \boldsymbol{c}_o = [0 \quad 0 \quad 1]^T$$

となる．

次にこのシステムをモード分解し対角化すると，例題 10.1 の式(10.9)より，$\bar{\boldsymbol{c}} = [1 \quad 1 \quad 1]$ となる．したがって，$\bar{\boldsymbol{c}}$ の要素は全て 0 ではないので，可観測であることがわかる．

【例 10.4】Consider the system with the following coefficients of the state equation.

$$\boldsymbol{A} = \begin{bmatrix} 0 & 1 \\ -\omega^2 & -4\omega \end{bmatrix}, \quad \boldsymbol{c} = \begin{bmatrix} c & 1 \end{bmatrix}$$

Find the relationship between $\omega$ and $c$ such that the system is observable.

【解 10.4】The observability matrix of the system is

$$\boldsymbol{U}_o = \begin{bmatrix} c & 1 \\ -\omega^2 & c-4\omega \end{bmatrix}$$

The condition of observability is $\operatorname{rank}\boldsymbol{U}_o = 2$. Hence,

$$|\boldsymbol{U}_o| = c^2 - 4\omega c + \omega^2 \neq 0$$

Therefore, the system is observable when $c \neq (2 \pm \sqrt{3})\omega$.

## 10・3　システムの全体構造 (total structure of system)

状態変数 $\boldsymbol{x}(t)$ は，入力と出力を媒介する内部変数であるから，システムが可制御または可観測でないとき，システム内部の挙動は入出力の伝達関係に反映されない．この時，伝達関数の極・零消去(pole-zero cancellation)が起き，伝達関数の次数が状態方程式の次数より小さくなる．システムが可制御かつ可観測であるときだけ，伝達関数の次数と状態方程式の次数が一致する．

線形時不変システム

$$\begin{aligned} \dot{\boldsymbol{x}} &= \boldsymbol{A}\boldsymbol{x} + \boldsymbol{B}\boldsymbol{u} \\ \boldsymbol{y} &= \boldsymbol{C}\boldsymbol{x} \end{aligned} \tag{10.14}$$

は，適当な相似変換 $\boldsymbol{x} = \boldsymbol{T}\boldsymbol{z}$ によってカルマンの正準分解(Kalman canonical decomposition)として知られている次のようなサブシステムに分解できる（図 10.3 参照）．

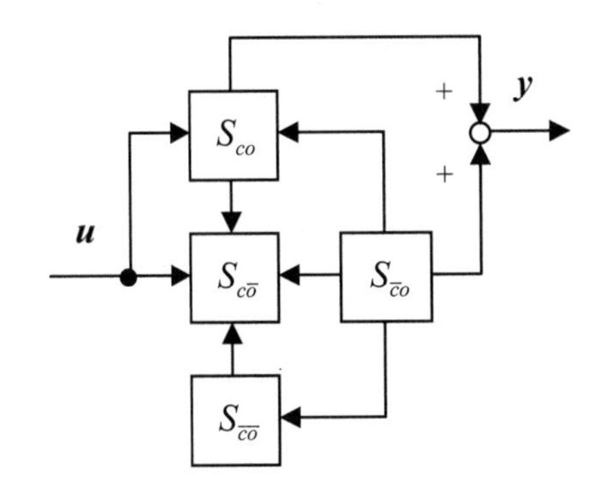

図 10.3　カルマンの正準分解

$$\bar{\boldsymbol{A}} = \begin{bmatrix} \boldsymbol{A}_{11} & \boldsymbol{A}_{12} & \boldsymbol{A}_{13} & \boldsymbol{A}_{14} \\ 0 & \boldsymbol{A}_{22} & 0 & \boldsymbol{A}_{24} \\ 0 & 0 & \boldsymbol{A}_{33} & \boldsymbol{A}_{34} \\ 0 & 0 & 0 & \boldsymbol{A}_{44} \end{bmatrix}, \bar{\boldsymbol{B}} = \begin{bmatrix} \boldsymbol{B}_1 \\ \boldsymbol{B}_2 \\ 0 \\ 0 \end{bmatrix}, \bar{\boldsymbol{C}} = \begin{bmatrix} 0 & \boldsymbol{C}_2 & 0 & \boldsymbol{C}_4 \end{bmatrix} \tag{10.15}$$

ここで

$$\boldsymbol{z} = \begin{bmatrix} \boldsymbol{z}_{c\bar{o}} \\ \boldsymbol{z}_{co} \\ \boldsymbol{z}_{\bar{c}\bar{o}} \\ \boldsymbol{z}_{\bar{c}o} \end{bmatrix}$$ で，

$\boldsymbol{z}_{c\bar{o}}$，$\boldsymbol{z}_{co}$，$\boldsymbol{z}_{\bar{c}\bar{o}}$，$\boldsymbol{z}_{\bar{c}o}$ は４つのサブシステム $S_{c\bar{o}}$，$S_{co}$，$S_{\bar{c}\bar{o}}$，$S_{\bar{c}o}$ の状態変数とであり，入力 $\boldsymbol{u}$ と出力 $\boldsymbol{y}$ からみて，$S_{c\bar{o}}$ は可制御・不可観測，$S_{co}$ は可制御・可観測，$S_{\bar{c}\bar{o}}$ は不可制御・不可観測，$S_{\bar{c}o}$ は不可制御・可観測なサブシステムである．このようなシステムの入出力関係を表す伝達関数行列は可制御・可観測なサブシステム $S_{co}$ の伝達関数行列だけを表現したものである．

第 11 章の安定性のところで詳しく取り扱うが，係数行列 $\boldsymbol{A}$ の全ての固有値の実部が負であるとシステムは安定である．また，各サブシステムの係数行列 $\boldsymbol{A}_{ii}$ の全ての固有値の実部が負であるとそのサブシステムは安定である．

不可制御なサブシステムが不安定な場合，そのサブシステムの内部状態の初期値が 0 でない限りシステムは発散する．逆に，不可制御なサブシステムがあってもそれが安定であれば，システム全体を安定にすることが可能である．なぜならば，可制御なサブシステムがたとえ不安定でも，可制御であるからそのサブシステムは安定化できるからである．このようなシステムは可安定(stabilizable)とよばれる．

また，不可観測なサブシステムがあっても，そのサブシステムが安定であれば，そのシステムは可検出(detectable)という．

不可制御，不可観測の部分を取り除いて，最小の次元で可制御かつ可観測な状態方程式を求めることを最小実現(minimal realization)という．

【例 10.5】 Consider a system described by the following differential equation.

$$\ddot{x}-2\dot{x}-3x=\dot{u}+u$$

Find the transfer function of the system. Examine controllability and observability of the system.

【解 10.5】 We obtain the transfer function of the system

$$G(s)=\frac{s+1}{s^2-2s-3}=\frac{\cancel{s+1}}{(\cancel{s+1})(s-3)}=\frac{1}{s-3}$$

The order of the differential equation is 2. But the order of the characteristic equation is 1 because pole-zero cancellation of the transfer function occurs. In order to examine controllability and observability, we derive the state equation of the system.

(1) Companion form

From Eq. (10.5), the coefficients of the controllable canonical form are obtained as

$$\boldsymbol{A}=\begin{bmatrix}0 & 1\\ 3 & 2\end{bmatrix},\quad \boldsymbol{b}=\begin{bmatrix}0\\ 1\end{bmatrix},\quad \boldsymbol{c}=\begin{bmatrix}1 & 1\end{bmatrix}$$

The controllability matrix and observability matrix of the system are

$$\boldsymbol{U}_c=\begin{bmatrix}0 & 1\\ 1 & 2\end{bmatrix},\quad \boldsymbol{U}_o=\begin{bmatrix}1 & 1\\ 3 & 3\end{bmatrix}$$

Because rank $\boldsymbol{U}_c=2$ and rank $\boldsymbol{U}_o=1$, the system is controllable and unobservable.

We can express the system in the observable canonical form. From Eq. (10.12), we get

$$\boldsymbol{A}=\begin{bmatrix}0 & 3\\ 1 & 2\end{bmatrix},\quad \boldsymbol{b}=\begin{bmatrix}1\\ 1\end{bmatrix},\quad \boldsymbol{c}=\begin{bmatrix}0 & 1\end{bmatrix}$$

The controllability matrix and observability matrix of the system are

$$\boldsymbol{U}_c=\begin{bmatrix}1 & 3\\ 1 & 3\end{bmatrix},\quad \boldsymbol{U}_o=\begin{bmatrix}0 & 1\\ 1 & 2\end{bmatrix}$$

Because rank $\boldsymbol{U}_c=1$ and rank $\boldsymbol{U}_o=2$, the system is uncontrollable and observable.

(2) Partial fraction expansion (parallel form)

The transfer function can be considered as

$$G(s)=\frac{s+1}{(s+1)(s-3)}=\frac{0}{s+1}+\frac{1}{s-3}$$

Fig. 10.4 (a) shows the block diagram of the system. Therefore

$$\boldsymbol{A}=\begin{bmatrix}-1 & 0\\ 0 & 3\end{bmatrix},\quad \boldsymbol{b}=\begin{bmatrix}1\\ 1\end{bmatrix},\quad \boldsymbol{c}=\begin{bmatrix}0 & 1\end{bmatrix}$$

The controllability matrix and observability matrix of the system are

$$\boldsymbol{U}_c = \begin{bmatrix} 1 & -1 \\ 1 & -3 \end{bmatrix}, \quad \boldsymbol{U}_o = \begin{bmatrix} 0 & 1 \\ 0 & 3 \end{bmatrix}$$

Because rank $\boldsymbol{U}_c = 2$ and rank $\boldsymbol{U}_o = 1$, the system is controllable and unobservable.

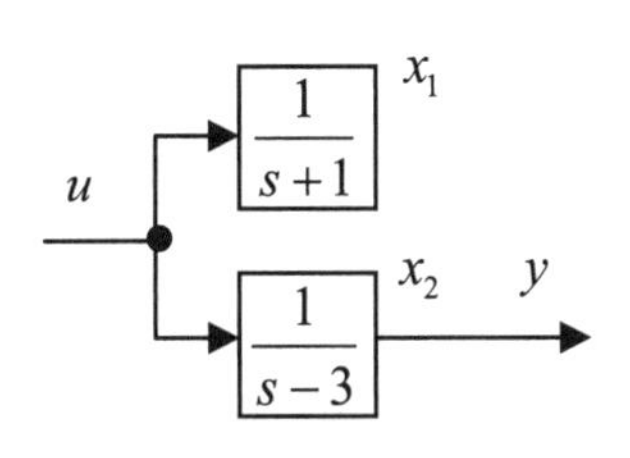


Fig.10.4-a Partial fraction form

(3) Series form

The transfer function can be rewritten as

$$G(s) = \frac{s+1}{(s+1)(s-3)} = \frac{s+1}{s-3} \times \frac{1}{s+1} = \left(1 + \frac{4}{s-3}\right) \times \frac{1}{s+1}$$

The block diagram of the system is shown in Fig. 10.4-b. Therefore

$$\boldsymbol{A} = \begin{bmatrix} 3 & 0 \\ 1 & -1 \end{bmatrix}, \quad \boldsymbol{b} = \begin{bmatrix} 4 \\ 1 \end{bmatrix}, \quad \boldsymbol{c} = \begin{bmatrix} 0 & 1 \end{bmatrix}$$

The controllability matrix and observability matrix of the system are

$$\boldsymbol{U}_c = \begin{bmatrix} 4 & 12 \\ 1 & 3 \end{bmatrix}, \quad \boldsymbol{U}_o = \begin{bmatrix} 0 & 1 \\ 1 & -1 \end{bmatrix}$$

Because rank $\boldsymbol{U}_c = 1$ and rank $\boldsymbol{U}_o = 2$, the system is uncontrollable and observable.

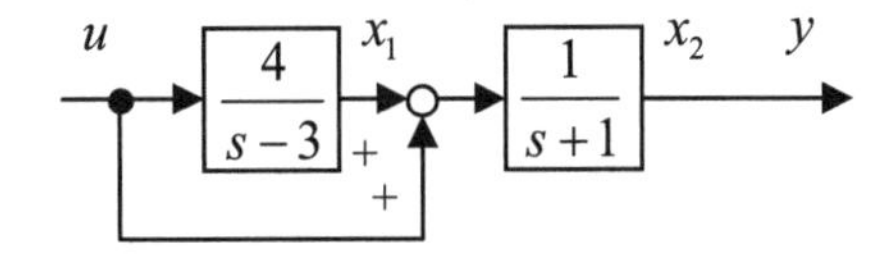


Fig.10.4-b Series form

Thus, if the transfer function of a system has pole-zero cancellation, the system's controllability and observability. depends on how to choose the state variables.

【例 10.6】カルマンの正準分解形で与えられた次のような４次の線形時不変システム

$$\bar{\boldsymbol{A}} = \begin{bmatrix} -4 & 0 & -1 & 0 \\ 0 & 1 & 0 & 1 \\ 0 & 0 & -2 & 0 \\ 0 & 0 & 0 & -3 \end{bmatrix}, \quad \bar{\boldsymbol{B}} = \begin{bmatrix} 1 \\ 1 \\ 0 \\ 0 \end{bmatrix}, \quad \bar{\boldsymbol{C}} = \begin{bmatrix} 0 & 1 & 0 & 1 \end{bmatrix}$$

を考える．このシステムのブロック線図を図 10.5 に示す．このシステムの可制御性，可観測性，可安定，可検出性を調べよ．

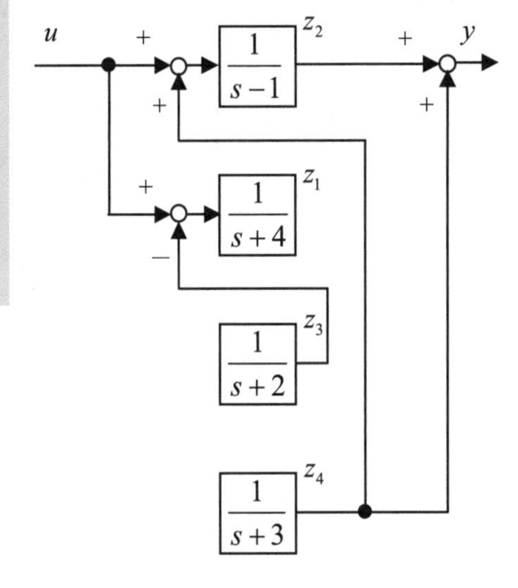


図 10.5 システムのブロック線図

【解 10.6】

このシステムの固有値は $-4, 1, -2, -3$ であり，順に可制御 不可観測，可制御 可観測，不可制御 不可観測，不可制御 可観測のモードに対応する．このシステムの可制御行列 $U_c$ と可観測行列 $U_o$ は

$$U_c = \begin{bmatrix} 1 & -4 & 16 & -64 \\ 1 & 1 & 1 & 1 \\ 0 & 0 & 0 & 0 \\ 0 & 0 & 0 & 0 \end{bmatrix}, \quad U_o = \begin{bmatrix} 0 & 1 & 0 & 1 \\ 0 & 1 & 0 & -2 \\ 0 & 1 & 0 & 7 \\ 0 & 1 & 0 & -20 \end{bmatrix}$$

であるから rank $U_c = 2$, rank $U_o = 2$ より，不可制御 不可観測である．

次にこのシステムの伝達関数を求めると，

$$\boldsymbol{G}(s) = \bar{\boldsymbol{C}}(s\boldsymbol{I} - \bar{\boldsymbol{A}})^{-1}\bar{\boldsymbol{B}} = \frac{1}{s-1}$$

となり，固有値 $\lambda = 1$ に対応する可制御 可観測なサブシステムの伝達関数に等しいことがわかる．不可制御なサブシステムおよび不可観測なサブシステムとも安定であるため，このシステムは可安定，可検出なシステムである．

## 演習問題

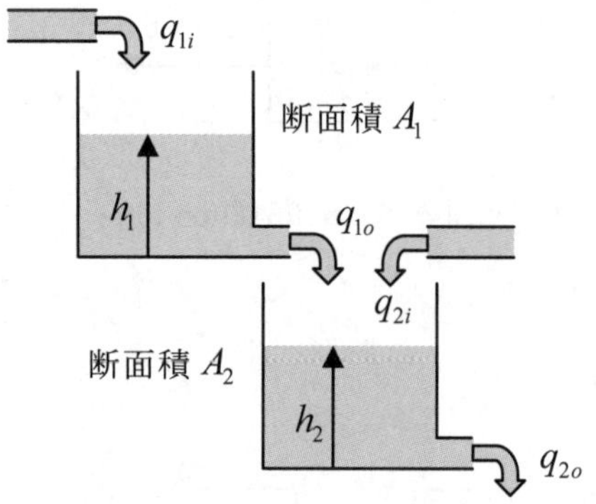

【問題 10.1】例題 8.2 で扱った上下につながった２つのタンクの水位系を考える（図 10.6 参照）．平衡点近傍で線形化された状態方程式の係数行列 $\boldsymbol{A}$ が次のように得られたとして，下に示すようないろいろな入力に対する可制御性を調べよ．

$$\boldsymbol{A}=\begin{bmatrix}-4 & 0\\ 2 & -3\end{bmatrix}$$

(1) ２入力の場合　(2) 上流側のみの場合　(3) 下流側のみの場合

$$\boldsymbol{B}=\begin{bmatrix}1 & 0\\ 0 & 2\end{bmatrix}\qquad \boldsymbol{B}=\begin{bmatrix}1\\ 0\end{bmatrix}\qquad \boldsymbol{B}=\begin{bmatrix}0\\ 2\end{bmatrix}$$

図 10.6　２タンク水位系

【問題 10.2】Let us again consider the fluid system of two tanks in series of Problem 8.7 (see Fig.10.7). Examine controllability of the system with coefficient $\boldsymbol{A}$ for the following input case:

$$\boldsymbol{A}=\begin{bmatrix}-4 & 1\\ 2 & -3\end{bmatrix}$$

(1) two inputs　(2) only a input of the left side　(3)only a input of the right side

$$\boldsymbol{B}=\begin{bmatrix}1 & 0\\ 0 & 2\end{bmatrix}\qquad \boldsymbol{B}=\begin{bmatrix}1\\ 0\end{bmatrix}\qquad \boldsymbol{B}=\begin{bmatrix}0\\ 2\end{bmatrix}$$

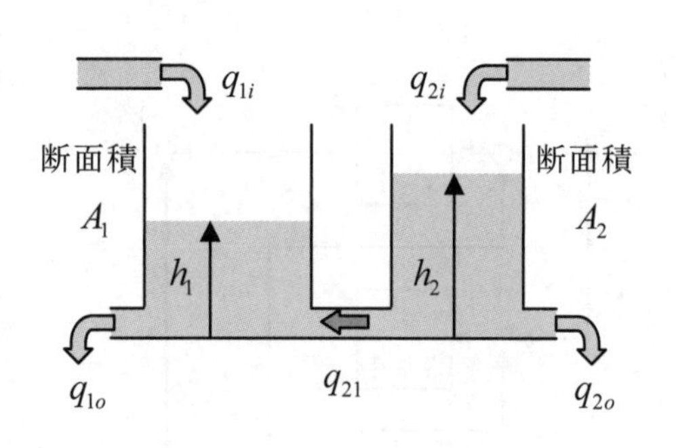


Fig.10.7　Two water tank system

【問題 10.3】問題 10.1 で扱った上下につながった２つのタンクの水位系を考える（図 10.6 参照）．平衡点近傍で線形化された状態方程式の係数行列 $\boldsymbol{A}$ が同様に得られたとして下に示すようないろいろな出力に対する可観測性を調べよ．

$$\boldsymbol{A}=\begin{bmatrix}-4 & 0\\ 2 & -3\end{bmatrix}$$

(1) 上下両方の場合　(2) 上流側のみの場合　(3) 下流側のみの場合

$$\boldsymbol{C}=\begin{bmatrix}1 & 0\\ 0 & 1\end{bmatrix}\qquad \boldsymbol{C}=\begin{bmatrix}1 & 0\end{bmatrix}\qquad \boldsymbol{C}=\begin{bmatrix}0 & 1\end{bmatrix}$$

【問題 10.4】Let us again consider the fluid system of two tanks in series of Problem 8.7 (see Fig.10.7). Examine observability of the system with coefficient $\boldsymbol{A}$ for the following output case:

$$\boldsymbol{A}=\begin{bmatrix}-4 & 1\\ 2 & -3\end{bmatrix}$$

(1) two outputs　(2) only a output of the left side (3)only a output of the right side

$$\boldsymbol{C}=\begin{bmatrix}1 & 0\\ 0 & 1\end{bmatrix}\qquad \boldsymbol{C}=\begin{bmatrix}1 & 0\end{bmatrix}\qquad \boldsymbol{C}=\begin{bmatrix}0 & 1\end{bmatrix}$$

【問題 10.5】下記のような係数行列を持つ１入力１出力システムの可制御性，可観測性を調べよ．また，伝達関数を求めよ．さらに，可制御ならば可制御正準形に，可観測ならば可観測正準形に変換せよ．

(1) $A=\begin{bmatrix}4 & 3\\ 2 & -1\end{bmatrix}$, $B=\begin{bmatrix}1\\ 0\end{bmatrix}$, $C=\begin{bmatrix}0 & 1\end{bmatrix}$　(2) $A=\begin{bmatrix}3 & -2\\ 1 & 6\end{bmatrix}$, $B=\begin{bmatrix}1\\ -1\end{bmatrix}$, $C=\begin{bmatrix}1 & 2\end{bmatrix}$

(3) $A=\begin{bmatrix}-3 & 1\\ 0 & -5\end{bmatrix}$, $B=\begin{bmatrix}0\\ 1\end{bmatrix}$, $C=\begin{bmatrix}1 & 0\end{bmatrix}$　(4) $A=\begin{bmatrix}6 & 1\\ 5 & 2\end{bmatrix}$, $B=\begin{bmatrix}1\\ 1\end{bmatrix}$, $C=\begin{bmatrix}0 & 1\end{bmatrix}$

(5) $A=\begin{bmatrix}2 & 0\\ 1 & 3\end{bmatrix}$, $B=\begin{bmatrix}1\\ 0\end{bmatrix}$, $C=\begin{bmatrix}1 & 1\end{bmatrix}$　(6) $A=\begin{bmatrix}-4 & 0\\ 2 & -3\end{bmatrix}$, $B=\begin{bmatrix}0\\ 1\end{bmatrix}$, $C=\begin{bmatrix}1 & 0\end{bmatrix}$

【問題 10.6】 Examine controllability and observability of the system and find the transfer function for the following cases:

(1) $A=\begin{bmatrix}-3 & 2 & -8\\ -5 & 8 & -10\\ -2 & 4 & -3\end{bmatrix}$, $B=\begin{bmatrix}-3 & 2\\ 1 & 1\\ 2 & 0\end{bmatrix}$, $C=\begin{bmatrix}1 & -2 & 3\\ 0 & 1 & 0\end{bmatrix}$　(2) $A=\begin{bmatrix}-1 & 0 & 2\\ 2 & -5 & 4\\ 1 & -2 & 0\end{bmatrix}$, $B=\begin{bmatrix}-2 & -1 & -3\\ 0 & 1 & 1\\ 1 & 1 & 2\end{bmatrix}$, $C=\begin{bmatrix}-2 & 3 & 4\\ 1 & -2 & 3\end{bmatrix}$

(3) $A=\begin{bmatrix}3 & -8 & 10\\ -2 & 3 & -4\\ -3 & 6 & -8\end{bmatrix}$, $B=\begin{bmatrix}1 & 0\\ 2 & 1\\ 1 & 1\end{bmatrix}$, $C=\begin{bmatrix}1 & -2 & 3\\ -1 & 1 & -2\\ 0 & -1 & 1\end{bmatrix}$　(4) $A=\begin{bmatrix}-1 & 6 & -8\\ 1 & 0 & 2\\ 2 & -4 & 7\end{bmatrix}$, $B=\begin{bmatrix}-1 & 2 & 2\\ -1 & 1 & 0\\ 0 & 0 & -1\end{bmatrix}$, $C=\begin{bmatrix}0 & 1 & 0\\ 2 & -4 & 5\\ 1 & -1 & 2\end{bmatrix}$

(5) $A=\begin{bmatrix}2 & -6 & 10\\ 1 & -3 & 2\\ -1 & 2 & -5\end{bmatrix}$, $B=\begin{bmatrix}1 & -1 & -2\\ 2 & 1 & -1\\ 1 & 1 & 0\end{bmatrix}$, $C=\begin{bmatrix}0 & -1 & 1\\ 0 & 1 & 0\\ -1 & 2 & -3\end{bmatrix}$　(6) $A=\begin{bmatrix}1 & 4 & -2\\ 4 & -5 & 8\\ 3 & -6 & 8\end{bmatrix}$, $B=\begin{bmatrix}2 & -2 & -4\\ 1 & 0 & -1\\ 0 & 1 & 1\end{bmatrix}$, $C=\begin{bmatrix}1 & -2 & 3\\ -1 & 2 & -2\\ 2 & -4 & 5\end{bmatrix}$

【問題 10.7】* 下記のような問題 10.3 または問題 10.4 と同じ係数行列 $A$ と

$$B=\begin{bmatrix}b_1\\ b_2\end{bmatrix},\quad C=\begin{bmatrix}c_1 & c_2\end{bmatrix}$$

を持つ 1 入力 1 出力システムがある．このシステムが可制御・可観測であるための $b_1, b_2, c_1, c_2$ の条件を求めよ．

(1) $A=\begin{bmatrix}-4 & 0\\ 2 & -3\end{bmatrix}$　(2) $A=\begin{bmatrix}-4 & 1\\ 2 & -3\end{bmatrix}$

【問題 10.8】 Consider two systems, $S_1$ and $S_2$.

(a) Examine controllability and observability of each system.

(b) Examine controllability and observability of the connected system shown in Fig.10.8.

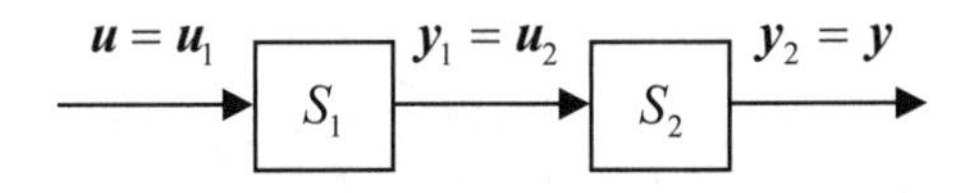


Fig.10.8　Serial connection

(1) $S_1: A_1=\begin{bmatrix}0 & 1\\ -6 & -5\end{bmatrix}$, $B_1=\begin{bmatrix}0\\ 1\end{bmatrix}$, $C_1=\begin{bmatrix}1 & 1\end{bmatrix}$　$S_2: A_2=\begin{bmatrix}0 & 1\\ -3 & -4\end{bmatrix}$, $B_2=\begin{bmatrix}0\\ 1\end{bmatrix}$, $C_2=\begin{bmatrix}1 & 0\end{bmatrix}$

(2) $S_1: A_1=\begin{bmatrix}0 & 1\\ -2 & -3\end{bmatrix}$, $B_1=\begin{bmatrix}0\\ 1\end{bmatrix}$, $C_1=\begin{bmatrix}0 & 1\end{bmatrix}$　$S_2: A_2=\begin{bmatrix}0 & 1\\ -3 & -4\end{bmatrix}$, $B_2=\begin{bmatrix}0\\ 1\end{bmatrix}$, $C_2=\begin{bmatrix}2 & 1\end{bmatrix}$

(3) $S_1: A_1=\begin{bmatrix}0 & 1\\ -6 & -5\end{bmatrix}$, $B_1=\begin{bmatrix}0\\ 1\end{bmatrix}$, $C_1=\begin{bmatrix}1 & 0\end{bmatrix}$　$S_2: A_2=\begin{bmatrix}0 & 1\\ -8 & -6\end{bmatrix}$, $B_2=\begin{bmatrix}0\\ 1\end{bmatrix}$, $C_2=\begin{bmatrix}1 & 1\end{bmatrix}$

(4) $S_1: A_1=\begin{bmatrix}0 & 1\\ -6 & -5\end{bmatrix}$, $B_1=\begin{bmatrix}0\\ 1\end{bmatrix}$, $C_1=\begin{bmatrix}1 & 1\end{bmatrix}$　$S_2: A_2=\begin{bmatrix}0 & 1\\ -3 & -4\end{bmatrix}$, $B_2=\begin{bmatrix}0\\ 1\end{bmatrix}$, $C_2=\begin{bmatrix}2 & 1\end{bmatrix}$

【問題 10.9】* 問題 10.7 のシステムにおいて，図 10.9 のように $K$ を定数として出力フィードバックした閉ループ系の可制御性・可観測性は変わるか？

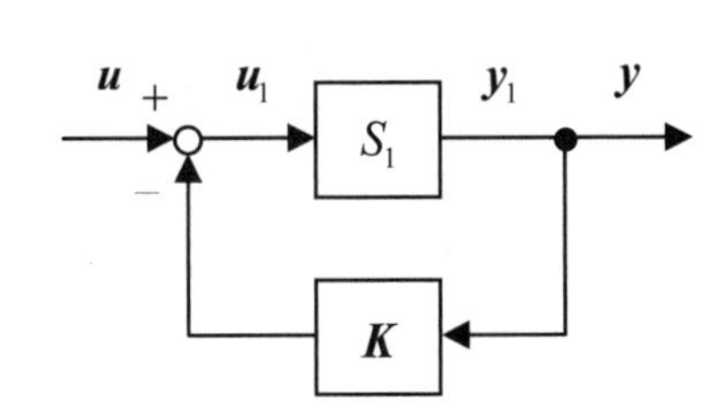


図 10.9　出力フィードバック

【問題 10.10】 Consider a system described in the Kalman canonical decomposition form.

$$\bar{\boldsymbol{A}} = \begin{bmatrix} 3 & 0 & 1 & 0 \\ 0 & 0 & 0 & 0 \\ 0 & 0 & -2 & 1 \\ 0 & 0 & 0 & -4 \end{bmatrix}, \quad \bar{\boldsymbol{B}} = \begin{bmatrix} 1 \\ 1 \\ 0 \\ 0 \end{bmatrix}, \quad \bar{\boldsymbol{C}} = \begin{bmatrix} 0 & 1 & 0 & 1 \end{bmatrix}$$

Examine controllability and observability of the system. Examine whether this system is stabilizable and/or detectable.

第 11 章

# 状態方程式に基づく制御系設計

# Controller Design based on State Space Equation

## 11・1　状態方程式と安定性 (state space equation and stability)

システムの動作点まわりの安定性と状態方程式の特徴との関係について述べる．

ここでは，システムとして

$$\dot{\boldsymbol{x}}(t) = \boldsymbol{f}(\boldsymbol{x}(t)) \tag{11.1}$$

を考える．ただし，$\boldsymbol{x}$ は $n$ 次元実数ベクトルであり，$\boldsymbol{f}(x)=0$ を満足する平衡点は原点 $\boldsymbol{x}=0$ にあるものとする．また，記号 $\|\boldsymbol{x}\|$ はベクトル $\boldsymbol{x}=[x_1,\cdots,x_n]^T$ の大きさを表すスカラー量で，$\|\boldsymbol{x}\|=\sqrt{x_1^2+\cdots+x_n^2}$ である．

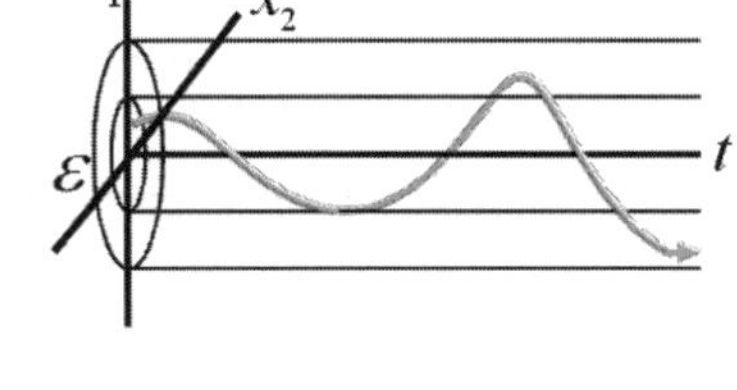


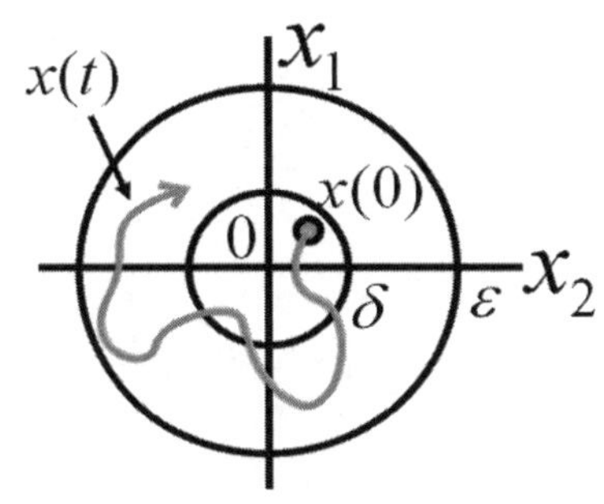


図 11.1　リアプノフ安定性

### リアプノフ安定性 (Lyapunov stability)

微分方程式(11.1)について，原点近傍において，任意の $\varepsilon$ $(0<\varepsilon)$ に対して，ある $\delta(\varepsilon)>0$ が存在して，初期条件 $\|\boldsymbol{x}(0)\|<\delta(\varepsilon)$ を満足するすべての $\boldsymbol{x}(0)$ と，$t\geq 0$ について，

$$\|\boldsymbol{x}(t)\|<\varepsilon$$

となるとき，原点 $\boldsymbol{x}=0$（平衡点 $O$）はリアプノフ安定であるという．

これは図 11.1 に示すように，原点近傍において，任意の $\varepsilon$ に対して初期値 $\boldsymbol{x}(0)$ が $\varepsilon$ に依存する半径 $\delta(\varepsilon)$ の円内にあれば微分方程式(11.1)の解 $\boldsymbol{x}(t)$ は $t=0$ から未来永遠に半径 $\varepsilon$ の円の外部に出ることはないことを意味する．

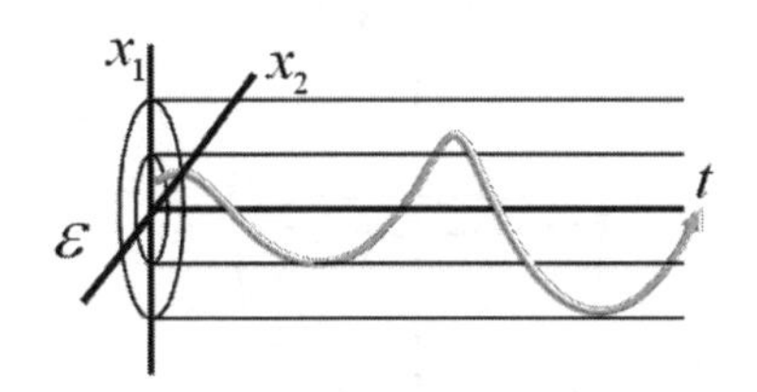


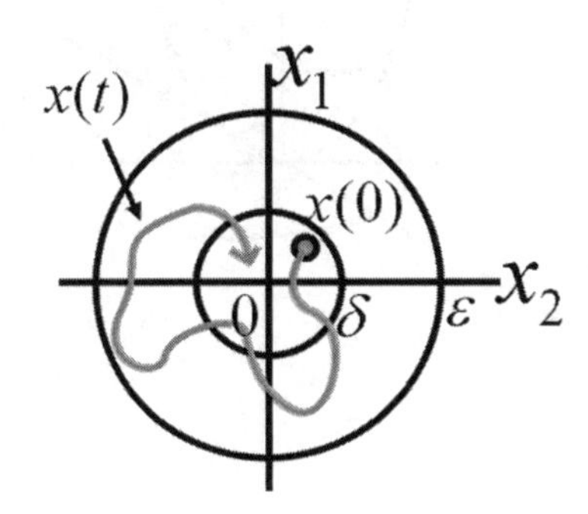


図 11.2　漸近安定性

### 漸近安定性 (asymptotic stability)

微分方程式(11.1)について，原点近傍において，任意の $\varepsilon$ $(0<\varepsilon)$ に対してある $\delta(\varepsilon)>0$ が存在して，$\|\boldsymbol{x}(0)\|<\delta(\varepsilon)$ を満足するすべての $\boldsymbol{x}(0)$ と，$t\geq 0$ について，

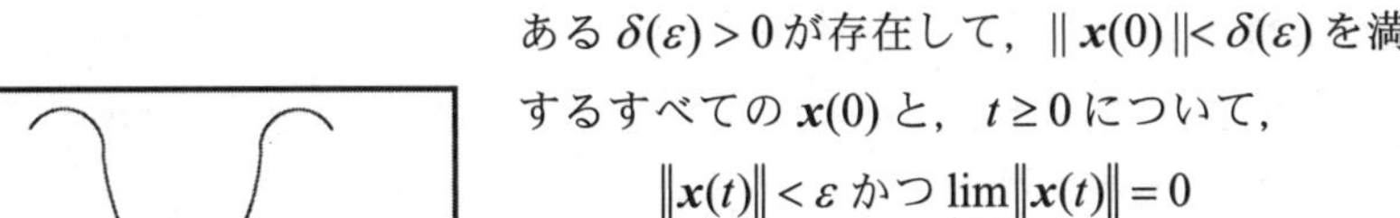

$$\|\boldsymbol{x}(t)\|<\varepsilon \text{ かつ } \lim_{t\to\infty}\|\boldsymbol{x}(t)\|=0$$

となるとき，原点 $\boldsymbol{x}=0$（平衡点 $O$）は漸近安定であるという．

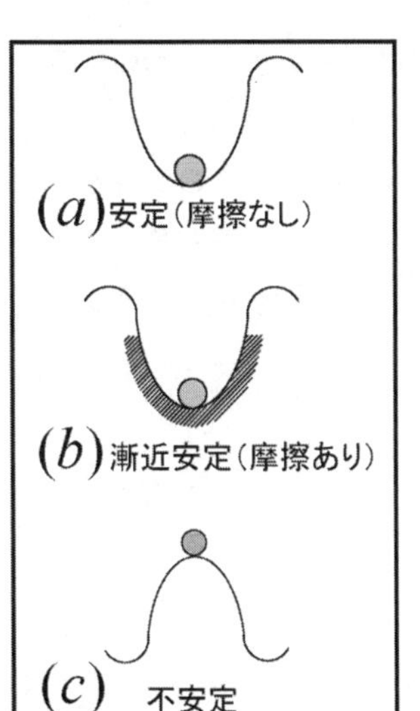


図 11.3　安定性

これは図 11.2 に示すように，原点近傍において,任意の $\varepsilon$ に対して初期値 $\boldsymbol{x}(0)$ が $\varepsilon$ に依存する半径 $\delta(\varepsilon)$ の円内にあれば，微分方程式(11.1)の解 $\boldsymbol{x}(t)$ は $t=0$ から未来永遠に半径 $\varepsilon$ の円の外部に出ることはなく，時間 $t$ が無限大になれば原点 $\boldsymbol{x}=0$ に収束することを意味している．

安定性とは $\boldsymbol{x}(0)$ が原点 $O$（平衡点）から少しずれたとき，$\boldsymbol{x}(t)$ が依然として原点近傍に留まり得るか否かを述べたものである．例えば図

11.3 のように坂の上でボールが運動しているとき，(a)はリアプノフ安定，(b)は漸近安定，(c)は不安定となる．

安定性を判別する方法について説明する前に必要となる用語を左に示す．

**正定･準正定･負定･準負定関数**

| | |
|---|---|
| 正定関数 | $V(0)=0$ かつ $V(x)>0$ for $\forall x \neq 0$ |
| 準正定関数 | $V(0)=0$ かつ $V(x)\geq 0$ for $\forall x \neq 0$ |
| 負定関数 | $V(0)=0$ かつ $-V(x)>0$ for $\forall x \neq 0$ |
| 準負定関数 | $V(0)=0$ かつ $-V(x)\geq 0$ for $\forall x \neq 0$ |

**正定･準正定･負定･準負定行列**

| | |
|---|---|
| $A>0$ ($A$：正定) | : $x^T Ax>0$ for $\forall x \neq 0$ |
| $A\geq 0$ ($A$：準正定) | : $x^T Ax\geq 0$ for $\forall x \neq 0$ |
| $A<0$ ($A$：負定) | : $x^T Ax<0$ for $\forall x \neq 0$ |
| $A\leq 0$ ($A$：準負定) | : $x^T Ax\leq 0$ for $\forall x \neq 0$ |

リアプノフ関数　（Lyapunov function）

いま，$\dfrac{\partial V(\boldsymbol{x})}{\partial \boldsymbol{x}}$ が連続であるような，ベクトル $\boldsymbol{x}(t)$ について恒等的に正となるスカラー関数 $V(\boldsymbol{x})$ があり，かつシステム(11.1)にそっての時間微分が

$$\dot{V}=\sum_{i=1}^{n}\frac{\partial V}{\partial x_i}\dot{x}_i=\left[\frac{\partial V}{\partial x_1},\cdots,\frac{\partial V}{\partial x_n}\right]\begin{bmatrix}\dot{x}_1\\ \vdots\\ \dot{x}_n\end{bmatrix}=\left(\frac{\partial V}{\partial \boldsymbol{x}}\right)^T\dot{\boldsymbol{x}}=\left(\frac{\partial V}{\partial \boldsymbol{x}}\right)^T\boldsymbol{f}\leq 0$$

であったとする．このような関数 $V(\boldsymbol{x})$ はシステム(11.1)のリアプノフ関数と呼ばれている．

$\boldsymbol{x}$ が 2 次元の場合のリアプノフ関数 $V(\boldsymbol{x})$ を図 11.4 に示す．これは $\boldsymbol{x}\neq 0$ では $V(\boldsymbol{x})$ が常に正であり，時間と共に変化する $\boldsymbol{x}(t)$ に対して，$V(\boldsymbol{x})$ は時間 $t$ に関して非増加であることを示している．

公式 11.1

①リアプノフ関数 $V$ が存在

システムがリアプノフ安定

②リアプノフ関数 $V$ が存在して，$\dot{V}$ が負定関数

システムが漸近安定

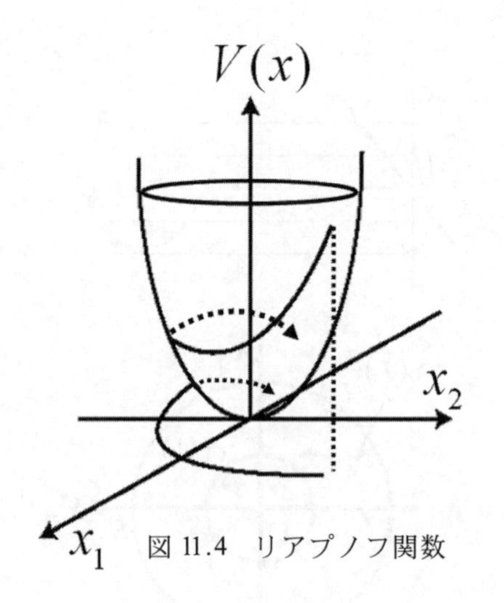


図 11.4　リアプノフ関数

リアプノフの第2の方法（Lyapunov's second method）

**【公式 11.1】**

システム(11.1)の原点近傍のある範囲内でリアプノフ関数 $V(\boldsymbol{x})$ が存在すれば，原点はリアプノフ安定であり，さらに $\dot{V}(\boldsymbol{x})$ が負定関数ならば，平衡点 $\boldsymbol{x}=0$ は漸近安定である．

特に，線形システム

$$\dot{\boldsymbol{x}}(t)=\boldsymbol{A}\boldsymbol{x}(t) \tag{11.2}$$

の平衡点 $\boldsymbol{x}=0$ のリアプノフ安定性に関して以下の重要な公式がある．

**【公式 11.2】**

線形システム(11.2)の平衡点 $\boldsymbol{x}=0$ がリアプノフ安定であるための必要十分条件は，行列 $\boldsymbol{A}$ のすべての固有値が 0 か負で，実部が 0 のものが含まれる場合には，行列 $\boldsymbol{A}$ の実ジョルダン標準形（real Jordan canonical form）の実部が 0 の固有値に対応する実ジョルダンブロック（real Jordan block）が対角的であることである．

公式 11.2

システムがリアプノフ安定

システム行列 $\boldsymbol{A}$ の固有値の実部が正でなく，実部が 0 の場合は，その対応する実ジョルダンブロックが対角的である．

**【公式 11.3】**

線形システム(11.2)の平衡点 $\boldsymbol{x}=0$ がリアプノフ安定であるための必要十分条件は，ある実対称正定行列 $\boldsymbol{P}$ が存在して，

$$\boldsymbol{A}^T\boldsymbol{P}+\boldsymbol{P}\boldsymbol{A}\leq 0 \tag{11.3}$$

となることである．

【公式 11.4】
線形システム(11.2)の平衡点 $\boldsymbol{x}=0$ が漸近安定であるための必要十分条件は，行列 $\boldsymbol{A}$ の固有値の実部がすべて負であることである．この性質をもつ行列 $\boldsymbol{A}$ を安定行列という．

【公式 11.5】
線形システム(11.2)の平衡点 $\boldsymbol{x}=0$ が漸近安定であるための必要十分条件は，任意の実対称正定行列 $\boldsymbol{Q}$ に対して，方程式

$$\boldsymbol{A}^T\boldsymbol{P}+\boldsymbol{P}\boldsymbol{A}=-\boldsymbol{Q} \tag{11.4}$$

を満足する実対称正定行列 $\boldsymbol{P}$ がただ1つ存在することである．なお，式(11.4)をリアプノフ方程式（Lyapunov equation）という．

【公式 11.6】（【公式 11.5】を少し緩和した公式）
線形システム(11.2)の平衡点 $\boldsymbol{x}=0$ が漸近安定であるための必要十分条件は，$(\boldsymbol{A},\boldsymbol{W})$ が可観測な $\boldsymbol{W}$ に対して

$$\boldsymbol{A}^T\boldsymbol{P}+\boldsymbol{P}\boldsymbol{A}=-\boldsymbol{W}^T\boldsymbol{W} \tag{11.5}$$

を満足する実対称正定行列 $\boldsymbol{P}$ が存在することである．

【公式 11.7】
$\boldsymbol{Q}>0$ か，または，$\boldsymbol{Q}\geq 0$ でかつ

$$\mathrm{rank}\begin{bmatrix}\boldsymbol{Q}^{\frac{1}{2}}\\ \boldsymbol{Q}^{\frac{1}{2}}\boldsymbol{A}\\ \vdots\\ \boldsymbol{Q}^{\frac{1}{2}}\boldsymbol{A}^{n-1}\end{bmatrix}=n \tag{11.6}$$

となる実対称行列 $\boldsymbol{Q}$ を1つ決定する．$\boldsymbol{Q}$ が $\boldsymbol{W}^T\boldsymbol{W}$ の形式で与えられることがしばしばある．この場合，この条件(11.6)は $\boldsymbol{W}$ として

$$\mathrm{rank}\begin{bmatrix}\boldsymbol{W}\\ \boldsymbol{W}\boldsymbol{A}\\ \vdots\\ \boldsymbol{W}\boldsymbol{A}^{n-1}\end{bmatrix}=n \tag{11.7}$$

と $(\boldsymbol{A},\boldsymbol{W})$ が可観測となるものを選ぶことに等しい．このときリアプノフ方程式(11.4)から，対称行列 $\boldsymbol{P}$ を決定すると，$\boldsymbol{P}>0$（実対称行列 $\boldsymbol{P}$ が正定）であることが，行列 $\boldsymbol{A}$ が安定行列であるための必要十分条件となる．

【例 11.1】図 11.5 のマス・ばね・ダンパ系の安定性を【公式 11.4】を用いて判別せよ．

【解 11.1】図 11.5 のマス・ばね・ダンパ系に対する方状態程式は，

$$\dot{\boldsymbol{x}}=\boldsymbol{A}\boldsymbol{x},\quad \boldsymbol{A}=\begin{bmatrix}0 & 1\\ -k/m & -d/m\end{bmatrix} \tag{11.8}$$

と表現できる．$d$ は非常に小さい正の数（$4mk-d^2>0$）とすると，行列 $\boldsymbol{A}$ の固有値は $-\dfrac{d}{2m}\pm\dfrac{\sqrt{4mk-d^2}}{2m}j$ となり，その実部は負である．したがって，

公式 11.3

システムがリアプノフ安定

リアプノフ不等式(11.3)を満たす実対称正定行列 $\boldsymbol{P}$ が存在

公式 11.4

システムが漸近安定

システム行列 $\boldsymbol{A}$ の固有値の実部がすべて負

公式 11.5

システムが漸近安定

リアプノフ方程式(11.4)を満たす実対称正定行列 $\boldsymbol{P}$ が唯一存在

公式 11.6

システムが漸近安定

リアプノフ方程式(11.5)を満たす実対称正定行列 $\boldsymbol{P}$ が存在

公式 11.7

システムが漸近安定

$\boldsymbol{Q}>0$，または，
$\boldsymbol{Q}>0$ かつ式(11.6)　を満足する実対称行列 $\boldsymbol{Q}$ を1つ決定．
リアプノフ方程式(11.4)を満たす $\boldsymbol{P}$ が正定．

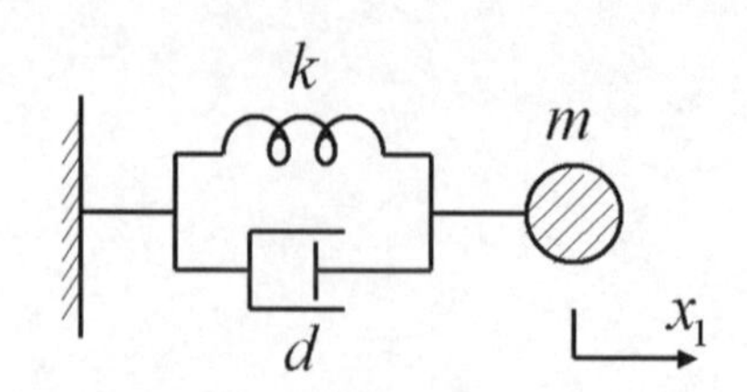


図 11.5　マス　ばね　ダンパ系

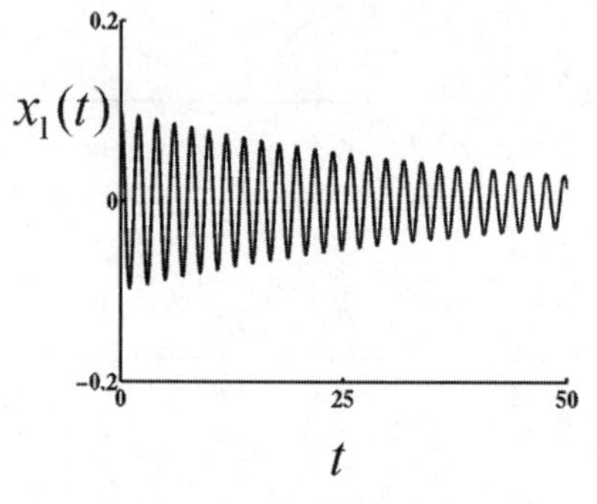


図 11.6　マス　ばね　ダンパ系の時間応答

【公式 11.4】よりシステムは漸近安定であることがわかる．$\boldsymbol{x}(0)=[0.1\quad 0]^T$，$m=1$，$k=10$，減衰係数 $d=0.05$ とした場合の状態 $x_1(t)$ の時間応答は図 11.6 となり，振動は持続するもののその振幅は減少していくことがわかる．もし，$4mk-d^2 \geq 0$ の場合には式(11.8)の解（質点の挙動）は振動することなく減衰する．

【例 11.2】マス　ばね　ダンパ系に対するシステム方程式(11.8)において $k/m=1$, $d/m=2$ としたシステム

$$\dot{\boldsymbol{x}}=\boldsymbol{A}\boldsymbol{x},\quad \boldsymbol{A}=\begin{bmatrix}0 & 1\\ -1 & -2\end{bmatrix}$$

の安定性を【公式 11.7】を用いて判別せよ．

【解 11.2】【公式 11.7】において例えば，実対称準正定行列 $\boldsymbol{Q}$ を $\boldsymbol{W}=[1\quad 0]$ として

$$\boldsymbol{Q}=\boldsymbol{W}^T\boldsymbol{W}$$

と定義する．$\boldsymbol{W}\boldsymbol{A}=[0\quad 1]$ であるので，

$$\mathrm{rank}\begin{bmatrix}\boldsymbol{W}\\ \boldsymbol{W}\boldsymbol{A}\end{bmatrix}=\mathrm{rank}\begin{bmatrix}1 & 0\\ 0 & 1\end{bmatrix}=2$$

となり，条件(11.7)は満足される．リアプノフ方程式(11.4)は

$$\begin{bmatrix}0 & -1\\ 1 & -2\end{bmatrix}\begin{bmatrix}p_{11} & p_{12}\\ p_{12} & p_{22}\end{bmatrix}+\begin{bmatrix}p_{11} & p_{12}\\ p_{12} & p_{22}\end{bmatrix}\begin{bmatrix}0 & 1\\ -1 & -2\end{bmatrix}=\begin{bmatrix}-1 & 0\\ 0 & 0\end{bmatrix}$$

となる．これを解くと

$$\boldsymbol{P}=\begin{bmatrix}5/4 & 1/2\\ 1/2 & 1/4\end{bmatrix}$$

となり，$\boldsymbol{P}$ の固有値はすべて正であるので，$\boldsymbol{P}$ が正定となることがわかり，【公式 11.7】よりシステムが漸近安定であることが示された．これは，例 11.1 で説明した $\boldsymbol{A}$ の固有値が全て負であり，安定行列であることと整合している．

## 11・2　状態フィードバック (state feedback)

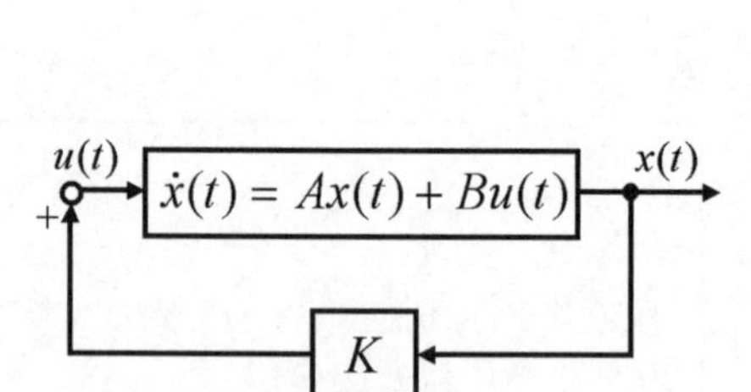


図 11.7　状態フィードバックの構成

状態を入力に帰還することを状態フィードバックという．

時不変システム

$$\dot{\boldsymbol{x}}(t)=\boldsymbol{A}\boldsymbol{x}(t)+\boldsymbol{B}\boldsymbol{u}(t) \tag{11.9}$$

について考える．ここで，$\boldsymbol{x}(t)$ は $n$ 次元状態ベクトル，$\boldsymbol{u}(t)$ は $m$ 次元入力ベクトルであり，$\boldsymbol{A}$ は $n\times n$ 実数行列，$\boldsymbol{B}$ は $n\times m$ 実数行列，$(\boldsymbol{A},\boldsymbol{B})$ は可制御とする．状態フィードバック入力は

$$\boldsymbol{u}(t)=\boldsymbol{K}\boldsymbol{x}(t) \tag{11.10}$$

となる．ここで，$\boldsymbol{K}$ は $m\times n$ の状態フィードバックゲイン行列（feedback gain matrix）と呼ばれる行列であり，設計者が任意に設定できる．状態フィードバックの構成をブロック図で書くと図 11.7 のようになる．状態フィードバック入力(11.10)に対する閉ループ系は

$$\dot{\boldsymbol{x}}(t)=(\boldsymbol{A}+\boldsymbol{B}\boldsymbol{K})\boldsymbol{x}(t) \tag{11.11}$$

となる．閉ループ系の安定性は行列 $\boldsymbol{A}+\boldsymbol{B}\boldsymbol{K}$ を安定行列とすることにより達成される．

【例 11.3】スカラーシステム

$$\dot{x}_1(t) = ax_1(t) + bu_1(t) \tag{11.12}$$

に対する状態フィードバックと閉ループ系の安定性について考察せよ．

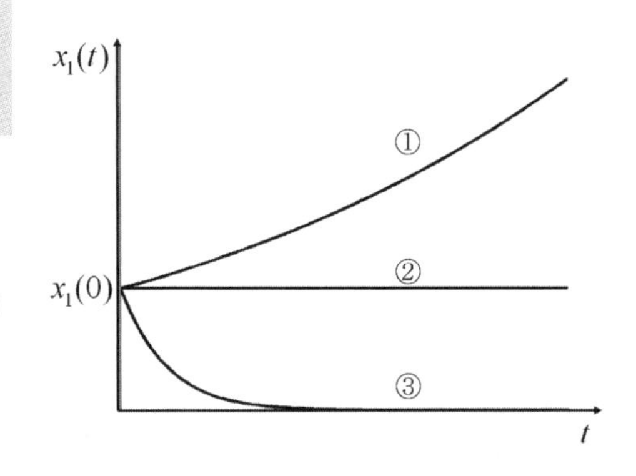


図 11.8　式(11.14)の解の時間応答

【解 11.3】このシステム(11.12)に対する状態フィードバックは

$$u_1(t) = kx_1(t) \tag{11.13}$$

である．ここで，$k$ は任意の定数で状態フィードバックゲインである．状態フィードバックを行った場合の閉ループ系は

$$\dot{x}_1(t) = (a+bk)x_1(t) \tag{11.14}$$

となる．状態 $x_1(t)$ の時間応答は $a+bk$ の符号により，図 11.8 のように 3 通りになる．① $a+bk>0$ の場合は閉ループ系は不安定，② $a+bk=0$ の場合はリアプノフ安定，③ $a+bk<0$ の場合は安定（漸近安定）となる．以下，漸近安定のことを単に「安定」と呼ぶことにする．

もし，$b \neq 0$ であれば，すなわちシステムが可制御であれば，状態フィードバックゲイン $k$ を③ $a+bk<0$ を満足するように

$b>0$ の場合 $k<-a/b$

$b<0$ の場合 $k>-a/b$

とすれば閉ループ系は安定となる．

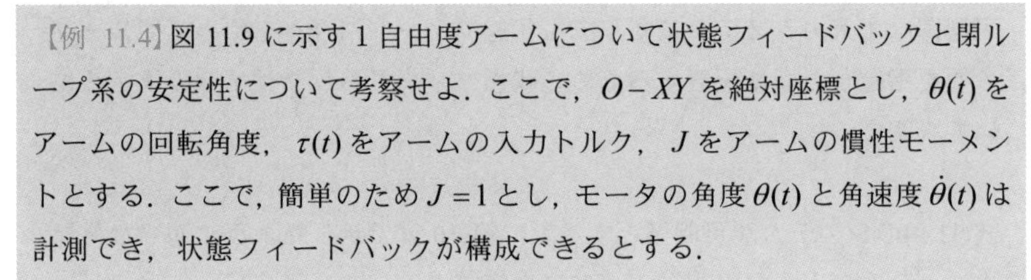

【例 11.4】図 11.9 に示す 1 自由度アームについて状態フィードバックと閉ループ系の安定性について考察せよ．ここで，$O-XY$ を絶対座標とし，$\theta(t)$ をアームの回転角度，$\tau(t)$ をアームの入力トルク，$J$ をアームの慣性モーメントとする．ここで，簡単のため $J=1$ とし，モータの角度 $\theta(t)$ と角速度 $\dot{\theta}(t)$ は計測でき，状態フィードバックが構成できるとする．

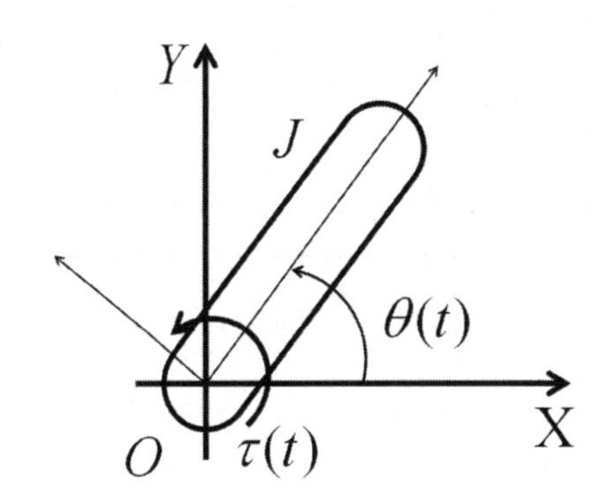


図 11.9　1 自由度アーム

【解 11.4】この 1 自由度アームの状態方程式は，$\boldsymbol{x} = [\theta \quad \dot{\theta}]^T$，$u(t) = \tau(t)$ とおくと

$$\dot{\boldsymbol{x}} = \boldsymbol{A}\boldsymbol{x} + \boldsymbol{b}u, \quad \boldsymbol{A} = \begin{bmatrix} 0 & 1 \\ 0 & 0 \end{bmatrix}, \quad \boldsymbol{b} = \begin{bmatrix} 0 \\ 1 \end{bmatrix} \tag{11.15}$$

となる．このシステムが可制御であることは，可制御行列が

$\boldsymbol{U}_c = \begin{bmatrix} \boldsymbol{b} & \boldsymbol{A}\boldsymbol{b} \end{bmatrix} = \begin{bmatrix} 0 & 1 \\ 1 & 0 \end{bmatrix}$ となり，rank が 2 となることから明らかである．さて，システム(11.15)に対する状態フィードバック入力は

$$u(t) = k_1 x_1(t) + k_2 x_2(t) = \boldsymbol{k}\boldsymbol{x} \tag{11.16}$$

となる．スカラー系と同様に，$k_1$，$k_2$ は任意の状態フィードバックゲインである．状態フィードバックを行った場合の閉ループ系は

$$\dot{\boldsymbol{x}} = (\boldsymbol{A} + \boldsymbol{b}\boldsymbol{k})\boldsymbol{x} = \begin{bmatrix} 0 & 1 \\ k_1 & k_2 \end{bmatrix} \boldsymbol{x} \tag{11.17}$$

となる．【公式 11.4】より閉ループ系の安定条件は行列 $\begin{bmatrix} 0 & 1 \\ k_1 & k_2 \end{bmatrix}$ の固有値の実部が負（安定行列）となることであり，$k_1<0$，$k_2<0$ とすれば閉ループ系は安定となる．

## 11・3　極配置法（pole assignment technique）－その２－

第７章の極配置法―その１―で，特性方程式の根と係数の関係を用いて，指定極からフィードバックゲインを求める方法を示した．本節では，極配置法（pole assignment technique）として線形代数を用いたより一般的な方法論を学ぶ．

時不変システム(11.9)に対する，可制御性と極配置可能性に関する公式を紹介する．

公式 11.8

$(\boldsymbol{A},\boldsymbol{B})$ が可制御

$\boldsymbol{A}+\boldsymbol{BK}$ の固有値を任意に配置する行列 $\boldsymbol{K}$ が存在する．

**【公式 11.8】**

行列 $\boldsymbol{A},\boldsymbol{B}$ について，$(\boldsymbol{A},\boldsymbol{B})$ が可制御であることは，行列 $\boldsymbol{A}+\boldsymbol{BK}$ の固有値を任意に指定した場合にその固有値配置を実現する行列 $\boldsymbol{K}$ が存在するための必要十分条件である．ただし，指定する極に複素数がある場合，共役複素数を含まないと行列 $\boldsymbol{K}$ が実数行列にならないことに注意しておく．

この公式は，可制御なシステム(11.9)に対して状態フィードバック(11.10)によりシステムの閉ループ系(11.11)の極を任意に配置できることを意味している．状態フィードバックによる極配置の手順を図 11.10 に示す．

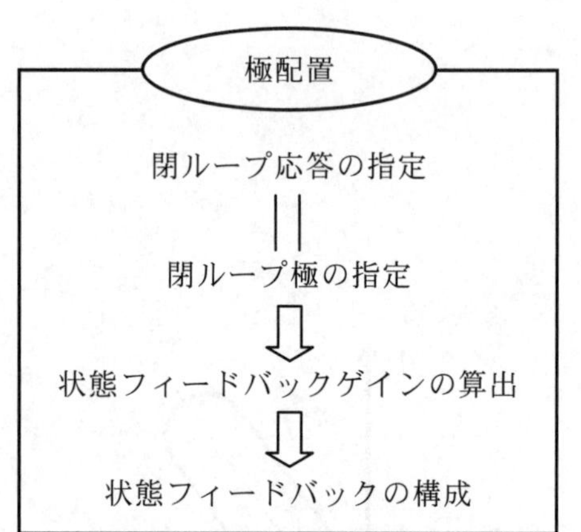


図 11.10　極配置の手順

### 1入力システムの極配置法（pole assignment for single-input system）

可制御な１入力システムに対して，状態フィードバックを用いて閉ループ系の極を指定した極に配置するための状態フィードバックゲインの決定法について説明する．

式(11.9)のシステムが可制御とすると，第 10 章で示したように適当な座標変換により次のような可制御正準形に変換できる．

$$\frac{d}{dt}\begin{bmatrix} x_1(t) \\ x_2(t) \\ \vdots \\ x_{n-1}(t) \\ x_n(t) \end{bmatrix} = \begin{bmatrix} 0 & 1 & 0 & \cdots & 0 & 0 \\ 0 & 0 & 1 & \cdots & 0 & 0 \\ \vdots & \vdots & \vdots & \cdots & & \\ 0 & 0 & 0 & \cdots & 0 & 1 \\ -a_1 & -a_2 & -a_3 & \cdots & -a_{n-1} & -a_n \end{bmatrix} \begin{bmatrix} x_1(t) \\ x_2(t) \\ \vdots \\ x_{n-1}(t) \\ x_n(t) \end{bmatrix} + \begin{bmatrix} 0 \\ 0 \\ \vdots \\ 0 \\ 1 \end{bmatrix} u_1(t) \tag{11.18}$$

このシステム(11.18)に対応する状態フィードバック

$$u_1(t) = k_1x_1(t) + k_2x_2(t) + \cdots + k_{n-1}x_{n-1}(t) + k_nx_n(t) \tag{11.19}$$

の状態フィードバックゲインは以下のように求めることができる．

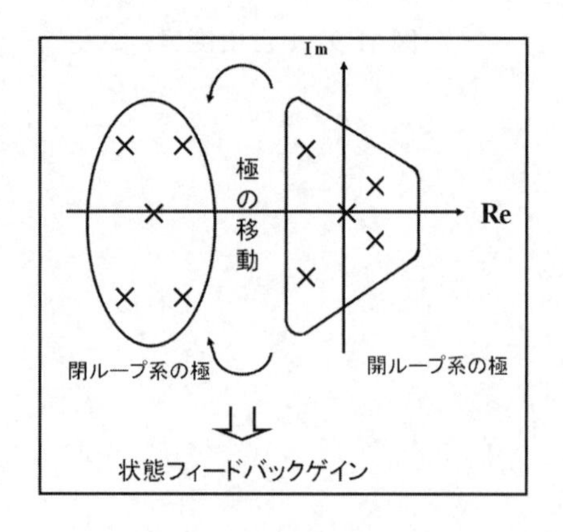


図 11.11　極配置

Step1　配置したい極 $s_1,\cdots,s_n$ を任意に与える．

Step2　閉ループ系の特性方程式の係数 $\beta_1,\cdots,\beta_n$ を求める．

$$(s-s_1)(s-s_2)\cdots(s-s_n) = s^n + \beta_n s^{n-1} + \beta_{n-1}s^{n-2} + \cdots + \beta_2 s + \beta_1 \tag{11.20}$$

Step3　状態フィードバックゲインを計算する．

$$k_i = a_i - \beta_i \qquad (i=1,\cdots,n) \tag{11.21}$$

式(11.18)と式(11.19)より得られる状態フィードバックを行った閉ループ系の特性方程式

$$s^n+(a_n-k_n)s^{n-1}+\cdots+(a_3-k_3)s^2+(a_2-k_2)s+a_1-k_1=0 \qquad (11.22)$$

と式(11.20)の係数比較を行うことにより，式(11.21)を確かめることができる．状態フィードバックにより特性方程式が変わり，図 11.11 のようにシステムの極を移動させせることができる．

次に，可制御正準形を求める必要がなく，より効率的なアッカーマンの方法（Ackermann's algorithm）を紹介する．まず，システムを 1 入力線形時不変システムとし，状態フィードバックを

$$\dot{\boldsymbol{x}}=\boldsymbol{Ax}+\boldsymbol{b}u,\quad u=\boldsymbol{kx}$$

とする．このアルゴリズムを以下に示す．

**【公式 11.9】**

Step1　配置したい極 $s_1,\cdots,s_n$ を任意に与える．

Step2　閉ループ系の特性方程式(11.23)の係数 $\beta_1,\cdots,\beta_n$ を求める．

$$(s-s_1)(s-s_2)\cdots(s-s_n)=s^n+\beta_n s^{n-1}+\cdots+\beta_2 s+\beta_1 \qquad (11.23)$$

Step3　可制御行列 $\boldsymbol{U}_c$ を計算する．

Step4　次の式(11.24)に基づいて状態フィードバックゲイン $\boldsymbol{k}$ を計算する．

$$\boldsymbol{k}=-[0\ 0\ \cdots\ 0\ 1]\boldsymbol{U}_c^{-1}(\boldsymbol{A}^n+\beta_n\boldsymbol{A}^{n-1}+\beta_{n-1}\boldsymbol{A}^{n-2}+\cdots+\beta_2\boldsymbol{A}+\beta_1\boldsymbol{I}) \qquad (11.24)$$

ただし，この方法は 1 入力システムに対して有効であるが，多入力システムに対しては適用できないことに注意しておく．

公式 11.9

Step1　極を指定

Step2　式(11.23)の $\beta_1,\cdots,\beta_n$ を求める

Step3　可制御行列 $\boldsymbol{U}_c$ を計算する

Step4　式(11.24)に基づいて状態フィードバックゲイン $\boldsymbol{k}$ を計算する

多入力システムの極配置法*（pole assignment for multivariable inputs system）

多入力システムに対する伝達関数に基づいた極配置法に関する事項を次の公式にまとめておく．

**【公式 11.10】**

線形時不変システム

$$\dot{\boldsymbol{x}}(t)=\boldsymbol{Ax}(t)+\boldsymbol{Bu}(t) \qquad (11.25)$$

において，$(\boldsymbol{A},\boldsymbol{B})$ が可制御であれば，状態フィードバック

$$\boldsymbol{u}(t)=\boldsymbol{Kx}(t)$$

により，閉ループ系

$$\dot{\boldsymbol{x}}(t)=(\boldsymbol{A}+\boldsymbol{BK})\boldsymbol{x}(t)$$

の極を任意に配置する状態フィードバックゲイン行列 $\boldsymbol{K}$ が存在する．また，その逆も正しい．

ただし，1 入力システムの場合には指定した極に対して状態フィードバックゲイン行列は一意に定まるが，多入力システムの場合には一意ではない．多入力システムの極配置法は参考文献を参照されたい．

公式 11.10

$(\boldsymbol{A},\boldsymbol{B})$ が可制御

状態フィードバックによる閉ループ系の極を任意に配置する状態フィードバックゲイン $\boldsymbol{K}$ が存在する．

【例 11.5】11.2 節で考えたスカラーシステム(11.12)に対し，状態フィードバックによる閉ループ系の極を $d$ と指定する場合の状態フィードバックゲインを求めよ．ただし，システムは可制御($b\neq 0$)とする．

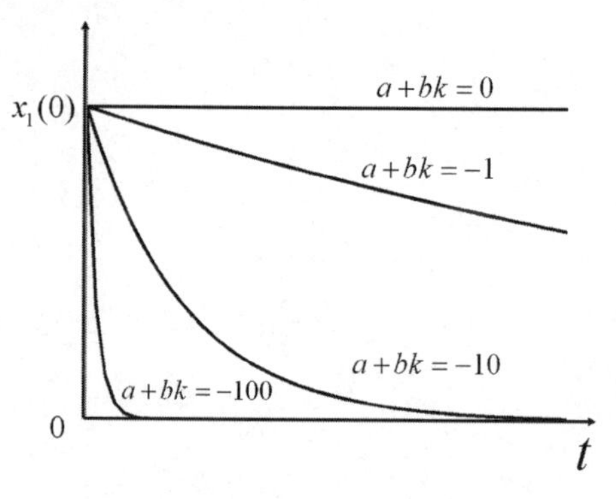


図 11.12 状態の応答

【解 11.5】システム(11.12)の状態フィードバック(11.13)に対する閉ループ系は式(11.14)と表現される．閉ループ極を$d$と指定した場合は$a+bk=d$を満足するように，状態フィードバックゲインを

$$k=\frac{d-a}{b} \tag{11.26}$$

と設定すればよい．$a+bk$を0，$-1$，$-10$，$-100$とした場合の状態$x_1(t)$の応答を図 11.12 に示す．制御の目標は状態$x_1(t)$を0に収束させることであり，その応答は$a+bk$により変化することがわかる．設計者が指定したい応答を閉ループ極$a+bk$を指定することにより決めることができる．

【例 11.6】Design feedback gains when the closed-loop poles are assigned $s_1$ and $s_2$ for the following open-loop system

$$\boldsymbol{A}=\begin{bmatrix} 0 & 1 \\ -a_1 & -a_2 \end{bmatrix},\quad \boldsymbol{b}=\begin{bmatrix} 0 \\ 1 \end{bmatrix}$$

【解 11.6】The closed-loop coefficient matrix is expressed as

$$\boldsymbol{A}+\boldsymbol{bk}=\begin{bmatrix} 0 & 1 \\ -a_1 & -a_2 \end{bmatrix}+\begin{bmatrix} 0 & 0 \\ k_1 & k_2 \end{bmatrix}=\begin{bmatrix} 0 & 1 \\ k_1-a_1 & k_2-a_2 \end{bmatrix}$$

The characteristic equation of the closed-loop system is

$$\det(s\boldsymbol{I}-\boldsymbol{A}-\boldsymbol{bk})=\det\begin{bmatrix} s & -1 \\ -k_1+a_1 & s-k_2+a_2 \end{bmatrix}=s^2+(-k_2+a_2)s-k_1+a_1 =0$$

On the other hand, the characteristic equation of the closed-loop system with the assigned poles $s_1$ and $s_2$ should be $(s-s_1)(s-s_2)=s^2-(s_1+s_2)s+s_1s_2$. Comparing coefficients of the characteristic equations gives $k_1=a_1-s_1s_2$, $k_2=a_2+s_1+s_2$.

【例 11.7】1 自由度アームシステム(11.15)の閉ループ極を$-2$，$-3$と指定した場合の状態フィードバックゲインを，[公式 11.9]のアッカーマンの方法を用いて求めよ．

【解 11.7】1自由度アームの状態方程式(11.15)は

$$\boldsymbol{A}=\begin{bmatrix} 0 & 1 \\ 0 & 0 \end{bmatrix},\quad \boldsymbol{b}=\begin{bmatrix} 0 \\ 1 \end{bmatrix}$$

であり，可制御行列は$\boldsymbol{U}_c=\begin{bmatrix} 0 & 1 \\ 1 & 0 \end{bmatrix}$である．[公式 11.9]において$s_1=-2$，$s_2=-3$であり，閉ループ系の特性方程式は式(11.23)より

$$(s+2)(s+3)=s^2+5s+6$$

である．式(11.24)より

$$\boldsymbol{k}=-\begin{bmatrix} 0 & 1 \end{bmatrix}\boldsymbol{U}_c^{-1}\left(\boldsymbol{A}^2+5\boldsymbol{A}+6\boldsymbol{I}\right)$$

$$=-\begin{bmatrix} 0 & 1 \end{bmatrix}\begin{bmatrix} 0 & 1 \\ 1 & 0 \end{bmatrix}^{-1}\left\{\begin{bmatrix} 0 & 1 \\ 0 & 0 \end{bmatrix}^2+\begin{bmatrix} 0 & 5 \\ 0 & 0 \end{bmatrix}+\begin{bmatrix} 6 & 0 \\ 0 & 6 \end{bmatrix}\right\}=-\begin{bmatrix} 6 & 5 \end{bmatrix}$$

を得る．この結果は，係数比較を用いた場合（例 11.10 で$a_1=a_2=0$）の結

果 $k_1 = -s_1 s_2 = -6$， $k_2 = s_1 + s_2 = -5$ と一致している．

## 11・4　最適フィードバック (optimal feedback)

速応性やエネルギー消費などを考慮した場合に，閉ループ極をどのように配置すればよいかは非常に難しい問題である．このような問題を解決する 1 つの方法に，望ましい目標の指標となる評価関数（cost function）を最小にするように状態フィードバックゲインを決定する方法がある．これが最適フィードバック制御（optimal feedback control）である．

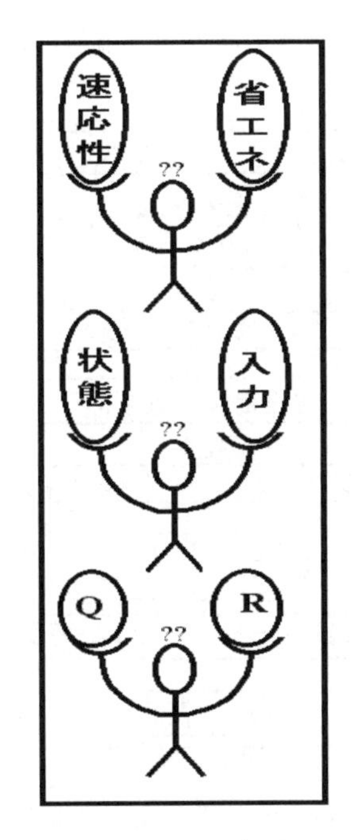

図 11.13　トレードオフ

### 無限時間積分評価による最適レギュレータ（optimal regulator for infinite time integral criterion）

本書では多入力をもつ可制御な $n$ 次元線形時不変システム

$$\dot{\boldsymbol{x}}(t) = \boldsymbol{A}\boldsymbol{x}(t) + \boldsymbol{B}\boldsymbol{u}(t),\ \boldsymbol{x}(0) = \boldsymbol{x}_0 \tag{11.27}$$

において，状態を目標状態である零状態 $(\boldsymbol{x} = 0)$ にすることとエネルギーの消費を少なくすることを目的とし，2 次形式評価関数（quadratic cost function）

$$J = \frac{1}{2}\int_0^\infty (\boldsymbol{x}^T(t)\boldsymbol{Q}\boldsymbol{x}(t) + \boldsymbol{u}^T(t)\boldsymbol{R}\boldsymbol{u}(t))dt \tag{11.28}$$

を定義する．ここで， $\boldsymbol{x}$ は $n$ 次元ベクトル， $\boldsymbol{u}$ は $m$ 次元ベクトル， $\boldsymbol{Q}$ は $n$ 次の対称準正定行列， $\boldsymbol{R}$ は $m$ 次の対称正定行列とする．無限時間積分評価関数(11.28)の被積分項の第 1 項は状態に関する評価の項であり，第 2 項は入力に関する評価の項である．行列 $\boldsymbol{Q}$， $\boldsymbol{R}$ は設計者が設定できる重み行列（weighting matrix）であり，トレードオフ（trade off）の適当な妥協点を与えていると考えることもできる（図 11.13 参照）．

システム(11.27)に対して 2 次形式評価関数(11.28)を最小にするような入力 $\boldsymbol{u}(t)$ を求めようとする最適制御問題（optimal control problem）は線形システム理論の最も標準的な問題の 1 つであり，最適レギュレータ問題（optimal regulator problem）と呼ばれている．この問題に関して以下の公式がよく知られている．

公式 11.11

無限時間最適レギュレータはリッカチ代数方程式(11.30)を満足する対称正定解 $\boldsymbol{P}$ を用いて式(11.29)と与えられる．

**【公式 11.11】**

式(11.27)で与えられる線形システムが可制御のとき， $\boldsymbol{Q}$ を正定とした評価関数(11.28)を最小にする入力は

$$\boldsymbol{u}(t) = -\boldsymbol{R}^{-1}\boldsymbol{B}^T\boldsymbol{P}\boldsymbol{x}(t) \tag{11.29}$$

という状態フィードバックで与えられる．ただし， $\boldsymbol{P}$ はリカッチ代数方程式（algebraic Riccati equation）

$$\boldsymbol{A}^T\boldsymbol{P} + \boldsymbol{P}\boldsymbol{A} + \boldsymbol{Q} - \boldsymbol{P}\boldsymbol{B}\boldsymbol{R}^{-1}\boldsymbol{B}^T\boldsymbol{P} = 0 \tag{11.30}$$

を満たす対称正定行列 $\boldsymbol{P}$ である．このとき，閉ループ系は漸近安定となる．また，このとき評価関数 $J$ の最小値は以下で与えられる．

$$\min J = \frac{1}{2}\boldsymbol{x}_0^T\boldsymbol{P}\boldsymbol{x}_0$$

なお，式(11.28)の評価関数で $\boldsymbol{x}$ の代わりに $\boldsymbol{y} = \boldsymbol{C}\boldsymbol{x}$ が用いられる場合には，式(11.30)において $\boldsymbol{Q}$ を $\boldsymbol{Q} = \boldsymbol{C}^T\boldsymbol{Q}\boldsymbol{C}$ としなければならないことに注意しておく．

また， $\boldsymbol{Q}$ が対称準正定行列である場合には， $\boldsymbol{Q} = \boldsymbol{W}^T\boldsymbol{W}$ と表したときに，

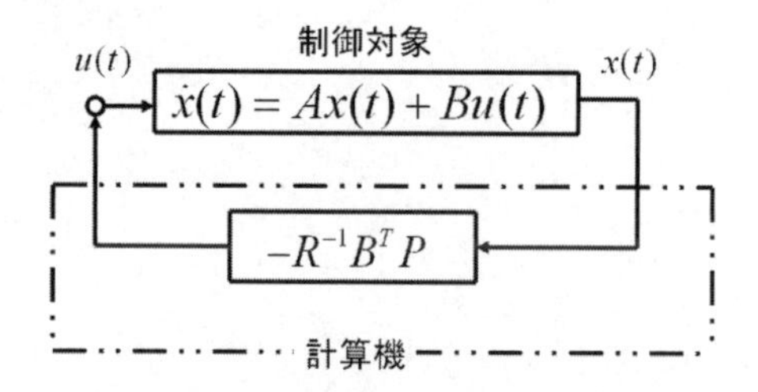


図 11.14 無限時間最適制御の構成

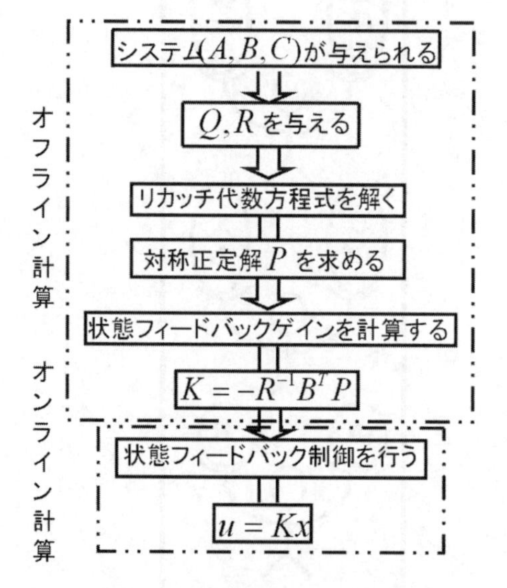


図 11.15 無限時間最適制御則設計アルゴリズム

公式 11.12

1 入力 1 出力システムの無限制御時間最適レギュレータの安定余有

(i) ゲイン余有：1/2 ～ ∞

(ii) 位相余有：少なくとも 60°

$(\boldsymbol{W}, \boldsymbol{A})$ が可観測ならば閉ループ系が漸近安定であることが保証されている.

【公式 11.11】では，状態フィードバック入力を求めるフィードバックゲイン行列が

$$\boldsymbol{K} = -\boldsymbol{R}^{-1}\boldsymbol{B}^T\boldsymbol{P} \tag{11.31}$$

となり時不変となる．したがって，図 11.14 に示すように代数リカッチ方程式(11.30)を解き，オフラインで対称正定な行列 $\boldsymbol{P}$ を求めておけばよく，実際上非常に有用である．無限時間積分評価による最適制御則の設計手順を図 11.15 に示す．なお，リカッチ代数方程式(11.30)の解法については参考文献を参照されたい．

1 入力 1 出力システムに対する無限制御時間最適レギュレータは次の公式のような安定余有をもつことが知られている．

**【公式 11.12】**

1 入力 1 出力システムに対する無限制御時間最適レギュレータは次の安定余有をもつ．（ゲイン余有，位相余有については第 5 章を参照）

(i) ゲイン余有は $1/2$ から $\infty$

(ii) 位相余有は少なくとも $60^\circ$

【例 11.8】2 状態 1 入力の可制御正準系

$$\frac{d}{dt}\begin{bmatrix} x_1(t) \\ x_2(t) \end{bmatrix} = \begin{bmatrix} 0 & 1 \\ -a_1 & -a_2 \end{bmatrix}\begin{bmatrix} x_1(t) \\ x_2(t) \end{bmatrix} + \begin{bmatrix} 0 \\ 1 \end{bmatrix} u_1(t) \tag{11.32}$$

に対して，評価関数

$$J = \int_0^\infty \left\{ \boldsymbol{x}^T(t)\begin{bmatrix} q_1 & 0 \\ 0 & q_2 \end{bmatrix}\boldsymbol{x}(t) + ru_1^2(t) \right\} dt \tag{11.33}$$

を導入した場合の最適制御入力を求めよ．

【解 11.8】まず，リカッチ代数方程式(11.30)の正定対称な解 $\boldsymbol{P}$ を

$$\boldsymbol{P} = \begin{bmatrix} p_{11} & p_{12} \\ p_{12} & p_{22} \end{bmatrix}$$

とすると，式(11.30)，(11.32)，(11.33)より

$$\begin{aligned} &\begin{bmatrix} 0 & -a_1 \\ 1 & -a_2 \end{bmatrix}\begin{bmatrix} p_{11} & p_{12} \\ p_{12} & p_{22} \end{bmatrix} + \begin{bmatrix} p_{11} & p_{12} \\ p_{12} & p_{22} \end{bmatrix}\begin{bmatrix} 0 & 1 \\ -a_1 & -a_2 \end{bmatrix} + \begin{bmatrix} q_1 & 0 \\ 0 & q_2 \end{bmatrix} \\ &\quad - \begin{bmatrix} p_{11} & p_{12} \\ p_{12} & p_{22} \end{bmatrix}\begin{bmatrix} 0 \\ 1 \end{bmatrix}\frac{1}{r}\begin{bmatrix} 0 & 1 \end{bmatrix}\begin{bmatrix} p_{11} & p_{12} \\ p_{12} & p_{22} \end{bmatrix} = 0 \end{aligned} \tag{11.34}$$

を得る．この式を解くと

$$\begin{aligned} p_{12} &= -a_1 r \pm \sqrt{a_1^2 r^2 + rq_1} \\ p_{22} &= -a_2 r \pm \sqrt{a_2^2 r^2 + 2rp_{12} + rq_2} \\ p_{11} &= a_2 p_{12} + a_1 p_{22} + p_{22} p_{12}/r \end{aligned} \tag{11.35}$$

を得る．$\boldsymbol{P}$ が正定であるためには，$p_{11} > 0,\ p_{22} > 0,\ p_{11}p_{22} - p_{12}^2 > 0$ でなければならないので，解は次式となる．

$$p_{12} = -a_1 r + \sqrt{a_1^2 r^2 + r q_1}$$

$$p_{22} = -a_2 r + \sqrt{a_2^2 r^2 + 2r\left(-a_1 r + \sqrt{a_1^2 r^2 + r q_1}\right) + r q_2} \tag{11.36}$$

$$p_{11} = a_2 p_{12} + a_1 p_{22} + p_{22} p_{12} / r$$

したがって，評価関数(11.33)を最小にする最適制御入力は式(11.29)より

$$u_1(t) = -r^{-1}\begin{bmatrix}0 & 1\end{bmatrix} P x = -r^{-1}(p_{12} x_1 + p_{22} x_2)$$

$$= (a_1 - \sqrt{a_1^2 + q_1/r}) x_1 + \left\{a_2 - \sqrt{a_2^2 + 2\left(-a_1 + \sqrt{a_1^2 + q_1/r}\right) + q_2/r}\right\} x_2 \tag{11.37}$$

で与えられる．$a_1$, $a_2$ はシステム固有のパラメータであり，$q_1, q_2 \geq 0, r > 0$ は設計者が自由に設定できるパラメータである．$r$ を大きくしてエネルギー消費に重みをつける（あるいは $q_1, q_2$ を小さくして状態の収束に重みをかけない）と，状態フィードバックゲインのうち $q_1/r, q_2/r$ の項が小さくなり，式(11.37)の極限は

$$u(t) = (a_1 - \sqrt{a_1^2}) x_1 + \left\{a_2 - \sqrt{a_2^2 + 2(-a_1 + \sqrt{a_1^2})}\right\} x_2 \tag{11.38}$$

となる．システムパラメータが $a_1, a_2 > 0$ の場合，すなわち開ループ系が安定な場合には，状態フィードバックゲイン行列が零行列となり何も入力を加えないすなわち消費エネルギーがゼロの制御系が構成される．逆に $r$ を小さくしてエネルギー消費に重みをかけない（あるいは $q_1, q_2$ を大きくして状態の収束に重みをつける）と状態フィードバックゲインは大きくなり，ハイゲインフィードバックとなる．

【例 11.9】 例 11.8 の結果を用い，図 11.9 の 1 自由度アームについて最適制御を設計し，シミュレーションによりその応答を調べよ．

【解 11.9】 1 自由度アームの状態方程式は式(11.15)であり，式(11.32)において $a_1 = a_2 = 0$ としたシステムに等価であり，式(11.33)の評価関数を最小にする最適制御入力(11.37)は

$$u_1(t) = -\sqrt{q_1/r}\, x_1 - \sqrt{2\sqrt{q_1/r} + q_2/r}\, x_2 \tag{11.39}$$

となる．最適制御入力に対する閉ループ系は

$$\frac{d}{dt}\begin{bmatrix} x_1 \\ x_2 \end{bmatrix} = \begin{bmatrix} 0 & 1 \\ -\sqrt{\frac{q_1}{r}} & -\sqrt{2\sqrt{\frac{q_1}{r}} + \frac{q_2}{r}} \end{bmatrix} \begin{bmatrix} x_1 \\ x_2 \end{bmatrix} \tag{11.40}$$

となる．初期状態を $x_1(0) = 2$, $x_2(0) = 0$ と設定し，① $(q_1, q_2, r) = (1,1,1)$ ② $(q_1, q_2, r) = (1,1,100)$ ③ $(q_1, q_2, r) = (100,1,1)$ とした場合のシミュレーション結果を図 11.16 に示す．①を基準に考えると，②は $r$ が 100 倍になっており，速応性よりも消費エネルギーが重要視されている．したがって，状態の収束の速さはそれほど期待できないが省エネが期待でき，図 11.16 の①②を比較するとそれがわかる．また，③は①に比べ $q_1$ が 100 倍になっており，状態 $x_1$ の速応性が重要視されている．したがって，状態 $x_1$ の速い収束が期待できるが，省エネは期待できない．図 11.16 の①③を比較すると③の場合には大きな入力を用いることで状態 $x_1$, $x_2$ ともに速い収束が実現されている．

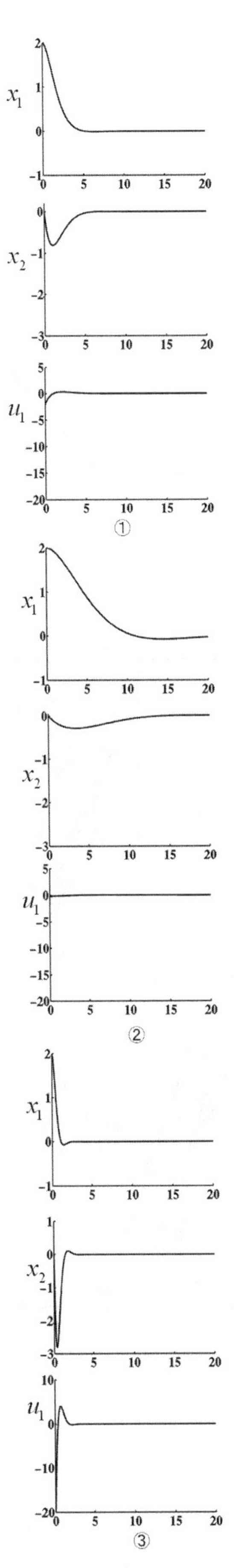


図 11.16　最適制御による閉ループ系の時間応答

## 演習問題

【問題 11.1】Consider a DC motor system shown in Fig.11.17. Assign the state variables as $\boldsymbol{x}=[\theta \quad \dot{\theta} \quad i]^T$. Examine stability of the system with the following coefficient matrix.

$$\boldsymbol{A}=\begin{bmatrix} 0 & 1 & 0 \\ 0 & -2 & 3 \\ 0 & -1 & -6 \end{bmatrix}, \quad \boldsymbol{b}=\begin{bmatrix} 0 \\ 0 \\ 1 \end{bmatrix}, \quad \boldsymbol{c}=\begin{bmatrix} 1 & 0 & 0 \end{bmatrix}$$

Fig.11.17　DC motor

【問題 11.2】図 11.18-a に示す長さ $L$，質量 $M$，慣性モーメント $J$ の均一な剛体の振り子を考える．鉛直真下から測った角度を $\theta$ とすると，運動方程式は

$$\ddot{\theta}+k\sin\theta=0, \quad k=M\boldsymbol{g}L/(2J)$$

となる．状態変数を $\boldsymbol{x}=[x_1 \quad x_2]^T=[\theta \quad \dot{\theta}]^T$ とする．平衡点は，$\dot{\boldsymbol{x}}=0$ より $\sin x_1=0$，したがって $x_1=n\pi$（$n$ は整数），すなわち真下または真上で静止した状態である．真下(原点)の安定性を，次のリアプノフ関数で調べよ．

$$V(\boldsymbol{x})=\frac{x_2^2}{2}+k(1-\cos x_1)$$

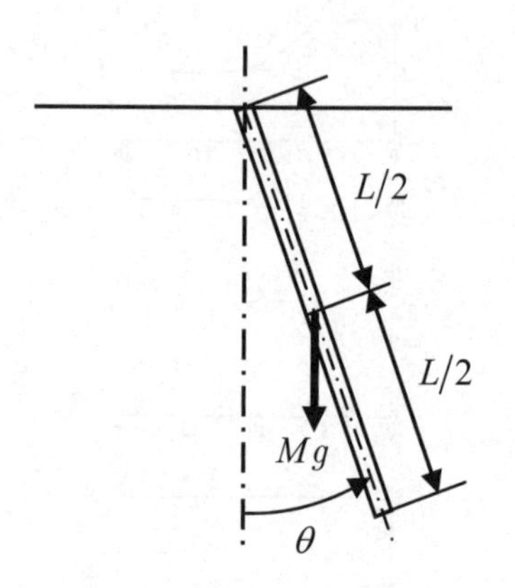


図 11.18-a　剛体振り子

【問題 11.3】Assuming that $\theta$ is small enough, obtain the linearized state equation of the system described in Problem 11.2 in the neighborhood of the origin and examine stability of the system.

【問題 11.4】問題 11.2 では真上で静止した状態も平衡点であった．この平衡点近傍で線形化して，安定性を判別せよ（図 11.18 -b 参照）．

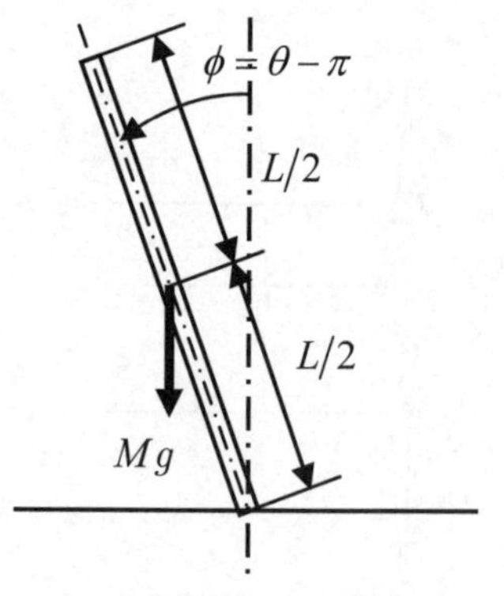


図 11.18-b　倒立振り子

【問題 11.5】Consider state feedback $u=k_1x_1+k_2x_2$ for the following single-input system. Determine the condition on $k_1$ and $k_2$ such that the closed-loop system is stable.

（1）$\boldsymbol{A}=\begin{bmatrix} 2 & 0 \\ 1 & 3 \end{bmatrix}, \quad \boldsymbol{b}=\begin{bmatrix} 1 \\ 0 \end{bmatrix}$　　（2）$\boldsymbol{A}=\begin{bmatrix} 2 & 0 \\ 1 & 3 \end{bmatrix}, \quad \boldsymbol{b}=\begin{bmatrix} 0 \\ 1 \end{bmatrix}$

【問題 11.6】Consider the system with the coefficient

$$\boldsymbol{A}=\begin{bmatrix} 0 & 1 \\ -a_1 & -a_2 \end{bmatrix}, \quad \boldsymbol{b}=\begin{bmatrix} 0 \\ 1 \end{bmatrix}$$

Design state feedback gains that assigns the closed-loop poles $s_1, s_2$ in the following cases.

（1）$(s_1, s_2)=(-1,-2)$　　（2）$(s_1, s_2)=(-1+j,-1-j)$

（3）$(s_1, s_2)=(-1+j,-1-2j)$

【問題 11.7】負荷付きの直流モータ（図 11.17）の係数行列が次のように得られたとき，指定した閉ループ極となる状態フィードバックゲインを求めよ．

$$A=\begin{bmatrix}0 & 1 & 0\\ 0 & -2 & 3\\ 0 & -1 & -6\end{bmatrix},\quad b=\begin{bmatrix}0\\0\\1\end{bmatrix},\quad c=\begin{bmatrix}1 & 0 & 0\end{bmatrix}$$

（1）$(s_1, s_2, s_3)=(-1,-2,-3)$　　（2）$(s_1, s_2, s_3)=(-1,-1+j,-1-j)$

【問題 11.8】 Consider the two tank system with single input. Examine controllability of the system. If the system is controllable, design state feedback gains when the closed-loop poles are assigned as $s_1$ and $s_2$ .

（1）$A=\begin{bmatrix}-4 & 0\\ 2 & -3\end{bmatrix},\quad b=\begin{bmatrix}1\\0\end{bmatrix}$　　（2）$A=\begin{bmatrix}-4 & 0\\ 2 & -3\end{bmatrix},\quad b=\begin{bmatrix}0\\1\end{bmatrix}$

（3）$A=\begin{bmatrix}-4 & 1\\ 2 & -3\end{bmatrix},\quad b=\begin{bmatrix}1\\0\end{bmatrix}$　　（4）$A=\begin{bmatrix}-4 & 1\\ 2 & -3\end{bmatrix},\quad b=\begin{bmatrix}0\\1\end{bmatrix}$

【問題 11.9】* 次の係数行列を持つ２入力の２つのタンク水位系において，閉ループ極を $s_1, s_2$ とする状態フィードバックゲインが満たす条件を求めよ．

（1）$A=\begin{bmatrix}-4 & 0\\ 2 & -3\end{bmatrix},\quad B=\begin{bmatrix}1 & 0\\ 0 & 1\end{bmatrix}$　　（2）$A=\begin{bmatrix}-4 & 1\\ 2 & -3\end{bmatrix},\quad B=\begin{bmatrix}1 & 0\\ 0 & 1\end{bmatrix}$

【問題 11.10】問題 11.4 で扱った倒立振り子の安定化制御を考える．線形化された状態方程式の係数行列が次のように得られたとする．

$$A=\begin{bmatrix}0 & 1\\ 2 & 0\end{bmatrix},\quad b=\begin{bmatrix}0\\1\end{bmatrix}$$

以下のような重み $q_1, q_2, r$ に対して，評価関数(11.33)を最小化する最適制御入力を求めよ．また，それぞれの場合の閉ループ極を求め，閉ループ系が安定であることを確かめよ．

（1）$(q_1, q_2, r)=(1,1,1)$　　（2）$(q_1, q_2, r)=(1,1,100)$

（3）$(q_1, q_2, r)=(100,1,1)$　　（4）$(q_1, q_2, r)=(100,100,1)$

また，重み $r$ を大きくすると，制御入力 $u$ と閉ループ系の極はどうなるか？

【問題 11.11】* Consider the single-input two tank system with the coefficient

$$A=\begin{bmatrix}-4 & 0\\ 2 & -3\end{bmatrix},\quad b=\begin{bmatrix}1\\0\end{bmatrix}$$

Design an optimal state feedback controller which minimizes the cost function (11.33) for the following conditions, obtain the poles of the closed-loop system and examine stability of the closed-loop system.

（1）$(q_1, q_2, r)=(1,1,1)$　　（2）$(q_1, q_2, r)=(1,1,100)$

（3）$(q_1, q_2, r)=(100,1,1)$　　（4）$(q_1, q_2, r)=(100,100,1)$

Discuss the effect of an increase in the weight $r$ .

# 第 12 章

# 状態観測と制御

## State Observer and Control

### 12・1 状態観測器 (state observer)

#### 同一次元状態オブザーバ（identity observer）

図 12.1 に示すように制御対象において設計者が操作できる量は入力 $\boldsymbol{u}$ であり，知ることができる情報は出力 $\boldsymbol{y}$ である．設計者が知り得る情報である入力 $\boldsymbol{u}$ と出力 $\boldsymbol{y}$ を用いて状態 $\boldsymbol{x}$ を推定する手法について説明する．

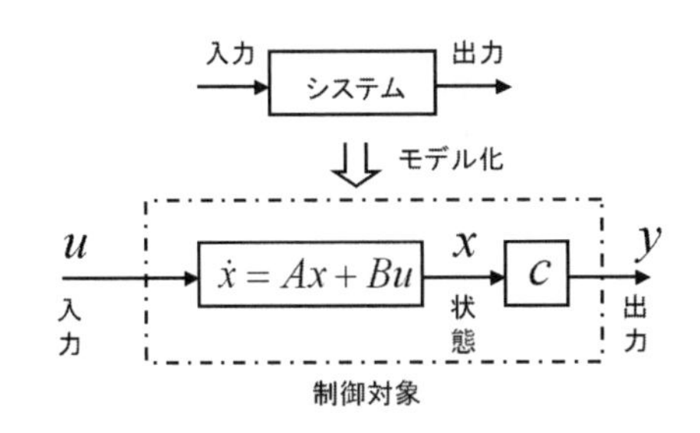


図 12.1 システムと状態

線形時不変システム

$$\begin{aligned} \dot{\boldsymbol{x}}(t) &= \boldsymbol{A}\boldsymbol{x}(t) + \boldsymbol{B}\boldsymbol{u}(t), \quad \boldsymbol{x}(0) = \boldsymbol{x}_0 \\ \boldsymbol{y}(t) &= \boldsymbol{C}\boldsymbol{x}(t) \end{aligned} \tag{12.1}$$

について考える．ここで，$\boldsymbol{x}$ は $n$ 次元実数ベクトル，$\boldsymbol{u}$ は $m$ 次元実数ベクトル，$\boldsymbol{y}$ は $r$ 次元実数ベクトルとする．状態 $\boldsymbol{x}(t)$ の推定量を $\boldsymbol{z}(t)$ とする．ここで，状態 $\boldsymbol{x}(t)$ とその推定量は同じ次元であり，$\boldsymbol{z}(t)$ は $n$ 次元実数ベクトルとなる．

状態観測器（state observer）に関する公式を示す．

公式 12.1

$(\boldsymbol{A},\boldsymbol{C})$ が可観測

$\boldsymbol{A}-\boldsymbol{G}\boldsymbol{C}$ の固有値を任意に配置する行列 $\boldsymbol{G}$ が存在する．

【公式 12.1】

行列 $\boldsymbol{A}$，$\boldsymbol{C}$ について $(\boldsymbol{A},\boldsymbol{C})$ が可観測であることは，行列 $\boldsymbol{A}-\boldsymbol{G}\boldsymbol{C}$ の固有値を任意に指定した場合にその固有値配置を実現する行列 $\boldsymbol{G}$ が存在するための必要十分条件である．

公式 12.2

$(\boldsymbol{A},\boldsymbol{C})$ が可観測

オブザーバの極を任意に配置するオブザーバゲイン $\boldsymbol{G}$ が存在する．

【公式 12.2】

線形時不変システム

$$\dot{\boldsymbol{x}}(t) = \boldsymbol{A}\boldsymbol{x}(t) + \boldsymbol{B}\boldsymbol{u}(t), \quad \boldsymbol{y}(t) = \boldsymbol{C}\boldsymbol{x}(t) \tag{12.2}$$

において $(\boldsymbol{A},\boldsymbol{C})$ が可観測であれば，状態 $\boldsymbol{x}(t)$ を推定する同一次元状態オブザーバは

$$\dot{\boldsymbol{z}}(t) = \boldsymbol{A}\boldsymbol{z}(t) + \boldsymbol{B}\boldsymbol{u}(t) + \boldsymbol{G}(\boldsymbol{y}(t) - \boldsymbol{C}\boldsymbol{z}(t)) \tag{12.3}$$

と構成される．$\boldsymbol{A}-\boldsymbol{G}\boldsymbol{C}$ の固有値を任意に配置するオブザーバゲイン行列 $\boldsymbol{G}$ が存在する．また，その逆も正しい．

これらの公式は，11.3 節で紹介した【公式 11.8】の可制御性と極配置可能性についての公式と状態フィードバック　コントローラに関する【公式 11.10】と双対（dual）をなしている公式である．

微分方程式(12.3)を状態観測器（オブザーバ）とよび，$\boldsymbol{G}$ はオブザーバゲイン行列（observer gain matrix）という．特に，式(12.3)のオブザーバはシステムの次数と同じなので同一次元状態オブザーバ（identity observer）と呼ぶ．オブザーバのブロック図を図 12.2 に示す．

状態量と推定値の偏差 $\boldsymbol{\varepsilon}(t)=\boldsymbol{x}(t)-\boldsymbol{z}(t)$ は式(12.1)，(12.3)を用いると

$$\dot{\boldsymbol{\varepsilon}}(t)=(\boldsymbol{A}-\boldsymbol{GC})\boldsymbol{\varepsilon}(t) \tag{12.4}$$

となるので，

$$\boldsymbol{\varepsilon}(t)=e^{(\boldsymbol{A}-\boldsymbol{GC})t}\boldsymbol{\varepsilon}(0) \tag{12.5}$$

となる．【公式 12.1】で説明したように，$(\boldsymbol{A},\boldsymbol{C})$ が可観測であれば，行列 $\boldsymbol{G}$ を適当に選ぶことにより，任意の初期推定誤差 $\boldsymbol{\varepsilon}(0)$ に対して推定誤差 $\boldsymbol{\varepsilon}(t)$ を指定した収束速度でゼロにすることが可能となる．

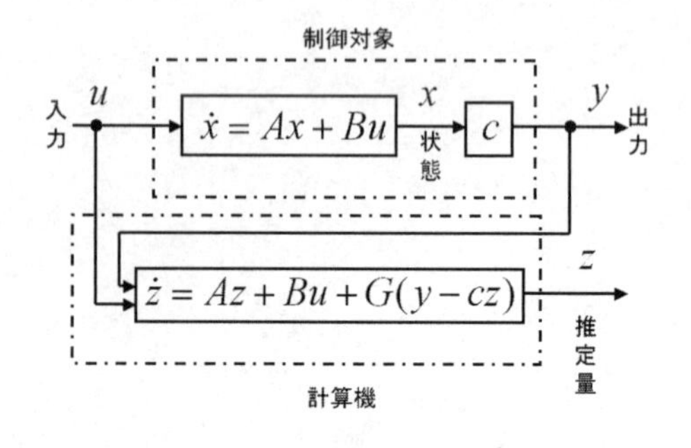


図 12.2　状態観測器（オブザーバ）のブロック図

最小次元状態オブザーバ*（minimal order observer）

上述の同一次元オブザーバでは状態 $\boldsymbol{x}(t)$ とその推定量 $\boldsymbol{z}(t)$ は同じ次元であった．出力 $\boldsymbol{y}(t)$ によって得られる成分を考慮することにより，可能な限り次元の低い状態オブザーバ，つまり最小次元状態オブザーバ（minimal order observer）を構成することが可能となる．

公式 12.3
最小次元状態オブザーバの構成アルゴリズム
Step1　システム変換(12.6)
Step2　システム行列の分解(12.7)
Step3　オブザーバゲイン $\boldsymbol{L}$ の決定
Step4　オブザーバの構成(12.8)

**【公式 12.3】**

可観測な線形時不変システムに対する最小次元状態オブザーバの構成のアルゴリズムは

Step1　$\boldsymbol{C}$ の行ベクトルとは独立な $n-r$ 個の行ベクトルを任意に選んで $(n-r)\times n$ 行列 $\boldsymbol{C}_0$ を作る．これを用いて $n$ 次元正則行列 $\boldsymbol{S}=\begin{bmatrix}\boldsymbol{C}\\ \boldsymbol{C}_0\end{bmatrix}$ を作り，$\bar{\boldsymbol{x}}(t)=\boldsymbol{Sx}(t)$ として，システム(12.2)を次のように変換する．

$$\dot{\bar{\boldsymbol{x}}}(t)=\bar{\boldsymbol{A}}\bar{\boldsymbol{x}}(t)+\bar{\boldsymbol{B}}\boldsymbol{u}(t),\ \ \boldsymbol{y}(t)=\bar{\boldsymbol{C}}\bar{\boldsymbol{x}}(t) \tag{12.6}$$

ただし，$\bar{\boldsymbol{A}}=\boldsymbol{SAS}^{-1}$，$\bar{\boldsymbol{B}}=\boldsymbol{SB}$，$\bar{\boldsymbol{C}}=\boldsymbol{CS}^{-1}$

Step2　行列 $\boldsymbol{A}$，$\boldsymbol{B}$ を次のように分割する．

$$\bar{\boldsymbol{x}}(t)=\begin{bmatrix}\boldsymbol{y}(t)\\ \boldsymbol{w}(t)\end{bmatrix}\begin{matrix}\}r\\ \}n-r\end{matrix}$$

$$\bar{\boldsymbol{A}}=\underbrace{}_{r}\!\!\begin{bmatrix}\boldsymbol{A}_{11} & \boldsymbol{A}_{12}\\ \boldsymbol{A}_{21} & \boldsymbol{A}_{22}\end{bmatrix}\begin{matrix}\}r\\ \}n-r\end{matrix},\ \ \bar{\boldsymbol{B}}=\begin{bmatrix}\boldsymbol{B}_1\\ \boldsymbol{B}_2\end{bmatrix}\begin{matrix}\}r\\ \}n-r\end{matrix} \tag{12.7}$$

（列の分割：$r$，$n-r$）

Step3　行列 $\boldsymbol{A}_{22}-\boldsymbol{LA}_{12}$ の固有値が指定された値をとるようにオブザーバゲイン行列 $\boldsymbol{L}$ を定める．

Step4　次の式(12.8)のオブザーバの各行列を求める．

$$\begin{aligned}\dot{\boldsymbol{z}}(t)=&\left(\boldsymbol{A}_{22}-\boldsymbol{LA}_{12}\right)\boldsymbol{z}(t)+\left(\boldsymbol{B}_2-\boldsymbol{LB}_1\right)\boldsymbol{u}(t)\\ &+\left\{\left(\boldsymbol{A}_{21}-\boldsymbol{LA}_{11}\right)+\left(\boldsymbol{A}_{22}-\boldsymbol{LA}_{12}\right)\boldsymbol{L}\right\}\boldsymbol{y}(t)\end{aligned} \tag{12.8}$$

微分方程式(12.8)の解 $\boldsymbol{z}(t)$ を数値的に求め，出力の情報 $\boldsymbol{y}(t)$ を用い，$\boldsymbol{w}(t)$ の推定値を $\hat{\boldsymbol{w}}(t)=\boldsymbol{z}(t)+\boldsymbol{Ly}(t)$ とすると，状態 $\boldsymbol{x}(t)$ の推定値 $\hat{\boldsymbol{x}}(t)$ は，

$$\hat{\boldsymbol{x}}(t)=\boldsymbol{S}^{-1}\begin{bmatrix}\boldsymbol{y}(t)\\ \hat{\boldsymbol{w}}(t)\end{bmatrix}=\boldsymbol{S}^{-1}\begin{bmatrix}\boldsymbol{y}(t)\\ \boldsymbol{z}(t)+\boldsymbol{Ly}(t)\end{bmatrix} \tag{12.9}$$

と得られる．

推定誤差を $\boldsymbol{\xi}(t)=\boldsymbol{w}(t)-\hat{\boldsymbol{w}}(t)$ とおくと，推定誤差方程式は

$$\dot{\boldsymbol{\xi}}(t)=(\boldsymbol{A}_{22}-\boldsymbol{LA}_{12})\boldsymbol{\xi}(t) \tag{12.10}$$

となる．$(\boldsymbol{A},\boldsymbol{C})$ が可観測ならば $(\boldsymbol{A}_{22},\boldsymbol{A}_{12})$ も可観測であるので，オブザーバゲイン行列 $\boldsymbol{L}$ を適当に選べば $\boldsymbol{A}_{22}-\boldsymbol{LA}_{12}$ の極を任意に配置できることがわかる．

現実には，最小次元状態オブザーバを用いず，同一次元状態オブザーバを用いる傾向がある．その理由は，同一次元状態オブザーバは状態を推定する機能だけでなく，観測できる成分に対するノイズ除去フィルターとしての機能をも備えているからである．

【例 12.1】システム行列

$$A=\begin{bmatrix}0 & 1\\ 0 & 0\end{bmatrix},\ C=\begin{bmatrix}1 & 0\end{bmatrix}$$

をもつシステムの可観測性を調べ，可観測ならば $A-GC$ の固有値を $s_1, s_2$ に配置する行列 $G$ を求めよ．

【解 12.1】可観測行列は

$$U_o=\begin{bmatrix}C\\ CA\end{bmatrix}=\begin{bmatrix}1 & 0\\ 0 & 1\end{bmatrix}$$

となり rank は 2 であり，システムは可観測である（第 10 章参照）．したがって，$A-GC$ の極配置が可能である．行列 $G$ を $G=[g_1 \quad g_2]^T$ とすると

$$A-GC=\begin{bmatrix}0 & 1\\ 0 & 0\end{bmatrix}-\begin{bmatrix}g_1\\ g_2\end{bmatrix}\begin{bmatrix}1 & 0\end{bmatrix}=\begin{bmatrix}-g_1 & 1\\ -g_2 & 0\end{bmatrix}$$

となる．$A-GC$ の固有値は

$$\det\begin{bmatrix}s+g_1 & -1\\ g_2 & s\end{bmatrix}=s^2+g_1s+g_2=0 \qquad (12.11)$$

を満足する．一方，$s_1, s_2$ を固有値とする特性方程式は

$$(s-s_1)(s-s_2)=s^2-(s_1+s_2)s+s_1s_2=0 \qquad (12.12)$$

となり，式(12.11)と式(12.12)の係数を比較すると

$$g_1=-(s_1+s_2),\ g_2=s_1s_2$$

を得る．もちろん，極配置法のアッカーマンの方法を用いてもよい．

【例 12.2】図 12.3 に示した 1 自由度アームについて同一次元状態オブザーバの設計を考える．モータの角度 $\theta(t)$ をシステムの出力と考え，システムの状態 $x(t)=[x_1(t) \quad x_2(t)]^T=[\theta(t) \quad \dot{\theta}(t)]^T$ を推定する同一次元状態オブザーバを設計し，オブザーバの極の配置位置に対する推定量の追従速度の変化をシミュレーションにより比較せよ．

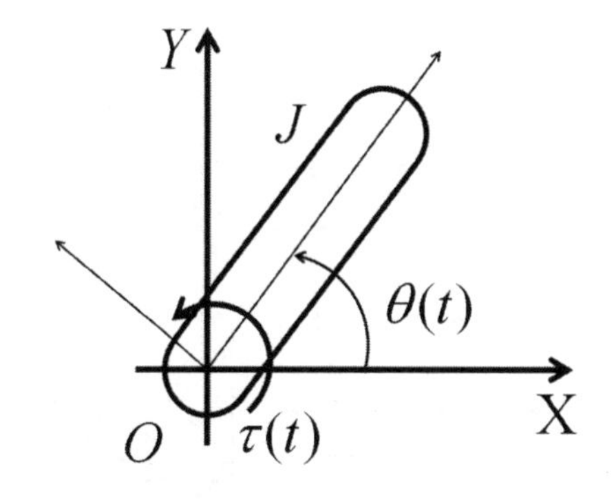


図 12.3　1 自由度アーム

【解 12.2】1 自由度アームのシステムは

$$\dot{x}(t)=Ax(t)+Bu(t),\ y(t)=Cx(t) \qquad (12.13)$$

と表現される．ここで

$$A=\begin{bmatrix}0 & 1\\ 0 & 0\end{bmatrix},\ B=\begin{bmatrix}0\\ 1\end{bmatrix},\ C=\begin{bmatrix}1 & 0\end{bmatrix}$$

である．この場合，例 12.1 の結果からシステムは可観測であることが確かめられる．状態の初期値を $x(0)=[1 \quad 1]^T$，入力を $u(t)=\sin t$ とし，オブザーバの初期値を $z(0)=[1 \quad 1]^T$ とする．例 12.1 の結果を用いれば，$A-GC$ の極を $-2,-3$ と配置するとオブザーバゲインは $G=[5 \quad 6]^T$ となる．この場合の状

態 $\boldsymbol{x}(t)$ とオブザーバ $\boldsymbol{z}(t)$ の応答は図 12.4 のようになり，推定値が状態に追従している様子がわかる．図 12.4 において青色の実線は状態の応答，青色の点線はオブザーバの応答を示している．また，$\boldsymbol{A}-\boldsymbol{GC}$ の極を $-1/2$，$-1$ と配置した場合の $\boldsymbol{z}(t)$ の応答を黒色の点線で示す．これより，配置されたオブザーバの極により，推定量の追従速度が変化していることがわかる．どのように，オブザーバの極を配置しオブザーバゲインを決定するかは重要な問題である．

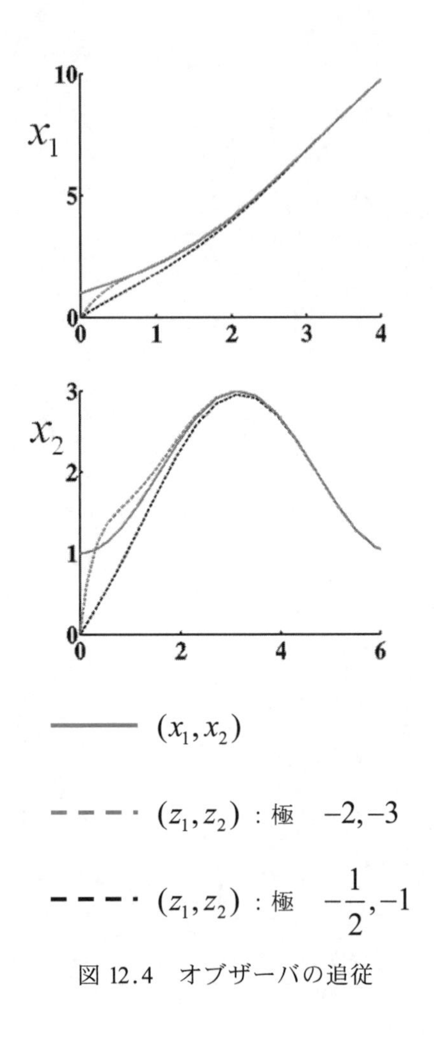


図 12.4　オブザーバの追従

【例 12.3】Design an identity observer with assigned poles at $-4\omega_n$ for an undamped oscillator with the following coefficient matrices:

$$\boldsymbol{A}=\begin{bmatrix}0 & 1\\ -\omega_n^2 & 0\end{bmatrix},\ \boldsymbol{B}=\begin{bmatrix}0\\ 1\end{bmatrix},\ \boldsymbol{C}=\begin{bmatrix}1 & 0\end{bmatrix}$$

where $\omega_n$ is the natural frequency of the oscillator.

【解 12.3】The characteristic equation of the observer is

$$(s+4\omega_n)^2 = s^2+8\omega_n s+16\omega_n^2=0$$

For the observer gain vector $\boldsymbol{G}=[g_1 \quad g_2]^T$, the characteristic equation is

$$s^2+g_1 s+g_2+\omega_n^2=0$$

Comparing coefficients on the left hand sides of these two equations, we find $g_1=8\omega_n$ and $g_2=15\omega_n^2$. Then, for given $\boldsymbol{A}, \boldsymbol{B}, \boldsymbol{C}$ and $\boldsymbol{G}$ above, the designed observer equation is

$$\begin{bmatrix}\dot z_1(t)\\ \dot z_2(t)\end{bmatrix}=\begin{bmatrix}0 & 1\\ -\omega_n^2 & 0\end{bmatrix}\begin{bmatrix}z_1(t)\\ z_2(t)\end{bmatrix}+\begin{bmatrix}0\\ 1\end{bmatrix}u(t)+\begin{bmatrix}8\omega_n\\ 15\omega_n^2\end{bmatrix}\left(x_1(t)-\begin{bmatrix}1 & 0\end{bmatrix}\begin{bmatrix}z_1(t)\\ z_2(t)\end{bmatrix}\right)$$

【例 12.4*】【公式 12.3】を用いて，図 12.3 に示した 1 自由度アームの最小次元状態オブザーバを設計せよ．

【解 12.4】1 自由度アームに対するシステムは式(12.7)において，$\boldsymbol{A}_{11}=\boldsymbol{A}_{21}=\boldsymbol{A}_{22}=0$，$\boldsymbol{A}_{12}=1$，$\boldsymbol{B}_1=0$，$\boldsymbol{B}_2=1$ としたシステムであり，$\boldsymbol{L}=l$ とおけば最小次元状態オブザーバ(12.8)は

$$\dot z(t)=-lz(t)-l^2 y(t)+u(t) \tag{12.14}$$

となる．

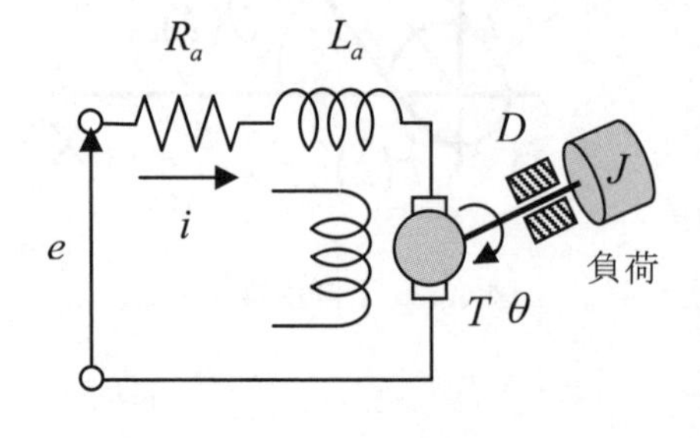


図 12.5　負荷付き直流モータ

【例 12.5*】図 12.5 に示す負荷つき直流モータシステム

$$\boldsymbol{x}=\begin{bmatrix}\theta\\ \dot\theta\\ i\end{bmatrix},\ \boldsymbol{A}=\begin{bmatrix}0 & 1 & 0\\ 0 & -1 & 2\\ 0 & -2 & -6\end{bmatrix},\ \boldsymbol{B}=\begin{bmatrix}0\\ 0\\ 1\end{bmatrix},\ \boldsymbol{C}=\begin{bmatrix}1 & 0 & 0\end{bmatrix}$$

を考える．モータの角度 $\theta$ のみが計測可能である．他の状態であるモータの角速度 $\dot\theta$ とモータの電機子電流 $i$ を推定する，極を $-3$, $-4$ にもつ最小次元状態オブザーバを設計せよ．

【解 12.5】このシステムの可観測行列 $\boldsymbol{U}_o$ は

$$U_o = \begin{bmatrix} 1 & 0 & 0 \\ 0 & 1 & 0 \\ 0 & -1 & 2 \end{bmatrix}$$

となり rank は 3 であるので可観測である．【公式 12.3】に従って最小次元状態オブザーバを設計する．

Step1　$S = \begin{bmatrix} C \\ C_0 \end{bmatrix} = \begin{bmatrix} 1 & 0 & 0 \\ 0 & 1 & 0 \\ 0 & 0 & 1 \end{bmatrix}$

となるように選ぶと，$|s| = 1 \neq 0$ である．

Step2　よって

$$\bar{x} = Sx = \begin{bmatrix} \theta \\ \dot{\theta} \\ i \end{bmatrix}, \quad \bar{A} = SAS^{-1} = A = \left[\begin{array}{c|cc} 0 & 1 & 0 \\ \hline 0 & -1 & 2 \\ 0 & -2 & -6 \end{array}\right],$$

$$\bar{B} = SB = B = \begin{bmatrix} 0 \\ \hline 0 \\ 1 \end{bmatrix}, \quad \bar{C} = CS^{-1} = C = \begin{bmatrix} 1 & 0 & 0 \end{bmatrix}$$

となる．

Step3　$L = \begin{bmatrix} l_1 \\ l_2 \end{bmatrix}$ として

$$A_{22} - LA_{12} = \begin{bmatrix} -1 & 2 \\ -2 & -6 \end{bmatrix} - \begin{bmatrix} l_1 \\ l_2 \end{bmatrix} \begin{bmatrix} 1 & 0 \end{bmatrix} = \begin{bmatrix} -1-l_1 & 2 \\ -2-l_2 & -6 \end{bmatrix}$$

の固有値を −3, −4 とするには，$L = \begin{bmatrix} 0 \\ 1 \end{bmatrix}$ とすればよい（メモ参照）．

Step3 のメモ

> 極を −3, −4とする特性方程式
>
> $(s+3)(s+4) = s^2 + 7s + 12$
>
> $A_{22} - LA_{12}$ の固有方程式
>
> $\det \begin{bmatrix} s+1+l_1 & -2 \\ 2+l_2 & s+6 \end{bmatrix} = (s+1+l_1)(s+6) + 2(2+l_2)$
> $= s^2 + (7+l_1)s + 10 + 6l_1 + 2l_2$
>
> 係数を比較すると
>
> $7 + l_1 = 7$
>
> $10 + 6l_1 + 2l_2 = 12$
>
> より
>
> $l_1 = 0, \ l_2 = 1$
>
> を得る．

Step4　式(12.8)より

$$A_{21} - LA_{11} + (A_{22} - LA_{12})L = \left( \begin{bmatrix} -1 & 2 \\ -2 & -6 \end{bmatrix} - \begin{bmatrix} 0 \\ 1 \end{bmatrix} \begin{bmatrix} 1 & 0 \end{bmatrix} \right) \begin{bmatrix} 0 \\ 1 \end{bmatrix} = \begin{bmatrix} 2 \\ -6 \end{bmatrix}$$

$$B_2 - LB_1 = \begin{bmatrix} 0 \\ 1 \end{bmatrix}$$

となり，最小次元状態オブザーバは次のようになる．

$$\begin{bmatrix} \dot{z}_1 \\ \dot{z}_2 \end{bmatrix} = \begin{bmatrix} -1 & 2 \\ -3 & -6 \end{bmatrix} \begin{bmatrix} z_1 \\ z_2 \end{bmatrix} + \begin{bmatrix} 2 \\ -6 \end{bmatrix} \theta + \begin{bmatrix} 0 \\ 1 \end{bmatrix} u$$

【例 12.6*】例 12.5 で考えた負荷つき直流モータシステムではモータの角度 $\theta$ のみが計測可能であったが，それに加えモータの電機子電流 $i$ も計測可能であるとした場合のシステム

$$x = \begin{bmatrix} \theta \\ \dot{\theta} \\ i \end{bmatrix}, \ A = \begin{bmatrix} 0 & 1 & 0 \\ 0 & -1 & 2 \\ 0 & -2 & -6 \end{bmatrix}, \ B = \begin{bmatrix} 0 \\ 0 \\ 1 \end{bmatrix}, \ C = \begin{bmatrix} 1 & 0 & 0 \\ 0 & 0 & 1 \end{bmatrix}$$

について，極を −5 とする最小次元状態オブザーバを設計せよ．

【解 12.6】まず，可観測を確認する．可観測行列 $U_o$ は

$$
\boldsymbol{U}_o = \begin{bmatrix} 1 & 0 & 0 \\ 0 & 0 & 1 \\ 0 & 1 & 0 \\ 0 & -2 & -6 \\ 0 & -1 & 2 \\ 0 & 14 & 32 \end{bmatrix}
$$

となり rank は 3 であるので可観測である．【公式 12.3】に従って，最小次元状態オブザーバを設計する．

Step1　$\boldsymbol{C}_0$ の一例として

$$
\boldsymbol{S} = \begin{bmatrix} \boldsymbol{C} \\ \boldsymbol{C}_0 \end{bmatrix} = \begin{bmatrix} 1 & 0 & 0 \\ 0 & 0 & 1 \\ 0 & 1 & 0 \end{bmatrix}
$$

となるように選ぶと $|s| = -1 \neq 0$ である．

Step2　よって，

$$
\bar{\boldsymbol{x}} = \boldsymbol{S}\boldsymbol{x} = \begin{bmatrix} 1 & 0 & 0 \\ 0 & 0 & 1 \\ 0 & 1 & 0 \end{bmatrix} \begin{bmatrix} \theta \\ \dot{\theta} \\ i \end{bmatrix} = \begin{bmatrix} \theta \\ i \\ \dot{\theta} \end{bmatrix}
$$

$$
\bar{\boldsymbol{A}} = \boldsymbol{S}\boldsymbol{A}\boldsymbol{S}^{-1} = \begin{bmatrix} 1 & 0 & 0 \\ 0 & 0 & 1 \\ 0 & 1 & 0 \end{bmatrix} \begin{bmatrix} 0 & 1 & 0 \\ 0 & -1 & 2 \\ 0 & -2 & -6 \end{bmatrix} \begin{bmatrix} 1 & 0 & 0 \\ 0 & 0 & 1 \\ 0 & 1 & 0 \end{bmatrix} = \left[\begin{array}{cc|c} 0 & 0 & 1 \\ 0 & -6 & -2 \\ \hline 0 & 2 & -1 \end{array}\right]
$$

$$
\bar{\boldsymbol{B}} = \boldsymbol{S}\boldsymbol{B} = \begin{bmatrix} 1 & 0 & 0 \\ 0 & 0 & 1 \\ 0 & 1 & 0 \end{bmatrix} \begin{bmatrix} 0 \\ 0 \\ 1 \end{bmatrix} = \left[\begin{array}{c} 0 \\ 1 \\ \hline 0 \end{array}\right]
$$

$$
\bar{\boldsymbol{C}} = \boldsymbol{C}\boldsymbol{S}^{-1} = \begin{bmatrix} 1 & 0 & 0 \\ 0 & 0 & 1 \end{bmatrix} \begin{bmatrix} 1 & 0 & 0 \\ 0 & 0 & 1 \\ 0 & 1 & 0 \end{bmatrix} = \begin{bmatrix} 1 & 0 & 0 \\ 0 & 1 & 0 \end{bmatrix}
$$

となる．

Step3　$\boldsymbol{L} = \begin{bmatrix} l_1 & l_2 \end{bmatrix}$ として

$$
\boldsymbol{A}_{22} - \boldsymbol{L}\boldsymbol{A}_{12} = -1 - \begin{bmatrix} l_1 & l_2 \end{bmatrix} \begin{bmatrix} 1 \\ -2 \end{bmatrix} = -1 - l_1 + 2l_2
$$

の固有値を $-5$ とするには例えば $\boldsymbol{L} = \begin{bmatrix} 2 & -1 \end{bmatrix}$ とすればよい．

Step4　式(12.8)より

$$
\begin{aligned}
\boldsymbol{A}_{21} - \boldsymbol{L}\boldsymbol{A}_{11} + (\boldsymbol{A}_{22} - \boldsymbol{L}\boldsymbol{A}_{12})\boldsymbol{L} &= \begin{bmatrix} 0 & 2 \end{bmatrix} - \begin{bmatrix} 2 & -1 \end{bmatrix} \begin{bmatrix} 0 & 0 \\ 0 & -6 \end{bmatrix} - 5\begin{bmatrix} 2 & -1 \end{bmatrix} \\
&= \begin{bmatrix} -10 & 1 \end{bmatrix}
\end{aligned}
$$

$$
\boldsymbol{B}_2 - \boldsymbol{L}\boldsymbol{B}_1 = 0 - \begin{bmatrix} 2 & -1 \end{bmatrix} \begin{bmatrix} 0 \\ 1 \end{bmatrix} = 1
$$

となり，最小次元状態オブザーバは

$$
\dot{z} = -5z + \begin{bmatrix} -10 & 1 \end{bmatrix} \begin{bmatrix} \theta \\ i \end{bmatrix} + u
$$

とスカラーになる．

## 12・2 状態観測器に基づく制御 (observer-based control)

状態が直接計測できない場合でも，オブザーバを構成し，その出力である状態推定値と最適レギュレータによって得られた最適フィードバックゲインを用いて，図 12.6 のように構成すれば，閉ループ系を安定化できる．

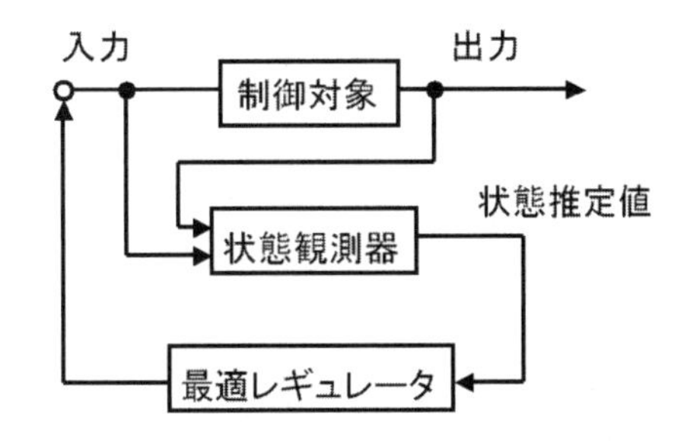


図 12.6 オブザーバ　コントローラ

【公式 12.4】

線形時不変システム

$$\dot{\boldsymbol{x}}(t)=\boldsymbol{A}\boldsymbol{x}(t)+\boldsymbol{B}\boldsymbol{u}(t),\ \ \boldsymbol{y}(t)=\boldsymbol{C}\boldsymbol{x}(t) \tag{12.15}$$

が可制御かつ可観測であるとする．オブザーバ　コントローラは

$$\begin{aligned}&\dot{\boldsymbol{z}}(t)=\left(\boldsymbol{A}-\boldsymbol{G}\boldsymbol{C}\right)\boldsymbol{z}(t)+\boldsymbol{B}\boldsymbol{u}(t)+\boldsymbol{G}\boldsymbol{y}(t),\quad \boldsymbol{z}(0)=\boldsymbol{z}_0\\&\boldsymbol{u}(t)=\boldsymbol{K}\boldsymbol{z}(t)\end{aligned} \tag{12.16}$$

と構成される．フィードバックゲイン $\boldsymbol{K}$ とオブザーバゲイン $\boldsymbol{G}$ をそれぞれ $\boldsymbol{A}+\boldsymbol{B}\boldsymbol{K}$ と $\boldsymbol{A}-\boldsymbol{G}\boldsymbol{C}$ が安定行列となるように設定すれば，閉ループ系の安定性

$$\begin{aligned}&\boldsymbol{x}(t)\to 0,\quad \boldsymbol{x}(t)-\boldsymbol{z}(t)\to 0,\\&\dot{\boldsymbol{x}}(t)\to 0,\quad \dot{\boldsymbol{x}}(t)-\dot{\boldsymbol{z}}(t)\to 0\qquad (t\to\infty)\end{aligned}$$

が保証される．

公式 12.4

オブザーバ　コントローラ

システムが可制御かつ可観測

状態を推定しながら最適フィードバックを行う，オブザーバ　コントローラ(12.16)が構成できる．

式(12.15)，(12.16)をまとめると拡大系

$$\begin{bmatrix}\dot{\boldsymbol{x}}(t)\\ \dot{\boldsymbol{x}}(t)-\dot{\boldsymbol{z}}(t)\end{bmatrix}=\begin{bmatrix}\boldsymbol{A}+\boldsymbol{B}\boldsymbol{K} & -\boldsymbol{B}\boldsymbol{K}\\ \boldsymbol{0} & \boldsymbol{A}-\boldsymbol{G}\boldsymbol{C}\end{bmatrix}\begin{bmatrix}\boldsymbol{x}(t)\\ \boldsymbol{x}(t)-\boldsymbol{z}(t)\end{bmatrix} \tag{12.17}$$

を得る．拡大系の特性方程式は

$$\begin{vmatrix}s\boldsymbol{I}-(\boldsymbol{A}+\boldsymbol{B}\boldsymbol{K}) & \boldsymbol{B}\boldsymbol{K}\\ \boldsymbol{0} & s\boldsymbol{I}-(\boldsymbol{A}-\boldsymbol{G}\boldsymbol{C})\end{vmatrix}=\left|s\boldsymbol{I}-\boldsymbol{A}-\boldsymbol{B}\boldsymbol{K}\right|\cdot\left|s\boldsymbol{I}-\boldsymbol{A}+\boldsymbol{G}\boldsymbol{C}\right|=0 \tag{12.18}$$

となり，拡大系の極は $\boldsymbol{A}+\boldsymbol{B}\boldsymbol{K}$ と $\boldsymbol{A}-\boldsymbol{G}\boldsymbol{C}$ の極と同じである．行列 $\boldsymbol{K}$ は最適レギュレータにより得られた最適フィードバックゲインであるので $(\boldsymbol{A}+\boldsymbol{B}\boldsymbol{K})$ は安定行列になることが保証されている．また，$(\boldsymbol{A},\boldsymbol{C})$ が可観測であるので，$(\boldsymbol{A}-\boldsymbol{G}\boldsymbol{C})$ を安定行列とする $\boldsymbol{G}$ は存在する．したがって，拡大系は安定となり，$\boldsymbol{x}(t)\to 0, \dot{\boldsymbol{x}}(t)\to 0, \boldsymbol{x}(t)-\boldsymbol{z}(t)\to 0, \dot{\boldsymbol{x}}(t)-\dot{\boldsymbol{z}}(t)\to 0\ \ (t\to\infty)$ が保証される．すなわち，オブザーバの出力である状態の推定値が状態に追従し，制御対象の状態は目標であるゼロに収束することがわかる．

さて，最後にレギュレータの極（$\boldsymbol{A}+\boldsymbol{B}\boldsymbol{K}$ の固有値）とオブザーバの極（$\boldsymbol{A}-\boldsymbol{G}\boldsymbol{C}$ の固有値）をいかに選ぶかについて考えてみよう．レギュレータとしての応答が収束する前に状態推定値 $z(t)$ が真値 $x(t)$ に収束していることが望ましい．これがオブザーバによって実現され，それにより有効な制御が行われることを考えれば，一般に，複素平面上でオブザーバの極をレギュレータの極よりの左に設定することが必要である（図 12.7 参照）．

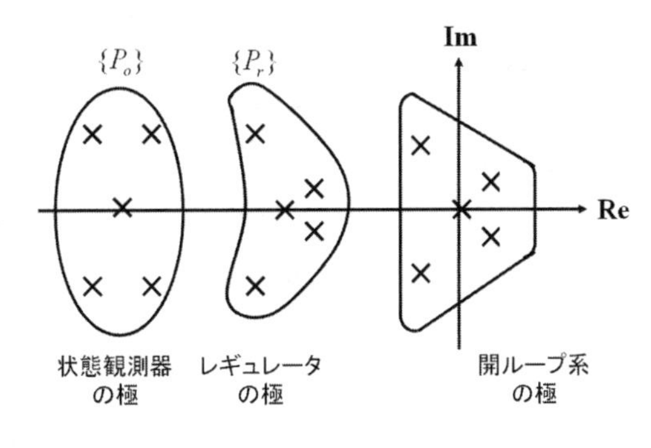


図 12.7 レギュレータの極とオブザーバの極

なお，オブザーバを利用せず，

$$\boldsymbol{u}(t)=\boldsymbol{F}\boldsymbol{y}(t) \tag{12.19}$$

のようなフィードバックをすることも考えられる．この式(12.19)を出力フィードバック（output feedback）という．この場合，システムが可制御かつ可観測であっても，閉ループ系

$$\dot{\boldsymbol{x}}(t)=(\boldsymbol{A}+\boldsymbol{B}\boldsymbol{F}\boldsymbol{C})\boldsymbol{x}(t)$$

の極は必ずしも自由に配置できないことに注意しておく．なぜなら，$\boldsymbol{A}+\boldsymbol{B}\boldsymbol{K}$

の極を任意に配置した場合に，その配置を実現する状態フィードバックゲイン行列を $\boldsymbol{K}$ とすると，出力フィードバックにおいては $\boldsymbol{K}=\boldsymbol{FC}$ でなければならず，与えられた状態フィードバックゲイン行列 $\boldsymbol{K}$ とシステム行列 $\boldsymbol{C}$ に対して，$\boldsymbol{K}=\boldsymbol{FC}$ を満足する $\boldsymbol{F}$ が必ず存在する保証はないからである．したがって，$\boldsymbol{A}+\boldsymbol{BFC}$ の固有値を自由に指定できる保証はないのである．

【例 12.7】例 12.2 では，図 12.3 に示した 1 自由度アームについて同一次元状態オブザーバを設計した．では，そのオブザーバ出力である状態の推定値を用いたオブザーバ　コントローラを設計し，シミュレーションを行ってシステムの挙動を考察せよ．

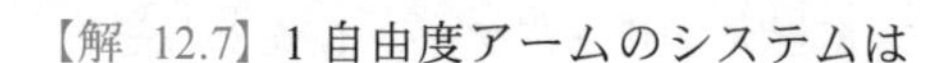

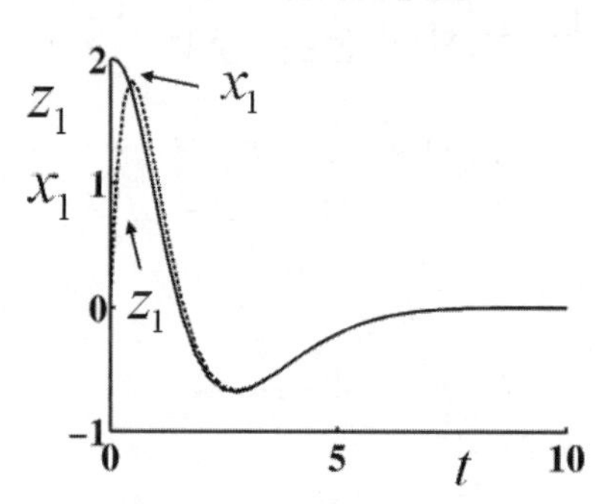


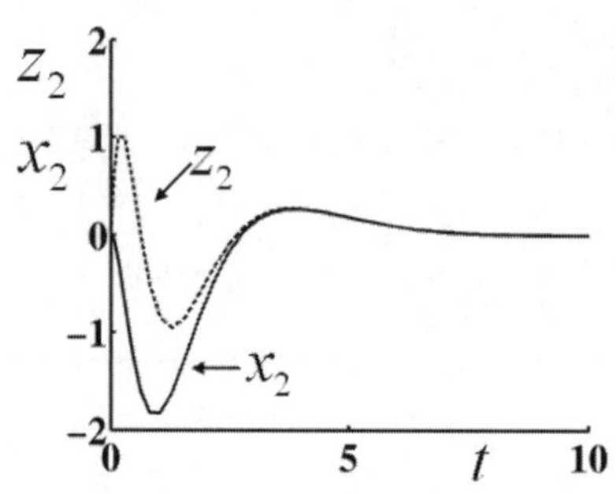


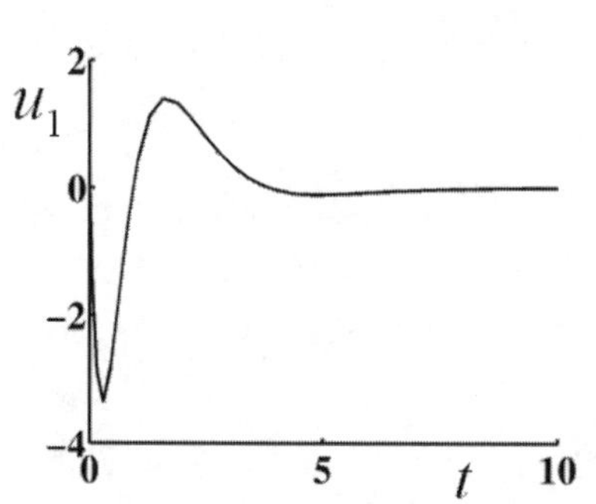


図 12.8　1 自由度アームに対して設計されたオブザーバコントローラに関する時間応答

【解 12.7】1 自由度アームのシステムは

$$\dot{\boldsymbol{x}}(t)=\boldsymbol{Ax}(t)+\boldsymbol{Bu}(t),\ \ \boldsymbol{y}(t)=\boldsymbol{Cx}(t)$$

オブザーバは

$$\dot{\boldsymbol{z}}(t)=\left(\boldsymbol{A}-\boldsymbol{GC}\right)\boldsymbol{z}(t)+\boldsymbol{Bu}(t)+\boldsymbol{Gy}(t)$$

コントローラは最適レギュレータを用いて

$$\boldsymbol{u}(t)=-\boldsymbol{R}^{-1}\boldsymbol{B}^T\boldsymbol{Pz}(t)$$

と設計する．ここで，モータの角度 $x_1(t)=\theta(t)$ のみを計測可能として

$$\boldsymbol{A}=\begin{bmatrix}0 & 1\\ 0 & 0\end{bmatrix},\ \boldsymbol{B}=\begin{bmatrix}0\\ 1\end{bmatrix},\ \boldsymbol{C}=\begin{bmatrix}1 & 0\end{bmatrix}$$

とし，システムの初期状態を $\boldsymbol{x}(0)=[x_1(0)\quad x_2(0)]^T=[2\quad 0]^T$ と設定する．また，オブザーバゲインを $\boldsymbol{A}-\boldsymbol{GC}$ の極が $-2,\ -3$ となるように $[5\quad 6]^T$ とし，オブザーバの初期値を $\boldsymbol{z}(0)=[z_1(0)\quad z_2(0)]^T=0$ と設定し，最適レギュレータとして，例 11.9 で設計した重み $(q_1,q_2,r)=(1,1,1)$ に対する最適フィードバックゲイン $\boldsymbol{K}=-r^{-1}\boldsymbol{B}^T\boldsymbol{P}$ を用いる．シミュレーション結果を図 12.8 に示す．図から状態の推定値 $\boldsymbol{z}(t)$ は状態 $\boldsymbol{x}(t)$ に追従し，状態 $\boldsymbol{x}(t)$ は目標状態であるゼロに収束しているのがわかる．

## 演習問題

【問題 12.1】Consider the system with the following coefficient matrices,

$$\boldsymbol{A}=\begin{bmatrix}0 & -a_1\\ 1 & -a_2\end{bmatrix},\ \ \boldsymbol{C}=\begin{bmatrix}0 & 1\end{bmatrix}$$

Design the identity observer whose poles are $s_1$ and $s_2$.

【問題 12.2】次の係数行列を持つ 2 つのタンクの水位系において可観測性を調べ，可観測ならばオブザーバの極を $s_1, s_2$ とする同一次元オブザーバを設計せよ．

（1）$\boldsymbol{A}=\begin{bmatrix}-4 & 0\\ 2 & -3\end{bmatrix},\ \ \boldsymbol{C}=\begin{bmatrix}1 & 0\end{bmatrix}$　　（2）$\boldsymbol{A}=\begin{bmatrix}-4 & 0\\ 2 & -3\end{bmatrix},\ \ \boldsymbol{C}=\begin{bmatrix}0 & 1\end{bmatrix}$

（3）$\boldsymbol{A}=\begin{bmatrix}-4 & 1\\ 2 & -3\end{bmatrix},\ \ \boldsymbol{C}=\begin{bmatrix}1 & 0\end{bmatrix}$　　（2）$\boldsymbol{A}=\begin{bmatrix}-4 & 1\\ 2 & -3\end{bmatrix},\ \ \boldsymbol{C}=\begin{bmatrix}0 & 1\end{bmatrix}$

【問題 12.3】 Consider the DC motor system with the following coefficient matrices. Design the identity observer whose poles are $-4, -5, -6$ .

$$\boldsymbol{A}=\begin{bmatrix}0 & 1 & 0\\ 0 & -2 & 3\\ 0 & -1 & -6\end{bmatrix},\quad \boldsymbol{B}=\begin{bmatrix}0\\ 0\\ 1\end{bmatrix},\quad \boldsymbol{C}=\begin{bmatrix}1 & 0 & 0\end{bmatrix}$$

【問題 12.4】 * 問題 12.2 の可観測なシステムにおいて，極を $s_1$ に持つ最小次元オブザーバを設計せよ．ただし，$\boldsymbol{B}=[1 \quad 0]^T$ とする．

【問題 12.5】 * In the DC motor system of Problem 12.3, only the angle of the motor $\theta$ can be measured. The other state variables, the angular velocity $\dot{\theta}$ and the armature current $i$ of the motor are estimated. Design a minimal order observer whose poles are $-5,\ -6$ .

【問題 12.6】 * 問題 12.3 の負荷付き直流モータシステムにおいて，モータの角度 $\theta$ と電機子電流 $i$ が計測可能であるとする．極を $-6$ にもつ最小次元状態オブザーバを設計せよ．

【問題 12.7】 The observer controller of the DC motor system, an augmented system, is composed by using the state feedback and the identity observer designed in Problem 11.7 and Problem 12.3. Find the characteristic equation of the augmented system, and confirm the poles of the augmented system consisting of the specified closed-loop poles and observer's poles.

【問題 12.8】 倒立振り子の線形化された状態方程式の係数行列を

$$\boldsymbol{A}=\begin{bmatrix}0 & 1\\ 2 & 0\end{bmatrix},\quad \boldsymbol{B}=\begin{bmatrix}0\\ 1\end{bmatrix},\quad \boldsymbol{C}=\begin{bmatrix}1 & 0\end{bmatrix}$$

とする．この不安定系を【問題 11.10】で設計した最適レギュレータと以下のオブザーバを用いたオブザーバ　コントローラにより安定化させる．

(1) 極が $-3,\ -4$ である同一次元オブザーバ

(2) * 出力 $y$ のみが測定できるとして，極が $-3$ である最小次元オブザーバ

シミュレーションを行ってシステムの挙動を考察せよ．

# 付録
## Appendix

### A・1 付表 3.1 ラプラス変換表（詳細版）

| | $f(t)$ | $F(s)$ | |
|---|---|---|---|
| 1 | $u(t)=\begin{cases}0, & t<0\\ 1/2, & t=0\\ 1, & t>0\end{cases}$ | $\dfrac{1}{s}$ | 単位ステップ関数 |
| 2 | $\delta(t)=\begin{cases}\infty, & t=0\\ 0, & t\neq 0\end{cases}$ | $1$ | デルタ関数 |
| 3 | $\alpha$ | $\dfrac{\alpha}{s}$ | 単位ステップ |
| 4 | $\dfrac{d^n}{dt^n}\delta(t)$ | $s^n$ | $\delta(t)$:デルタ関数 |
| 5 | $e^{-\alpha t}$ | $\dfrac{1}{s+\alpha}$ | 指数関数 |
| 6 | $\delta(t)-\alpha e^{-\alpha t}$ | $\dfrac{s}{s+\alpha}$ | $\delta(t)$:デルタ関数 |
| 7 | $\dfrac{t^n}{n!}$ | $\dfrac{1}{s^{n+1}}$ | n:自然数 |
| 8 | $\dfrac{e^{-\alpha t}-e^{-\beta t}}{\beta-\alpha}$ | $\dfrac{1}{(s+\alpha)(s+\beta)}$ | |
| 9 | $\dfrac{(a-\alpha)e^{-\alpha t}-(a-\beta)e^{-\beta t}}{\beta-\alpha}$ | $\dfrac{s+a}{(s+\alpha)(s+\beta)}$ | |
| 10 | $\dfrac{1}{\alpha}\sin\alpha t$ | $\dfrac{1}{s^2+\alpha^2}$ | 正弦波 |
| 11 | $\dfrac{1}{\alpha}\sinh\alpha t$ | $\dfrac{1}{s^2-\alpha^2}$ | |
| 12 | $\cos\alpha t$ | $\dfrac{s}{s^2+\alpha^2}$ | 余弦波 |
| 13 | $\cosh\alpha t$ | $\dfrac{s}{s^2-\alpha^2}$ | |
| 14 | $te^{-\alpha t}$ | $\dfrac{1}{(s+\alpha)^2}$ | |
| 15 | $[(a-\alpha)t+1]e^{-\alpha t}$ | $\dfrac{s+a}{(s+\alpha)^2}$ | |
| 16 | $\dfrac{1}{\beta}e^{-\alpha t}\sin\beta t$ | $\dfrac{1}{(s+\alpha)^2+\beta^2}$ | |
| 17 | $e^{-\alpha t}\sin\beta t$ | $\dfrac{\beta}{(s+\alpha)^2+\beta^2}$ | $\beta^2>0$ |
| 18 | $e^{-\alpha t}\cos\beta t$ | $\dfrac{s+\alpha}{(s+\alpha)^2+\beta^2}$ | $\beta^2>0$ |
| 19 | $\dfrac{1}{\beta}[(a-\alpha)^2+\beta^2]^{1/2}e^{-\alpha t}\sin(\beta t+\varphi)$ | $\dfrac{s+a}{(s+\alpha)^2+\beta^2}$ | $\varphi\equiv\tan^{-1}\dfrac{\beta}{a-\alpha}$ |

| | $f(t)$ | $F(s)$ | |
|---|---|---|---|
| 20 | $e^{-\alpha t}\sinh\beta t$ | $\dfrac{\beta}{(s+\alpha)^2-\beta^2}$ | |
| 21 | $e^{-\alpha t}\cosh\beta t$ | $\dfrac{s+\alpha}{(s+\alpha)^2-\beta^2}$ | |
| 22 | $\dfrac{1}{\alpha\beta}+\dfrac{\beta e^{-\alpha t}-\alpha e^{-\beta t}}{\alpha\beta(\alpha-\beta)}$ | $\dfrac{1}{s(s+\alpha)(s+\beta)}$ | |
| 23 | $\dfrac{a}{\alpha\beta}+\dfrac{a-\alpha}{\alpha(\alpha-\beta)}e^{-\alpha t}-\dfrac{a-\beta}{\beta(\alpha-\beta)}e^{-\beta t}$ | $\dfrac{s+a}{s(s+\alpha)(s+\beta)}$ | |
| 24 | $\dfrac{e^{-\alpha t}}{(\beta-\alpha)(\gamma-\alpha)}+\dfrac{e^{-\beta t}}{(\alpha-\beta)(\gamma-\beta)}+\dfrac{e^{-\gamma t}}{(\alpha-\gamma)(\beta-\gamma)}$ | $\dfrac{1}{(s+\alpha)(s+\beta)(s+\gamma)}$ | |
| 25 | $\dfrac{(a-\alpha)e^{-\alpha t}}{(\beta-\alpha)(\gamma-\alpha)}+\dfrac{(a-\beta)e^{-\beta t}}{(\alpha-\beta)(\gamma-\beta)}+\dfrac{(a-\gamma)e^{-\gamma t}}{(\alpha-\gamma)(\beta-\gamma)}$ | $\dfrac{s+a}{(s+\alpha)(s+\beta)(s+\gamma)}$ | |
| 26 | $\dfrac{1}{\alpha^2}(1-\cos\alpha t)$ | $\dfrac{1}{s(s^2+\alpha^2)}$ | |
| 27 | $\dfrac{a}{\alpha^2}-\dfrac{(a^2+\alpha^2)^{1/2}}{\alpha^2}\cos(\alpha t+\varphi)$ | $\dfrac{s+a}{s(s^2+\alpha^2)}$ | $\varphi\equiv\tan^{-1}\dfrac{\alpha}{a}$ |
| 28 | $\dfrac{t}{\alpha}-\dfrac{1}{\alpha^2}(1-e^{-\alpha t})$ | $\dfrac{1}{s^2(s+\alpha)}$ | |
| 29 | $\dfrac{a-\alpha}{\alpha^2}e^{-\alpha t}+\dfrac{a}{\alpha}t-\dfrac{\alpha-a}{\alpha^2}$ | $\dfrac{s+a}{s^2(s+\alpha)}$ | |
| 30 | $\dfrac{1-(1+\alpha t)e^{-\alpha t}}{\alpha^2}$ | $\dfrac{1}{s(s+\alpha)^2}$ | |
| 31 | $\dfrac{a}{\alpha^2}\left\{1-\left[1+(1-\dfrac{\alpha}{a})\alpha t\right]e^{-\alpha t}\right\}$ | $\dfrac{s+a}{s(s+\alpha)^2}$ | |
| 32 | $\omega_o{}^2>\alpha^2$<br>$\dfrac{1}{\omega_o{}^2}\left[1-\dfrac{\omega_o}{\omega}e^{-\alpha t}\sin(\omega t+\varphi)\right]$<br>$\omega_o{}^2=\alpha^2$<br>$\dfrac{1}{\omega_o{}^2}\left[1-e^{-\alpha t}(1+\alpha t)\right]$<br>$\omega_o{}^2<\alpha^2$<br>$\dfrac{1}{\omega_o{}^2}\left[1-\dfrac{\omega_o{}^2}{n-m}\left(\dfrac{e^{-mt}}{m}-\dfrac{e^{-nt}}{n}\right)\right]$ | $\dfrac{1}{s(s^2+2\alpha s+\omega_o{}^2)}$ | $\varphi\equiv\tan^{-1}\dfrac{\omega}{\alpha}$<br>$\omega^2=\omega_o{}^2-\alpha^2$<br><br>$m$ と $n$ は，$s^2+2\alpha s+\omega_o{}^2=0$ の根 |

## A・2　付表3.2　ブロック線図等価変換表

| | 演算内容 | 変換前 | 変換後 |
|---|---|---|---|
| 1 | 直列結合 | $G_1$　$G_2$ | $G_1G_2$ |
| 2 | 並列結合 | $G_1$　$G_2$　$+$　$\pm$ | $G_1 \pm G_2$ |
| 3 | フィードバック結合 | $+$　$\pm$　$G_1$　$G_2$ | $\dfrac{G_1}{1 \mp G_1G_2}$ |
| 4 | 伝達要素の置換 | $G_1$　$G_2$ | $G_2$　$G_1$ |
| 5 | 加え合せ点の移動（1） | $G$　$+$　$\pm$ | $+$　$\pm$　$G$　$1/G$ |
| 6 | 加え合せ点の移動（2） | $+$　$\pm$　$G$ | $G$　$G$　$+$　$\pm$ |
| 7 | 引き出し点の移動（1） | $G$ | $G$　$G$ |
| 8 | 引き出し点の移動（2） | $G$ | $G$　$1/G$ |
| 9 | 開ループから閉ループへの変換 | $G$ | $+$　$-$　$\dfrac{G}{1-G}$ |
| 10 | フィードバック回路からの要素除去 | $+$　$-$　$G_1$　$G_2$ | $1/G_2$　$+$　$-$　$G_1G_2$ |

## A・3　ベクトルと行列

### A・3・1　ベクトルと行列の形

(1) 行列(matrix)

$n \times m$ 個の要素 $a_{ij}$ $(i=1,\cdots n,\ j=1,\cdots m)$ からなる図のような配列を $n$ 行 $m$ 列の行列または $n \times m$ 行列とよぶ．$a_{ij}$ を $i$ 行 $j$ 列の要素または $(i,j)$ 要素といい，$\boldsymbol{A}=[a_{ij}]$ と略記する．

全要素が実数の行列を実行列といい，$n \times m$ 実行列 $\boldsymbol{A}$ を $\boldsymbol{A} \in \boldsymbol{R}^{n \times m}$ と記す．

$$\boldsymbol{A} = \begin{bmatrix} a_{11} & a_{12} & \cdots & a_{1m} \\ a_{21} & a_{22} & \cdots & a_{2m} \\ \vdots & \vdots & \cdots & \vdots \\ a_{n1} & a_{n2} & \cdots & a_{nm} \end{bmatrix}$$

$n$行，$m$列

(2) 転置行列(transpose matrix)

行列 $\boldsymbol{A}$ の行と列を入れ替えた行列を $\boldsymbol{A}$ の転置行列といい，$\boldsymbol{A}^T$，$\boldsymbol{A}'$ などで表す．$\boldsymbol{A}=[a_{ij}]$ ならば $\boldsymbol{A}^T=\boldsymbol{A}'=[a_{ji}]$ である．

$$\boldsymbol{A}^T = \begin{bmatrix} a_{11} & a_{21} & \cdots & a_{n1} \\ a_{12} & a_{22} & \cdots & a_{n2} \\ \vdots & \vdots & \cdots & \vdots \\ a_{1m} & a_{2m} & \cdots & a_{nm} \end{bmatrix}$$

$m$行，$n$列

(3) ベクトル(vector)

$m=1$ の時の $n \times 1$ 行列を $n$ 次元列ベクトル(column vector)といい，$\boldsymbol{a}$ で表す．

$n=1$ の時の $1 \times m$ 行列を $m$ 次元行ベクトル(row vector)といい，$\boldsymbol{a}^T$ で表す．

$$\boldsymbol{a} = \begin{bmatrix} a_1 \\ a_2 \\ \vdots \\ a_n \end{bmatrix}$$

列ベクトル

$$\boldsymbol{a}^T = [a_1 \quad a_2 \quad \cdots \quad a_m]$$

行ベクトル

これらを一般にベクトルとよぶ．全要素が実数の $n$ 次元実ベクトルを $\boldsymbol{a} \in \boldsymbol{R}^n$ などと記す．

(4) スカラ(scalar)

$n=m=1$ の時の $1\times 1$ 行列は単なる数でスカラといい，$a$ と表す．

(5) 正方行列(square matrix)

$n=m$ の時の $n\times n$ 行列を $n$ 次の正方行列という．

(6) 対角行列(diagonal matrix)

対角要素 $a_{11},a_{22},\cdots,a_{nn}$ 以外の要素，すなわち非対角要素が全て 0 の正方行列を対角行列といい，$\mathrm{diag}(a_{11},a_{22},\cdots,a_{nn})$ と表す．

$$\mathrm{diag}(a_{11},a_{22},\cdots,a_{nn})=\begin{bmatrix} a_{11} & 0 & \cdots & 0 \\ 0 & a_{22} & \ddots & \vdots \\ \vdots & \ddots & \ddots & 0 \\ 0 & \cdots & 0 & a_{nn} \end{bmatrix}$$

対角行列

(7) 単位行列(unit matrix, identity matrix)

対角要素が全て 1 の対角行列を単位行列といい，$\boldsymbol{I}$ で表す．

(8) 零行列(null matrix)

全ての要素が 0 の行列を零行列といい，$\boldsymbol{0}$ で表す．

$$\boldsymbol{I}=\begin{bmatrix} 1 & 0 & \cdots & 0 \\ 0 & 1 & \ddots & \vdots \\ \vdots & \ddots & \ddots & 0 \\ 0 & \cdots & 0 & 1 \end{bmatrix} \qquad \boldsymbol{0}=\begin{bmatrix} 0 & 0 & \cdots & 0 \\ 0 & 0 & \cdots & 0 \\ \vdots & \vdots & \cdots & \vdots \\ 0 & 0 & \cdots & 0 \end{bmatrix}$$

単位行列　　零行列

(9) 対称行列(symmetric matrix)

$\boldsymbol{A}^T=\boldsymbol{A}$ が成り立つ行列 $\boldsymbol{A}$ を対称行列という．

$$\begin{bmatrix} a_{11} & a_{12} & \cdots & a_{1n} \\ a_{12} & a_{22} & \cdots & a_{2n} \\ \vdots & \vdots & \ddots & \vdots \\ a_{1n} & a_{2n} & \cdots & a_{nn} \end{bmatrix}$$

対称行列

(10) 歪対称行列(skew symmetric matrix)

$\boldsymbol{A}^T=-\boldsymbol{A}$ が成り立つ行列 $\boldsymbol{A}$ を歪対称行列という．歪対称行列の対角要素 $a_{ii}$ は 0 である．

$$\begin{bmatrix} 0 & a_{12} & \cdots & a_{1n} \\ -a_{12} & 0 & \cdots & a_{2n} \\ \vdots & \vdots & \ddots & \vdots \\ -a_{1n} & -a_{2n} & \cdots & 0 \end{bmatrix}$$

歪対称行列

(11) 正定行列(正定値行列)

$\boldsymbol{x}\neq\boldsymbol{0}$ なる全ての $n$ 次元ベクトル $\boldsymbol{x}$ に対して二次形式 $q=\boldsymbol{x}^T\boldsymbol{A}\boldsymbol{x}>0$ の場合，行列 $\boldsymbol{A}$ は正定行列とよばれる．→二次形式

### A・3・2　行列の演算

(1) 和と差

$n\times m$ 行列 $\boldsymbol{A}=[a_{ij}]$，$\boldsymbol{B}=[b_{ij}]$，$\boldsymbol{C}=[c_{ij}]$ とする．全ての要素について $a_{ij}+b_{ij}=c_{ij}$ ならば $\boldsymbol{A}+\boldsymbol{B}=\boldsymbol{C}$，$a_{ij}-b_{ij}=c_{ij}$ ならば $\boldsymbol{A}-\boldsymbol{B}=\boldsymbol{C}$ と書く．

性質

交換法則　$\boldsymbol{A}+\boldsymbol{B}=\boldsymbol{B}+\boldsymbol{A}$

結合法則　$(\boldsymbol{A}+\boldsymbol{B})+\boldsymbol{C}=\boldsymbol{A}+(\boldsymbol{B}+\boldsymbol{C})$

$$\boldsymbol{A}+\boldsymbol{B}=\begin{bmatrix} a_{11} & \cdots & a_{1m} \\ \vdots & \cdots & \vdots \\ a_{n1} & \cdots & a_{nm} \end{bmatrix}+\begin{bmatrix} b_{11} & \cdots & b_{1m} \\ \vdots & \cdots & \vdots \\ b_{n1} & \cdots & b_{nm} \end{bmatrix} =\begin{bmatrix} a_{11}+b_{11} & \cdots & a_{1m}+b_{1m} \\ \vdots & \cdots & \vdots \\ a_{n1}+b_{n1} & \cdots & a_{nm}+b_{nm} \end{bmatrix}$$

行列の和

(2) 等価

2 つの $n\times m$ 行列 $\boldsymbol{A}=[a_{ij}]$，$\boldsymbol{B}=[b_{ij}]$ の全ての要素について $a_{ij}=b_{ij}$ が成り立つ時，$\boldsymbol{A}=\boldsymbol{B}$ と書く．

(3) スカラ倍

スカラ $\alpha$ と行列 $\boldsymbol{A}$ との積は，$\alpha\boldsymbol{A}=\boldsymbol{A}\alpha=[\alpha\, a_{ij}]$ で与えられる．

性質　$(\alpha,\beta$ はスカラ$)$

$\alpha(\boldsymbol{A}+\boldsymbol{B})=\alpha\boldsymbol{A}+\alpha\boldsymbol{B}$，$(\alpha+\beta)\boldsymbol{A}=\alpha\boldsymbol{A}+\beta\boldsymbol{A}$，$(\alpha\beta)\boldsymbol{A}=\alpha(\beta\boldsymbol{A})$

$$\alpha\boldsymbol{A}=\begin{bmatrix} \alpha a_{11} & \alpha a_{12} & \cdots & \alpha a_{1m} \\ \alpha a_{21} & \alpha a_{22} & \cdots & \alpha a_{2m} \\ \vdots & \vdots & \cdots & \vdots \\ \alpha a_{n1} & \alpha a_{n2} & \cdots & \alpha a_{nm} \end{bmatrix}$$

スカラ倍

(4) 積

$n\times m$ 行列 $\boldsymbol{A}=[a_{ij}]$ と $m\times r$ 行列 $\boldsymbol{B}=[b_{ij}]$ との積 $\boldsymbol{AB}$ は $n\times r$ 行列であり，これを $\boldsymbol{C}=[c_{ij}]$ とすると，$\boldsymbol{AB}=\left[\sum_{k=1}^{m}a_{ik}b_{kj}\right]=[c_{ij}]$ で与えられる．

$$\boldsymbol{AB}=\underbrace{\begin{bmatrix} a_{11} & \cdots & a_{1m} \\ \vdots & & \vdots \\ \text{第} & i & \text{行} \\ \vdots & & \vdots \\ a_{n1} & \cdots & a_{nm} \end{bmatrix}}_{m\text{列}}\Big\} n\text{行} \quad \underbrace{\begin{bmatrix} b_{11} & \cdots & \text{第 } j \text{ 列} & \cdots & b_{1r} \\ \vdots & & & & \vdots \\ b_{m1} & \cdots & & \cdots & b_{mr} \end{bmatrix}}_{r\text{列}}\Big\} m\text{行} = \underbrace{\begin{bmatrix} c_{11} & \cdots\cdots & c_{1r} \\ \vdots & \sum_{k=1}^{m}a_{ik}b_{kj} & \vdots \\ c_{n1} & \cdots\cdots & c_{nr} \end{bmatrix}}_{r\text{列}}\Big\} n\text{行}$$

（$\boldsymbol{A}$，$\boldsymbol{B}$，$\boldsymbol{C}$；$(i,j)$要素）

性質

結合法則　$(\boldsymbol{AB})\boldsymbol{C}=\boldsymbol{A}(\boldsymbol{BC})$

分配法則　$\boldsymbol{A}(\boldsymbol{B}+\boldsymbol{C})=\boldsymbol{AB}+\boldsymbol{AC}$，　$(\boldsymbol{A}+\boldsymbol{B})\boldsymbol{C}=\boldsymbol{AC}+\boldsymbol{BC}$

交換法則は一般には成り立たない．　$\boldsymbol{AB}\neq\boldsymbol{BA}$

単位行列との積　$\boldsymbol{IA}=\boldsymbol{AI}=\boldsymbol{A}$

(5) ベクトルの内積(inner product)

$n$ 次元行ベクトル $\boldsymbol{a}^T$ と $n$ 次元列ベクトル $\boldsymbol{b}$ の積 $\boldsymbol{a}^T\boldsymbol{b}$ を $\boldsymbol{a}$ と $\boldsymbol{b}$ の内積またはスカラ積(scalar product)といい，スカラになる．内積は次のようにも書ける．

$$(\boldsymbol{a},\boldsymbol{b})=(\boldsymbol{b},\boldsymbol{a})=\boldsymbol{a}^T\boldsymbol{b}=\boldsymbol{b}^T\boldsymbol{a}=\sum_{i=1}^{n}a_ib_i$$

$\boldsymbol{a}^T\boldsymbol{b}=0$ の時，$\boldsymbol{a}$ と $\boldsymbol{b}$ は直交(orthogonal)するという．

2次元の場合，図のようにベクトル $\boldsymbol{a}$ と $\boldsymbol{b}$ の長さを $|\boldsymbol{a}|$，$|\boldsymbol{b}|$ をとし，それらのなす角 $\theta$ をとすると，次のような関係がある．

$$\boldsymbol{a}^T\boldsymbol{b}=|\boldsymbol{a}|\cdot|\boldsymbol{b}|\cos\theta$$

（注意）$\boldsymbol{a}\,\boldsymbol{b}^T$ は $n\times n$ 行列である．

$$\boldsymbol{a}^T\boldsymbol{b}=[a_1\quad a_2\quad\cdots\quad a_n]\begin{bmatrix}b_1\\b_2\\\vdots\\b_n\end{bmatrix}=a_1b_1+a_2b_2\cdots+a_nb_n$$

ベクトルの内積

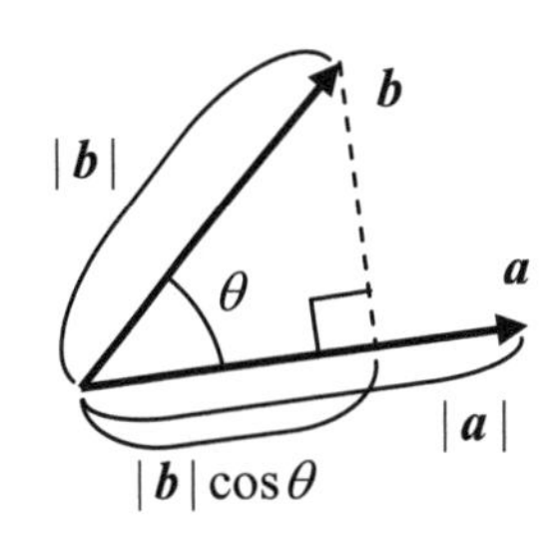


$$\boldsymbol{a}\,\boldsymbol{b}^T=\begin{bmatrix}a_1\\a_2\\\vdots\\a_n\end{bmatrix}[b_1\quad b_2\quad\cdots\quad b_n]=\begin{bmatrix}a_1b_1&a_1b_2&\cdots&a_1b_n\\a_2b_1&a_2b_2&\cdots&a_2b_n\\\vdots&\vdots&\cdots&\vdots\\a_nb_1&a_nb_2&\cdots&a_nb_n\end{bmatrix}$$

(6) 転置(transpose)

行列 $\boldsymbol{A}$ の転置は $\boldsymbol{A}$ の行と列を入れ替えて得られ，$\boldsymbol{A}^T$ または $\boldsymbol{A}'$ で表す．$\boldsymbol{A}=[a_{ij}]$ ならば $\boldsymbol{A}^T=\boldsymbol{A}'=[a_{ji}]$ である．

性質

$$(\boldsymbol{A}^T)^T=\boldsymbol{A},\quad(\boldsymbol{A}+\boldsymbol{B})^T=\boldsymbol{A}^T+\boldsymbol{B}^T,\quad(\boldsymbol{AB})^T=\boldsymbol{B}^T\boldsymbol{A}^T$$

(7) トレース(trace)

正方行列 $\boldsymbol{A}$ の対角要素の和をトレース(跡)といい，$\mathrm{tr}\,\boldsymbol{A}$ と表す．

$\mathrm{tr}\,\boldsymbol{A}=\sum_{i=1}^{n}a_{ii}$ である．

性質

$$\mathrm{tr}(\boldsymbol{A}+\boldsymbol{B})=\mathrm{tr}\,\boldsymbol{A}+\mathrm{tr}\,\boldsymbol{B},\quad\mathrm{tr}(\boldsymbol{AB})=\mathrm{tr}(\boldsymbol{BA})$$

(8) 微分

行列 $\boldsymbol{A}(t)$ の全ての要素 $a_{ij}(t)$ が $t$ で微分可能の時，$t$ に関する $\boldsymbol{A}(t)$ の微分を

$\frac{d}{dt}\boldsymbol{A}(t)=\dot{\boldsymbol{A}}(t)=\left[\frac{d}{dt}a_{ij}(t)\right]$　とする．

性質

$$\frac{d}{dt}\left[\boldsymbol{A}(t)+\boldsymbol{B}(t)\right]=\dot{\boldsymbol{A}}(t)+\dot{\boldsymbol{B}}(t),\quad\frac{d}{dt}\left[\boldsymbol{A}(t)\boldsymbol{B}(t)\right]=\dot{\boldsymbol{A}}(t)\boldsymbol{B}(t)+\boldsymbol{A}(t)\dot{\boldsymbol{B}}(t)$$

(9) 積分

行列 $\boldsymbol{A}(t)$ の全ての要素 $a_{ij}(t)$ が $t$ で積分可能の時，$\boldsymbol{A}(t)$ の積分を

$\int\boldsymbol{A}(t)\,dt=\left[\int a_{ij}(t)\,dt\right]$　とする．

(10) 偏微分

$n$ 次元ベクトル $\boldsymbol{a}$ の要素 $a_i$ がある $m$ 次元ベクトル $\boldsymbol{x}$ の微分可能な関数 $a_i(\boldsymbol{x})$ の時，$\partial\boldsymbol{a}/\partial\boldsymbol{x}$ は次のような $n\times m$ 行列で与えられる．

$$\frac{\partial\boldsymbol{a}}{\partial\boldsymbol{x}}=\left[\frac{\partial a_i}{\partial x_j}\right]$$

$$\frac{\partial\boldsymbol{a}}{\partial\boldsymbol{x}}=\begin{bmatrix}\frac{\partial a_1}{\partial x_1}&\frac{\partial a_1}{\partial x_2}&\cdots&\frac{\partial a_1}{\partial x_m}\\\frac{\partial a_2}{\partial x_1}&\frac{\partial a_2}{\partial x_2}&\cdots&\frac{\partial a_2}{\partial x_m}\\\vdots&\vdots&\cdots&\vdots\\\frac{\partial a_n}{\partial x_1}&\frac{\partial a_n}{\partial x_2}&\cdots&\frac{\partial a_n}{\partial x_m}\end{bmatrix}$$

ベクトル関数の偏微分

## A・3・3 行列式と逆行列

(1) 行列式(determinant)

$n$ 次正方行列 $\boldsymbol{A}$ の行列式は $\det \boldsymbol{A}$，$|\boldsymbol{A}|$ などで表し，次のように展開できるスカラ量である．

$$|\boldsymbol{A}| = \sum_{j=1}^{n} a_{ij} m_{ij} \quad (i=1,2,\cdots,n)$$
$$= \sum_{i=1}^{n} a_{ij} m_{ij} \quad (j=1,2,\cdots,n)$$

ただし，$m_{ij}$ は $a_{ij}$ の余因子(cofactor)とよばれ，次のように与えられる．

$$m_{ij} = (-1)^{i+j} |\boldsymbol{A}_{ij}|$$

ここで $\boldsymbol{A}_{ij}$ は行列 $\boldsymbol{A}$ の $i$ 行 $j$ 列を除いて作られる $(n-1)$ 次の正方行列であり，$|\boldsymbol{A}_{ij}|$ を小行列式(minor)という．特に $\boldsymbol{A}$ の対角要素をその対角要素として持つ小行列式を主小行列式(principal minor)という．

余因子 $m_{ij}$ を $(j,i)$ 要素に持つ行列を余因子行列(adjoint matrix)とよび，$\mathrm{adj}\,\boldsymbol{A}$ で表す．$\mathrm{adj}\,\boldsymbol{A} = [m_{ji}]$ である．例として $n=2,3$ の場合を示す．

$$\boldsymbol{A} = \begin{bmatrix} a_{11} & a_{12} \\ a_{21} & a_{22} \end{bmatrix} \text{の行列式と余因子行列}$$

$$\boldsymbol{A}_{11} = a_{22},\ \boldsymbol{A}_{12} = a_{21},\ \boldsymbol{A}_{21} = a_{12},\ \boldsymbol{A}_{22} = a_{11}$$

$$m_{11} = a_{22},\ m_{12} = -a_{21},\ m_{21} = -a_{12},\ m_{22} = a_{11}$$

$$|\boldsymbol{A}| = a_{11}m_{11} + a_{12}m_{12} = a_{11}a_{22} - a_{12}a_{21}$$

$$\mathrm{adj}\,\boldsymbol{A} = \begin{bmatrix} m_{11} & m_{21} \\ m_{12} & m_{22} \end{bmatrix} = \begin{bmatrix} a_{22} & -a_{12} \\ -a_{21} & a_{11} \end{bmatrix}$$

$$\boldsymbol{A} = \begin{bmatrix} a_{11} & a_{12} & a_{13} \\ a_{21} & a_{22} & a_{23} \\ a_{31} & a_{32} & a_{33} \end{bmatrix} \text{の場合}$$

$$A_{11} = \begin{bmatrix} a_{22} & a_{23} \\ a_{32} & a_{33} \end{bmatrix}, A_{12} = \begin{bmatrix} a_{21} & a_{23} \\ a_{31} & a_{33} \end{bmatrix}, A_{13} = \begin{bmatrix} a_{21} & a_{22} \\ a_{31} & a_{32} \end{bmatrix}$$

$$A_{21} = \begin{bmatrix} a_{12} & a_{13} \\ a_{32} & a_{33} \end{bmatrix}, A_{22} = \begin{bmatrix} a_{11} & a_{13} \\ a_{31} & a_{33} \end{bmatrix}, A_{23} = \begin{bmatrix} a_{11} & a_{12} \\ a_{31} & a_{32} \end{bmatrix}$$

$$A_{31} = \begin{bmatrix} a_{12} & a_{13} \\ a_{22} & a_{23} \end{bmatrix}, A_{32} = \begin{bmatrix} a_{11} & a_{13} \\ a_{21} & a_{23} \end{bmatrix}, A_{33} = \begin{bmatrix} a_{11} & a_{12} \\ a_{21} & a_{22} \end{bmatrix}$$

$$m_{11} = |A_{11}| = a_{22}a_{33} - a_{23}a_{32}$$
$$m_{12} = -|A_{12}| = a_{23}a_{31} - a_{21}a_{33}$$
$$m_{13} = |A_{13}| = a_{21}a_{32} - a_{22}a_{31}$$
$$m_{21} = -|A_{21}| = a_{13}a_{32} - a_{12}a_{33}$$
$$m_{22} = |A_{22}| = a_{11}a_{33} - a_{13}a_{31}$$
$$m_{23} = -|A_{23}| = a_{12}a_{31} - a_{11}a_{32}$$
$$m_{31} = |A_{31}| = a_{12}a_{23} - a_{13}a_{22}$$
$$m_{32} = -|A_{32}| = a_{13}a_{21} - a_{11}a_{23}$$
$$m_{33} = |A_{33}| = a_{11}a_{22} - a_{12}a_{21}$$

$$|\boldsymbol{A}| = a_{11}m_{11} + a_{12}m_{12} + a_{13}m_{13}$$
$$= a_{11}(a_{22}a_{33} - a_{23}a_{32}) + a_{12}(a_{23}a_{31} - a_{21}a_{33})$$
$$+ a_{13}(a_{21}a_{32} - a_{22}a_{31})$$

$$\mathrm{adj}\,\boldsymbol{A} = \begin{bmatrix} m_{11} & m_{21} & m_{31} \\ m_{12} & m_{22} & m_{32} \\ m_{13} & m_{23} & m_{33} \end{bmatrix}$$

性質：$n$ 次正方行列 $\boldsymbol{A}$，$\boldsymbol{B}$ に対して

$$|\boldsymbol{A}^T| = |\boldsymbol{A}|,\quad |\boldsymbol{AB}| = |\boldsymbol{A}| \cdot |\boldsymbol{B}|$$

(2) 正則(non-singular)

$|\boldsymbol{A}| \neq 0$ の時，行列 $\boldsymbol{A}$ は正則という．

(3) 逆行列(inverse matrix)

行列 $\boldsymbol{A}$ が正則の時，$\boldsymbol{A}\boldsymbol{A}^{-1} = \boldsymbol{A}^{-1}\boldsymbol{A} = \boldsymbol{I}$ を満たす逆行列 $\boldsymbol{A}^{-1}$ が存在する．

$$\boldsymbol{A}^{-1} = \frac{\mathrm{adj}\,\boldsymbol{A}}{|\boldsymbol{A}|} \qquad \text{（Cramer の公式）}$$

性質

$$(\boldsymbol{A}^{-1})^{-1} = \boldsymbol{A},\quad (\boldsymbol{AB})^{-1} = \boldsymbol{B}^{-1}\boldsymbol{A}^{-1},\quad (\boldsymbol{A}^T)^{-1} = (\boldsymbol{A}^{-1})^T,\quad |\boldsymbol{A}^{-1}| = 1/|\boldsymbol{A}|$$

$$\boldsymbol{A} = \begin{bmatrix} a_{11} & a_{12} \\ a_{21} & a_{22} \end{bmatrix} \text{の時}$$

$$\boldsymbol{A}^{-1} = \frac{\mathrm{adj}\,\boldsymbol{A}}{|\boldsymbol{A}|} = \frac{1}{a_{11}a_{22} - a_{12}a_{21}} \begin{bmatrix} a_{22} & -a_{12} \\ -a_{21} & a_{11} \end{bmatrix}$$

逆行列の例

(4) 直交行列(orthogonal matrix)

$\boldsymbol{A}\boldsymbol{A}^T = \boldsymbol{A}^T\boldsymbol{A} = \boldsymbol{I}$ が成り立つ行列 $\boldsymbol{A}$ を直交行列という．$\boldsymbol{A}$ が直交行列ならば，$\boldsymbol{A}^{-1} = \boldsymbol{A}^T$ が成り立つ．

## A・3・4 一次独立と一次従属

(1) 一次結合(linear combination)

$m$ 個の $n$ 次元ベクトル $\boldsymbol{a}_1, \boldsymbol{a}_2, \cdots, \boldsymbol{a}_m$ とスカラ $c_1, c_2, \cdots, c_m$ よって

$$c_1\boldsymbol{a}_1 + c_2\boldsymbol{a}_2 + \cdots + c_n\boldsymbol{a}_n$$

で生じるベクトルを $\boldsymbol{a}_1, \boldsymbol{a}_2, \cdots, \boldsymbol{a}_m$ の一次結合(線形結合)という．

(2) 一次従属(linearly dependent)

$\boldsymbol{a}_1, \boldsymbol{a}_2, \cdots, \boldsymbol{a}_m$ のある一次結合が次のように零ベクトル $\boldsymbol{0}$ になったとする．

$$c_1\boldsymbol{a}_1 + c_2\boldsymbol{a}_2 + \cdots + c_n\boldsymbol{a}_n = \boldsymbol{0} \tag{A.1}$$

式(A.1)を満たす $c_1, c_2, \cdots, c_m$ のうち 0 でない物が 1 つでも存在するならばベクトル $\boldsymbol{a}_1, \boldsymbol{a}_2, \cdots, \boldsymbol{a}_m$ は一次従属(線形従属)であるという．

一次従属の場合，$c_1, c_2, \cdots, c_m$ の中の 0 でない物の 1 つを $c_k$ とし，これを係数に持つベクトルを $\boldsymbol{a}_k$ とすると，式(A.1)よりこの $\boldsymbol{a}_k$ は

$$\boldsymbol{a}_k = -\frac{c_1}{c_k}\boldsymbol{a}_1 - \frac{c_2}{c_k}\boldsymbol{a}_2 - \cdots - \frac{c_{k-1}}{c_k}\boldsymbol{a}_{k-1} - \frac{c_{k+1}}{c_k}\boldsymbol{a}_{k+1} - \cdots - \frac{c_m}{c_k}\boldsymbol{a}_m$$

と他のベクトルの一次結合で表される．

(3) 一次独立(linearly independent)

式(A.1)が成り立つのは $c_1, c_2, \cdots, c_m$ が全て 0 の場合に限られる時，ベクトル $\boldsymbol{a}_1, \boldsymbol{a}_2, \cdots, \boldsymbol{a}_m$ は一次独立(線形独立)であるという．

一次独立ならば，$m$ 個のベクトル $\boldsymbol{a}_1, \boldsymbol{a}_2, \cdots, \boldsymbol{a}_m$ はどれも他のベクトルの一次結合では表せない．

(4) 階数(rank)

$n \times m$ 行列 $\boldsymbol{A}$ の要素からある $r$ 個の行と $r$ 個の列をもとに作った $r$ 次の小行列式の中に少なくとも 1 つ 0 でない物が存在し，$(r+1)$ 次上の小行列式が 0 であるならば，$r$ を行列 $\boldsymbol{A}$ の階数(ランク)といい，$\mathrm{rank}\,\boldsymbol{A} = r$ と表す．

$m$ 個の列ベクトル $\boldsymbol{a}_1, \boldsymbol{a}_2, \cdots, \boldsymbol{a}_m$ により行列 $\boldsymbol{A}$ を $\boldsymbol{A} = [\boldsymbol{a}_1 \quad \boldsymbol{a}_2 \quad \cdots \quad \boldsymbol{a}_m]$ と表す時，行列 $\boldsymbol{A}$ の一次独立な列ベクトルの最大数は行列 $\boldsymbol{A}$ の階数である．また，一次独立な行ベクトルの最大数は行列 $\boldsymbol{A}$ の階数である．

性質

$\mathrm{rank}\,\boldsymbol{A} \le \min(n, m)$

$\mathrm{rank}\,\boldsymbol{A}^T = \mathrm{rank}\,\boldsymbol{A}$

$n$ 次の正方行列の場合，$|\boldsymbol{A}| \ne 0$ ならば $\mathrm{rank}\,\boldsymbol{A} = n$

$n \times m$ 行列 $\boldsymbol{A}$，$m \times l$ 行列 $\boldsymbol{B}$ に対し，$\mathrm{rank}\,\boldsymbol{AB} \le \mathrm{rank}\,\boldsymbol{A}$，$\mathrm{rank}\,\boldsymbol{AB} \le \mathrm{rank}\,\boldsymbol{B}$

$n \times m$ 行列 $\boldsymbol{A}$，$n$ 次正方行列 $\boldsymbol{P}$，$m$ 次正方行列 $\boldsymbol{Q}$ に対して，

$$\mathrm{rank}\,\boldsymbol{PAQ} = \mathrm{rank}\,\boldsymbol{PA} = \mathrm{rank}\,\boldsymbol{AQ} = \mathrm{rank}\,\boldsymbol{A}$$

### A・3・5　固有値と固有ベクトル

(1) 特性多項式(characteristic polynomial)

$n$ 次の正方行列 $\boldsymbol{A}$ とスカラ $\lambda$ からなる次の多項式

$$|\lambda \boldsymbol{I} - \boldsymbol{A}| = p(\lambda) = \lambda^n + \alpha_{n-1}\lambda^{n-1} + \cdots + \alpha_1\lambda + \alpha_0$$

を $\boldsymbol{A}$ の特性多項式という．

(2) 特性方程式(characteristic equation)

方程式

$$|\lambda \boldsymbol{I} - \boldsymbol{A}| = 0 \qquad \text{(A.2)}$$

を特性方程式という．

(3) 固有値(eigenvalue)，特性根(characteristic root)

特性方程式(A.2)の $n$ 個の根 $\lambda_1, \lambda_2, \cdots, \lambda_n$ を固有値あるいは特性根という．

(4) 固有ベクトル(eigenvector)

行列 $\boldsymbol{A}$ の固有値 $\lambda_i\ (i = 1, 2, \cdots, n)$ に対して

$$\boldsymbol{A}\boldsymbol{v}_i = \lambda_i \boldsymbol{v}_i \quad \text{すなわち} \quad (\boldsymbol{A} - \lambda_i \boldsymbol{I})\boldsymbol{v}_i = \boldsymbol{0}$$

が成り立つ零でないベクトル $\boldsymbol{v}_i$ を $\boldsymbol{A}$ の固有値 $\lambda_i$ に対応した固有ベクトルという．

(5) 一般化固有ベクトル

行列 $\boldsymbol{A}$ の固有値 $\lambda_i$ と自然数 $k$ に対して

$$(\boldsymbol{A} - \lambda_i \boldsymbol{I})^k \boldsymbol{v}_i = \boldsymbol{0} \quad \text{かつ} \quad (\boldsymbol{A} - \lambda_i \boldsymbol{I})^{k-1} \boldsymbol{v}_i \ne \boldsymbol{0}$$

が成り立つベクトル $\boldsymbol{v}_i$ を $\boldsymbol{A}$ の固有値 $\lambda_i$ に対応した階数 $k$ の一般化固有ベクトルという．この時，$\boldsymbol{v}_i, (\boldsymbol{A}-\lambda_i\boldsymbol{I})\boldsymbol{v}_i, (\boldsymbol{A}-\lambda_i\boldsymbol{I})^2\boldsymbol{v}_i, \cdots, (\boldsymbol{A}-\lambda_i\boldsymbol{I})^{k-1}\boldsymbol{v}_i$ は一次独立である．

階数 1 の一般化固有ベクトルは普通の固有ベクトルに対応する．

(6) ケーリー・ハミルトン(Cayley-Hamilton)の定理

正方行列 $\boldsymbol{A}$ の特性方程式(A.2)において，$\lambda$ に $\boldsymbol{A}$ を代入すると

$$p(\boldsymbol{A}) = |\boldsymbol{A}-\boldsymbol{A}| = \boldsymbol{A}^n + \alpha_{n-1}\boldsymbol{A}^{n-1} + \cdots + \alpha_1\boldsymbol{A} + \alpha_0\boldsymbol{I} = 0$$

となり，正方行列 $\boldsymbol{A}$ はそれ自身の特性方程式を満たす．

(7) 最小多項式(minimal polynomial)

特性方程式は必ずしも $\boldsymbol{A}$ が満足する最小次の方程式ではない．例えば，固有値 $\lambda_i$ が $r$ 重根の場合には $p(\boldsymbol{A}) = (\boldsymbol{A}-\lambda_i\boldsymbol{I})^r f(\boldsymbol{A}) = \boldsymbol{0}$ と表せるので $(\boldsymbol{A}-\lambda_i\boldsymbol{I})f(\boldsymbol{A}) = \boldsymbol{0}$ はより小さい次数の方程式となる．このように $g(\boldsymbol{A}) = 0$ となるスカラ係数の多項式の中で次数が最小で最高次の係数が 1 の多項式を行列 $\boldsymbol{A}$ の最小多項式という．

## A・3・6　行列の相似変換

(1) 相似(similar)

$n$ 次の正方行列 $\boldsymbol{A}$ と $\boldsymbol{B}$ がある $n$ 次の正則な行列 $\boldsymbol{T}$ によって $\boldsymbol{B} = \boldsymbol{T}^{-1}\boldsymbol{A}\boldsymbol{T}$ なる関係にある時，$\boldsymbol{A}$ と $\boldsymbol{B}$ は互いに相似であるといい，この関係を相似変換という．

(2) 対角化(diagonalization)

$n$ 次の正方行列 $\boldsymbol{A}$ が $n$ 個の相異なる固有値 $\lambda_1, \lambda_2, \cdots, \lambda_n$ を持つ場合，対応する固有ベクトルを $\boldsymbol{v}_1, \boldsymbol{v}_2, \cdots, \boldsymbol{v}_n$ とすれば，これらのベクトルは一次独立である．$n \times n$ 行列 $\boldsymbol{T}$ を $\boldsymbol{T} = [\boldsymbol{v}_1 \quad \boldsymbol{v}_2 \quad \cdots \quad \boldsymbol{v}_n]$ ととると，$|\boldsymbol{T}| \neq 0$ であるから $\boldsymbol{T}$ は正則であり，逆行列 $\boldsymbol{T}^{-1}$ が存在する．この行列 $\boldsymbol{T}$ を用いて行列 $\boldsymbol{A}$ を相似変換すると

$$\boldsymbol{T}^{-1}\boldsymbol{A}\boldsymbol{T} = \mathrm{diag}(\lambda_1, \lambda_2, \cdots, \lambda_n)$$

と対角化される．

$$\boldsymbol{T}^{-1}\boldsymbol{A}\boldsymbol{T} = \mathrm{diag}(\lambda_1, \lambda_2, \cdots, \lambda_n) = \begin{bmatrix} \lambda_1 & 0 & \cdots & 0 \\ 0 & \lambda_2 & \ddots & \vdots \\ \vdots & \ddots & \ddots & 0 \\ 0 & \cdots & 0 & \lambda_n \end{bmatrix}$$

対角化

(3) ジョルダン標準形(Jordan canonical form)

行列の固有値に重複した物があり，対称行列でない場合には対角化できるとは限らない．このような場合には $n$ 次の正方行列 $\boldsymbol{A}$ は適当な正則行列 $\boldsymbol{T}$ によりジョルダン標準形 $\boldsymbol{J}$ に $\boldsymbol{J} = \boldsymbol{T}^{-1}\boldsymbol{A}\boldsymbol{T}$ と変換される．ここで，固有値 $\lambda_i$ は必ずしも異なる必要はない．また，$\boldsymbol{J}_{ki}(\lambda_i)$ は $k_i \times k_i$ 行列であり，これをジョルダンブロック(Jordan block)という．

$$\boldsymbol{J} = \boldsymbol{T}^{-1}\boldsymbol{A}\boldsymbol{T} = \begin{bmatrix} \boldsymbol{J}_{k1}(\lambda_1) & \boldsymbol{0} & \cdots & \boldsymbol{0} \\ \boldsymbol{0} & \boldsymbol{J}_{k2}(\lambda_2) & & \vdots \\ \vdots & & \ddots & \boldsymbol{0} \\ \boldsymbol{0} & \cdots & \boldsymbol{0} & \boldsymbol{J}_{kr}(\lambda_r) \end{bmatrix}$$

ジョルダン標準形

$$\boldsymbol{J}_{ki}(\lambda_i) = \begin{bmatrix} \lambda_i & 1 & & 0 \\ 0 & \lambda_i & \ddots & \\ \vdots & \ddots & \ddots & 1 \\ 0 & \cdots & 0 & \lambda_i \end{bmatrix}$$

ジョルダンブロック

$$|\lambda\boldsymbol{I} - \boldsymbol{J}_{ki}(\lambda_i)| = (\lambda - \lambda_i)^{ki}$$

ジョルダン標準形は次の場合に $\boldsymbol{A}$ の固有値 $\lambda_i$ を対角要素に持つ対角行列となる．

(a) 行列 $\boldsymbol{A}$ の固有値が全て異なる場合

(b) 行列 $\boldsymbol{A}$ が $m_i$ 重根の $\lambda_i$ $(i = 1, 2, \cdots k; n = \sum_{i=1}^{k} m_i)$ を持ち，$\lambda_i$ に関して $m_i$ 個の独立な固有ベクトルがある場合，すなわち $\mathrm{rank}[\lambda_i\boldsymbol{I} - \boldsymbol{A}] = n - m_i$ の場合

(c) 行列 $\boldsymbol{A}$ が実対称行列の場合

実ジョルダン標準形

行列 $\boldsymbol{A}$ の $g$ 個の実数固有値を $\lambda_1,\cdots,\lambda_g$ としそれぞれの重複度を $m_1,\cdots,m_g$，$r$ 個の複素数固有値を $\alpha_1 \pm j\beta_1,\cdots,\alpha_r \pm j\beta_r$ としそれぞれの重複度を $l_1,\cdots,l_r$ とする．行列 $\boldsymbol{A}$ に対して，適当な正則変換を行えば

$$\boldsymbol{J} = \begin{bmatrix} \boldsymbol{J}(\lambda_1, m_1) & & & & & \\ & \ddots & & & & \\ & & \boldsymbol{J}(\lambda_q, m_q) & & & \\ & & & \boldsymbol{K}(\alpha_1, \beta_1, l_1) & & \\ & & & & \ddots & \\ & & & & & \boldsymbol{K}(\alpha_1, \beta_1, l_1) \end{bmatrix}$$

と実ジョルダン標準形に変換される．ここで，$\boldsymbol{J}(\lambda, m)$, $\boldsymbol{K}(\alpha, \beta, l)$ はそれぞれ $m$ 次，$l$ 次の実ジョルダンブロック（real Jordan block）と呼ばれる次のような $m\times m$，$2l\times 2l$ の正方行列である．

$$\boldsymbol{J}(\lambda, m) = \begin{bmatrix} \lambda & 1 & & & \boldsymbol{0} \\ & \lambda & 1 & & \\ & & \ddots & \ddots & \\ & & & \ddots & 1 \\ \boldsymbol{0} & & & & \lambda \end{bmatrix}, \boldsymbol{K}(\alpha, \beta, l) = \begin{bmatrix} \boldsymbol{L} & \boldsymbol{I}_2 & & & \boldsymbol{0} \\ & \boldsymbol{L} & \boldsymbol{I}_2 & & \\ & & \ddots & \ddots & \\ & & & \ddots & \boldsymbol{I}_2 \\ \boldsymbol{0} & & & & \boldsymbol{L} \end{bmatrix}$$

ただし，$\boldsymbol{L} = \begin{bmatrix} \alpha & -\beta \\ \beta & \alpha \end{bmatrix}$，$\boldsymbol{I}_2$ は $2\times 2$ の単位行列である．

さて，次に実ジョルダンブロックが対角的であることを説明する．まず，$n$ 次の行列 $\boldsymbol{A}$ の固有値のうち実部が負である固有値の数を $r$ $(r \le n)$，0 の固有値の数を $n_0$ $(r + n_0 \le n)$ とする．（純虚数の固有値の数は $n - r - n_0$ となる）．行列 $\boldsymbol{A}$ はある座標変換行列 $\boldsymbol{T}$ によって実ジョルダン標準形

$$\boldsymbol{J} = \boldsymbol{T}^{-1}\boldsymbol{A}\boldsymbol{T} = \begin{bmatrix} \boldsymbol{A}_R & \boldsymbol{0} \\ \boldsymbol{0} & \boldsymbol{A}_I \end{bmatrix}$$

に変換される．ただし，$r\times r$ 実数行列 $\boldsymbol{A}_R$ は固有値がすべて負の実部をもち，$(n-r)\times(n-r)$ 行列 $\boldsymbol{A}_I$ は純虚数かあるいは 0 固有値のみをもつとする．実ジョルダン標準形の実部が 0 の固有値に対応する $\boldsymbol{A}_I$ の部分は

$$\boldsymbol{A}_I = \left[\begin{array}{ccc|ccc} 0 & & & & & \\ & \ddots & & & & \\ & & 0 & & & \\ \hline & & & \begin{bmatrix} 0 & \omega_1 \\ -\omega_1 & 0 \end{bmatrix} & & \\ & & & & \begin{bmatrix} 0 & \omega_2 \\ -\omega_2 & 0 \end{bmatrix} & \\ & & & & & \ddots \end{array}\right] \begin{array}{l} \left.\vphantom{\begin{matrix}0\\ \ddots\\ 0\end{matrix}}\right\} n_0 \\ \left.\vphantom{\begin{matrix}0\\0\\0\\0\\0\end{matrix}}\right\} n-r-n_0 \end{array}$$

となる．このように，実部が 0 の固有値に対応する実ジョルダン標準形のブロック行列 $\boldsymbol{A}_I$ の各ブロックの非対角要素に 1 がない場合を実ジョルダンブロックが対角的であるという．

### A・3・7 二次形式

(1) 二次形式(quadratic form)

$n$ 個の変数 $x_1, x_2, \cdots, x_n$ について次の表現を二次形式という.

$$q = \sum_{i=1}^{n} \sum_{j=1}^{n} a_{ij} x_i x_j$$

$x^T = [x_1 \ \cdots \ x_n]$ として，行列で表すと次のように書ける.

$$q = \boldsymbol{x}^T \boldsymbol{A} \boldsymbol{x} = \begin{bmatrix} x_1 & \cdots & x_n \end{bmatrix} \begin{bmatrix} a_{11} & \cdots & a_{1n} \\ \vdots & \cdots & \vdots \\ a_{n1} & \cdots & a_{nn} \end{bmatrix} \begin{bmatrix} x_1 \\ \vdots \\ x_n \end{bmatrix}$$

一般的に $\boldsymbol{A}$ は対称行列ととる.

(2) 二次形式の分類

正定(正値)(positive definite)

$\boldsymbol{x} \neq \boldsymbol{0}$ なる全ての $\boldsymbol{x}$ に対して $q > 0$ の時

準正定(半正定)(positive semi-definite)

$\boldsymbol{x} \neq \boldsymbol{0}$ なる全ての $\boldsymbol{x}$ に対して $q \geq 0$ の時

負定(負値)(negative definite)

$\boldsymbol{x} \neq \boldsymbol{0}$ なる全ての $\boldsymbol{x}$ に対して $q < 0$ の時

準負定(半負定)(negative semi-definite)

$\boldsymbol{x} \neq \boldsymbol{0}$ なる全ての $\boldsymbol{x}$ に対して $q \leq 0$ の時

(3) 正定行列(正定値行列)

二次形式 $q = \boldsymbol{x}^T \boldsymbol{A} \boldsymbol{x}$ が正定の場合，行列 $\boldsymbol{A}$ は正定行列とよばれ，$\boldsymbol{A} > 0$ と略記することがある.

二次形式が正定であるための必要十分条件は $\boldsymbol{A}$ の主小行列式が全て正であることである.

$$a_{11} > 0, \begin{vmatrix} a_{11} & a_{12} \\ a_{21} & a_{22} \end{vmatrix} > 0, \begin{vmatrix} a_{11} & a_{12} & a_{13} \\ a_{21} & a_{22} & a_{23} \\ a_{31} & a_{32} & a_{33} \end{vmatrix} > 0, \cdots, |\boldsymbol{A}| > 0$$

正定行列の全ての固有値は正数である．→固有値と固有ベクトル

行列 $\boldsymbol{A}$ が正定行列ならば，その行列は正則である．→行列と逆行列

同様に，準正定行列，負定行列，準負定行列がある.

## A・4 常微分方程式

### A・4・1 常微分方程式の基礎

(1) 常微分方程式(ordinary differential equation)

変数 $t$ の関数 $x$ の 1 階の導関数 $\dot{x} = dx/dt$ あるいは高階の導関数を含む方程式を常微分方程式という．次式のように，最高次の導関数が $n$ 階 ($x^{(n)} = d^n x / dt^n$ )であれば $n$ 階の常微分方程式とよばれる.

$$F(t, x, \dot{x}, \ddot{x}, \cdots, x^{(n)}) = 0$$

(2) 偏微分方程式(partial differential equation)

2つ以上の独立変数の関数でその偏導関数を含む方程式を偏微分方程式という.

$$F(t_1,\cdots,t_r,x,\frac{\partial x}{\partial t_i},\cdots,\frac{\partial^n x}{\partial t_1^i\cdots\partial t_r^j},\cdots)=0$$

以下，常微分方程式のみを扱う．

(3) 微分方程式の解(solution)

与えられた微分方程式を満足する関数をその微分方程式の解という．全ての解を求めることを微分方程式を解くという．

(4) 一般解(general solution)

$n$ 階の常微分方程式で，$n$ 個の独立な任意定数を含む解を一般解という．

(5) 特殊解(particular solution)

一般解の任意定数にある特定の値を与えることによって得られる解を特殊解という．

(6) 特異解(singular solution)

常微分方程式の解で，一般解に含まれない解を特異解という．

一般解を表す曲線群が包絡線を持てば，その包絡線を表す関数は元の方程式の特異解である．

(7) 初期値問題(initial value problem)

微分方程式において，独立変数の特定な値に対する解の値を初期値(initial value)という．例えば，$t_0,x_0,v_0$ をある定数として $x(t_0)=x_0$ や $\dot{x}(t_0)=v_0$ など．

初期値を指定することを初期条件(initial condition)を与えるという．

初期条件を与えて解を決定する問題を初期値問題という．

(8) 境界値問題(boundary value problem)

微分方程式において，ある一定の区間 $a\le x\le b$ の両端での解の値を境界値(boundary value)という．例えば，$x(a),x(b),\dot{x}(a),\dot{x}(b)$ など．

解 $x(t)$ が満たすべき条件式を境界条件(boundary condition)といい，

例えば $\alpha_0,\alpha_1,\cdots,\beta_0,\beta_1\cdots,x_a,x_b$ を定数として，$\alpha_0 x(a)+\alpha_1\dot{x}(a)+\cdots=x_a$，$\beta_0 x(b)+\beta_1\dot{x}(b)+\cdots=x_b$ のように与える．

与えられた境界条件を満足する解の存在を確かめたり，存在する時はそれを求めたりする問題を境界値問題という．

### A・4・2　1階の常微分方程式

$$F(t,x,\dot{x})=0 \quad \text{または} \quad \dot{x}=f(t,x)$$

と表される常微分方程式を 1 階の常微分方程式という．

(1) 変数分離形(separable equation)

$$g(x)\dot{x}=f(t) \quad \text{すなわち} \quad g(x)\,dx=f(t)\,dt \tag{A.3}$$

と右辺に $t$ のみ，左辺に $x$ のみが現れる形になる方程式を変数分離形という，

一般解は上の式(A.3)の両辺を積分して

$$\int g(x)\,dx=\int f(t)\,dt+c$$

と求められる．ここで $c$ は任意定数である．

(2) 完全微分方程式(exact differential equation)

$$M(t,x)\,dt+N(t,x)\,dx=0$$

において，左辺が完全微分であるもの，すなわち

$$M(t,x)\,dt + N(t,x)\,dx = du(t,x) \tag{A.4}$$

なる関数 $u(t,x)$ が存在するものを完全微分方程式という．

完全微分であるための必要十分条件は

$$\frac{\partial M}{\partial x} = \frac{\partial N}{\partial t}$$

が成り立つことである．

一般解は式(A.4)を積分して，$u(t,x) = c$　と求められる（$c$ は任意定数）．

(3) 積分因子(積分因数)(integrating factor)

$$P(t,x)\,dt + Q(t,x)\,dx = 0$$

が完全微分方程式でなくても，適当な関数 $\mu(t,x)$ をかけると完全微分方程式にできることがある．このような関数 $\mu(t,x)$ を積分因子という．

関数 $\mu(t,x)$ が積分因子となるための必要十分条件は

$$\frac{\partial(\mu P)}{\partial x} = \frac{\partial(\mu Q)}{\partial t} \quad \text{すなわち} \quad P\frac{\partial \mu}{\partial x} - Q\frac{\partial \mu}{\partial t} + \mu\left(\frac{\partial P}{\partial x} - \frac{\partial Q}{\partial t}\right) = 0$$

である．

$\mu(t,x)$ が 1 つの積分因子であり，$u(t,x) = c$ が与えられた微分方程式の 1 つの解であれば，$\mu u$ もまた積分因子である．

(4) 線形微分方程式(linear differential equation)

$$\dot{x} + f(t)x = r(t) \tag{A.5}$$

の形に書ける時，線形微分方程式という．ただし，$f$ と $r$ は $t$ の任意の与えられた関数である．

$r(t) \equiv 0$ の時，すなわち

$$\dot{x} + f(t)x = 0$$

の時，方程式は同次(homogeneous)であるといい，そうでない時には非同次(nonhomogeneous)であるという．

1 階線形微分方程式(A.5)の一般解は次の形で与えられる．

$$x = e^{-\int f(x)dx}\left\{\int e^{\int f(x)dx} r(x)\,dx + c\right\} \quad (c\text{ は任意定数})$$

## A・4・3　連立線形微分方程式と高階線形常微分方程式

(1) 線形連立微分方程式(simultaneous linear differential equations)

変数 $t$ の関数 $\boldsymbol{x} = [x_1 \quad x_2 \quad \cdots \quad x_n]^T$, $n \times n$ 行列 $\boldsymbol{A}(t) = [a_{ij}(t)]$,
$\boldsymbol{r}(t) = [r_1(t) \quad r_2(t) \quad \cdots \quad r_n(t)]^T$ に対して

$$\dot{\boldsymbol{x}} = \boldsymbol{A}(t)\boldsymbol{x} + \boldsymbol{r}(t) \tag{A.6}$$

の形の連立微分方程式を線形連立微分方程式という．

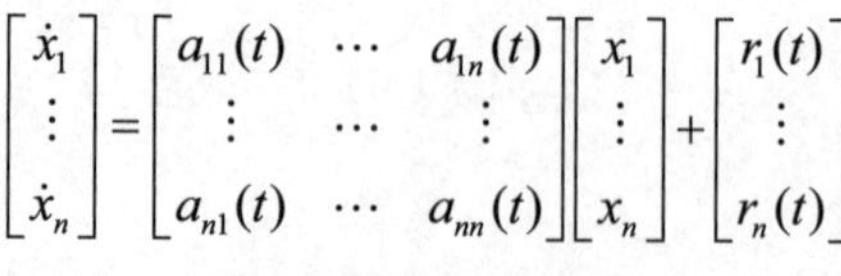
$$\begin{bmatrix} \dot{x}_1 \\ \vdots \\ \dot{x}_n \end{bmatrix} = \begin{bmatrix} a_{11}(t) & \cdots & a_{1n}(t) \\ \vdots & \cdots & \vdots \\ a_{n1}(t) & \cdots & a_{nn}(t) \end{bmatrix} \begin{bmatrix} x_1 \\ \vdots \\ x_n \end{bmatrix} + \begin{bmatrix} r_1(t) \\ \vdots \\ r_n(t) \end{bmatrix}$$

線形連立微分方程式

(1a) 連立微分方程式の解

ある開区間 $I$ 上で定義された関数 $\boldsymbol{x}$ がその区間の全ての $t$ に対して式(A.6)を満たすならば，$\boldsymbol{x}$ は式(A.6)の解といわれる．

(1b) 同次方程式

式(A.6)に付随する同次連立微分方程式は次式のようになる．

$$\dot{\boldsymbol{x}} = \boldsymbol{A}(t)\boldsymbol{x} \tag{A.7}$$

(1c) 重ね合わせの原理(superposition principle)，線形の原理(linearity principle)

同次方程式(A.7)の解の線形結合もまた解である．例えば $\boldsymbol{x}_1, \boldsymbol{x}_2$ が式(A.7)の解ならば $c_1, c_2$ を定数として $\boldsymbol{x} = c_1\boldsymbol{x}_1 + c_2\boldsymbol{x}_2$ も解である．

(1d) 同次方程式の一般解

同次方程式(A.7)の一般解は $\boldsymbol{c} = [c_1 \quad c_2 \quad \cdots \quad c_n]^T$ を任意定数ベクトルとして

$$\boldsymbol{x} = c_1\boldsymbol{x}_1 + c_2\boldsymbol{x}_2 + \cdots + c_n\boldsymbol{x}_n = \boldsymbol{X}(t)\boldsymbol{c}$$

と表される．ここで，$\boldsymbol{x}_1, \boldsymbol{x}_2, \cdots, \boldsymbol{x}_n$ は式(A.7)の一次独立な解であり，解基底(basis of solutions)または基本解系(fundamental system)とよばれる．また，$\boldsymbol{X}(t) = [\boldsymbol{x}_1 \quad \boldsymbol{x}_2 \quad \cdots \quad \boldsymbol{x}_n]$ を解行列，$W(t) = \det \boldsymbol{X}(t)$ をロンスキー行列式(Wronskian)とよぶ．$\boldsymbol{x}_1, \boldsymbol{x}_2, \cdots, \boldsymbol{x}_n$ が解基底である必要十分条件は開区間 $I$ の全ての $t$ に対して $W(t) \neq 0$ となることである．

(1e) 非同次方程式の一般解

式(A.6)の一般解は次の形を持つ．

$$\boldsymbol{x} = \boldsymbol{x}_h + \boldsymbol{x}_p$$

ここで，$\boldsymbol{x}_h$ は同次方程式(A.7)の一般解であり，$\boldsymbol{x}_p$ は非同次方程式(A.6)の 1 つの特殊解である．

係数変化法(method of variation of parameters)により $t$ に依存するベクトル $\boldsymbol{u}(t)$ を用いて $\boldsymbol{x}_p = \boldsymbol{X}(t)\boldsymbol{u}(t)$ が式(A.6)を満たすように $\boldsymbol{u}(t)$ を求めると，非同次方程式(A.6)の一般解は次のようになる．

$$\boldsymbol{x} = \boldsymbol{X}(t)\left\{\int_{t_0}^{t} \boldsymbol{X}^{-1}(\tau)\boldsymbol{r}(\tau)d\tau + \boldsymbol{c}\right\}$$

ここで，$\boldsymbol{c}$ は任意定数ベクトルであり，$t_0$ は開区間 $I$ 内の任意に固定された値である．

(2) 定数係数の線形連立微分方程式

定数係数行列 $\boldsymbol{A} = [a_{ij}]$ を持つ線形連立微分方程式

$$\dot{\boldsymbol{x}} = \boldsymbol{A}\boldsymbol{x} + \boldsymbol{r}(t) \tag{A.8}$$

(2a) 式(A.8)に付随する同次連立微分方程式

$$\dot{\boldsymbol{x}} = \boldsymbol{A}\boldsymbol{x} \tag{A.9}$$

の解行列は任意の正則行列を $\boldsymbol{C}$ として

$$\boldsymbol{X}(t) = e^{\boldsymbol{A}t}\boldsymbol{C}$$

である．ここで $e^{\boldsymbol{A}t}$ は状態推移行列であり，次式で定義される．

$$e^{\boldsymbol{A}t} = \boldsymbol{I} + \boldsymbol{A}t + \frac{1}{2!}\boldsymbol{A}^2t^2 + \cdots + \frac{1}{k!}\boldsymbol{A}^kt^k + \cdots = \sum_{k=0}^{\infty}\frac{1}{k!}\boldsymbol{A}^kt^k \tag{A.10}$$

なお，同次微分方程式(A.9)の基本解は

(i) 行列 $\boldsymbol{A}$ の固有値 $\lambda_i$ に対応する固有ベクトル $\boldsymbol{v}_i$ に対して

$$\boldsymbol{x}(t) = e^{\lambda_i t}\boldsymbol{v}_i$$

(ii) 固有値 $\lambda_i$ に対応する一般化固有ベクトル $\boldsymbol{v}_i$ に対して

$$\boldsymbol{x}(t) = e^{\lambda_i t}\left[\boldsymbol{v}_i + t(\boldsymbol{A} - \lambda_i\boldsymbol{I})\boldsymbol{v}_i + \frac{t^2}{2!}(\boldsymbol{A} - \lambda_i\boldsymbol{I})^2\boldsymbol{v}_i + \cdots + \frac{t^{k-1}}{(k-1)!}(\boldsymbol{A} - \lambda_i\boldsymbol{I})^{k-1}\boldsymbol{v}_i\right]$$

である．→固有値と固有ベクトル

(2b) 非同次方程式(A.8)の初期値問題

初期値 $\boldsymbol{x}(0)=\boldsymbol{x}_0$ の解は次のようになる．

$$\boldsymbol{x}(t)=e^{At}\boldsymbol{x}_0+\int_0^t e^{A(t-\tau)}\boldsymbol{r}(\tau)d\tau$$

(2c) 状態推移行列の算出方法

状態推移行列 $e^{At}$ を求めるにあたり，式(A.10)を用いたり，

$$e^{At}=\mathcal{L}^{-1}[(s\boldsymbol{I}-\boldsymbol{A})^{-1}]=\mathcal{L}^{-1}\left[\frac{\mathrm{adj}(s\boldsymbol{I}-\boldsymbol{A})}{|s\boldsymbol{I}-\boldsymbol{A}|}\right]$$

より $(s\boldsymbol{I}-\boldsymbol{A})^{-1}$ を Cramer の方法で求めて逆ラプラス変換する方法は次数が高くなると手計算では困難になる．$(s\boldsymbol{I}-\boldsymbol{A})^{-1}$ を求める計算機向きの方法に次の Faddeev の方法がある．

$$|s\boldsymbol{I}-\boldsymbol{A}|=s^n+\alpha_{n-1}s^{n-1}+\cdots+\alpha_1 s+\alpha_0$$
$$\mathrm{adj}(s\boldsymbol{I}-\boldsymbol{A})=\boldsymbol{B}_{n-1}s^{n-1}+\cdots+\boldsymbol{B}_1 s+\boldsymbol{B}_0$$

ここで，係数 $\alpha_i$ および $n\times n$ 係数行列 $\boldsymbol{B}_i$ は次の漸化式を満たす．

$$\begin{aligned}
&\boldsymbol{B}_{n-1}=\boldsymbol{I}, && \alpha_{n-1}=-\mathrm{tr}(\boldsymbol{B}_{n-1}\boldsymbol{A})\\
&\boldsymbol{B}_{n-2}=\boldsymbol{B}_{n-1}\boldsymbol{A}+\alpha_{n-1}\boldsymbol{I}, && \alpha_{n-2}=-\mathrm{tr}(\boldsymbol{B}_{n-2}\boldsymbol{A})/2\\
&\quad\vdots && \quad\vdots\\
&\boldsymbol{B}_{n-k}=\boldsymbol{B}_{n-k+1}\boldsymbol{A}+\alpha_{n-k+1}\boldsymbol{I}, && \alpha_{n-k}=-\mathrm{tr}(\boldsymbol{B}_{n-k}\boldsymbol{A})/k\\
&\quad\vdots && \quad\vdots\\
&\boldsymbol{B}_0=\boldsymbol{B}_1\boldsymbol{A}+\alpha_1\boldsymbol{I}, && \alpha_0=-\mathrm{tr}(\boldsymbol{B}_0\boldsymbol{A})/n\\
&\boldsymbol{0}=\boldsymbol{B}_0\boldsymbol{A}+\alpha_0\boldsymbol{I}
\end{aligned}$$

なお，左側の最後の式は $(s\boldsymbol{I}-\boldsymbol{A})^{-1}$ の計算には直接必要ないが，$\boldsymbol{B}_i$ を順次代入すると Cayley-Hamilton の定理を表していることがわかる．

(3) 高階線形微分方程式

変数 $t$ の関数 $x$ に対して，$n$ 階の常微分方程式が

$$x^{(n)}+a_{n-1}(t)x^{(n-1)}+\cdots+a_1(t)\dot{x}+a_0(t)x=r(t) \tag{A.11}$$

の形になるならば線形とよばれる．$r(t)\equiv 0$ ならば同次，そうでなければ非同次である．

第 8 章で述べたように $\boldsymbol{x}=[x_1\quad x_2\quad\cdots\quad x_n]^T=[x\quad \dot{x}\quad\cdots\quad x^{(n-1)}]^T$ ととれば，式(A.11)は次のような線形連立微分方程式になる．

$$\dot{\boldsymbol{x}}=\begin{bmatrix}0 & 1 & 0 & \cdots & 0\\ 0 & 0 & 1 & \cdots & 0\\ \vdots & \vdots & \vdots & \ddots & \vdots\\ 0 & 0 & 0 & \cdots & 1\\ -a_0(t) & -a_1(t) & -a_2(t) & \cdots & -a_{n-1}(t)\end{bmatrix}\boldsymbol{x}+\begin{bmatrix}0\\0\\\vdots\\0\\r(t)\end{bmatrix}$$

# 解　答

## 第１章

【問題 1.1】　蛇口を開けて水を出す　→　水面が目標水位に近化づくくにつれて，蛇口を少しずつ閉める　→　水位が目標水位かどうかを眼で確かめる　→　水位が目標水位に来たとき蛇口を完全に閉める．

【問題 1.2】The feedback system should have a faucet actuator and a water level sensor. The operation flow is depicted as the following block diagram.

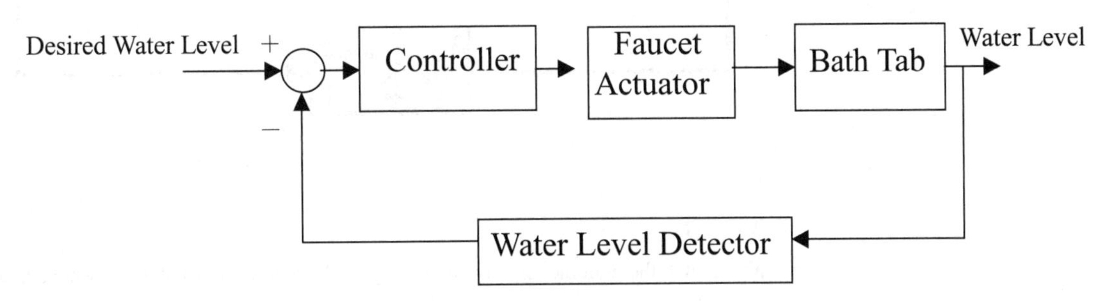


問 1.1 Block Diagram of Bath Tab Water Level Control

【問題 1.3】If it becomes light, the lamp gets on. But it will never get off even if it will dark because the lamp will continue to shine the sensor.

【問題 1.4】The cabin temperature is changed much more slowly than the change in outdoor temperature due to high insulation of the cabin. Therefore, installing a temperature sensor in the cabin provides much better response.

【問題 1.5】The block diagram is shown in Fig.1.2.

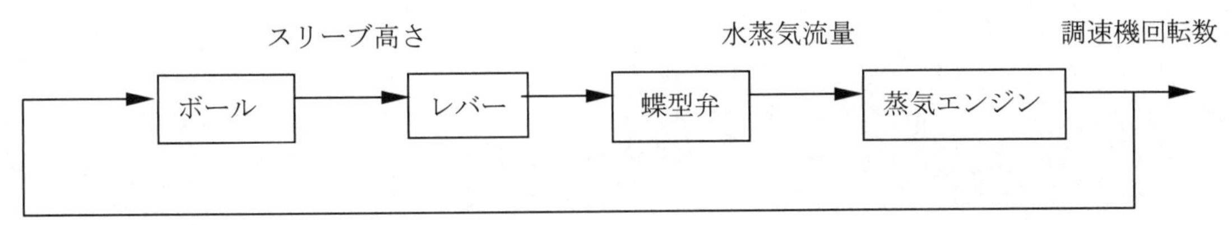


図 1.2

【問題 1.6】例えば，遠心調速機の主軸を風車の主軸と連動して回転する軸に結合する．また蝶型弁についているレバーの先端で押し付けブレーキが駆動できるような機構を作る．この押しつけブレーキは遠心調速機の主軸にブレーキを加える機構にする．

【問題 1.7】　$i(t)=e^{-(R/L)t}i_0+\frac{1}{L}\int_0^t e^{-(R/L)(t-\tau)}\{v(\tau)-K\omega(\tau)\}d\tau$

【問題 1.8】　これは C-1 に違反している．$u(t)=0$ を入力とすると，出力は $y(t)=y_0\neq 0$．となるので．

【問題 1.9】　In order for this differential equation to be a linear system, we have to set the initial conditions at $x_1(0)=x_2(0)=0$. Otherwise, this system would produce non-zero outputs to zero inputs, $u_1(0)=u_2(0)=0$. Using C1 and C2 for (1.1) with $x_0=0$ in the same fashion as Example 1.6 proves linearity of the system.

【問題 1.10】下図に示す．モータ機構は(1-2)式の電機子回路方程式とモータ軸周りの運動方程式の中に含まれている．

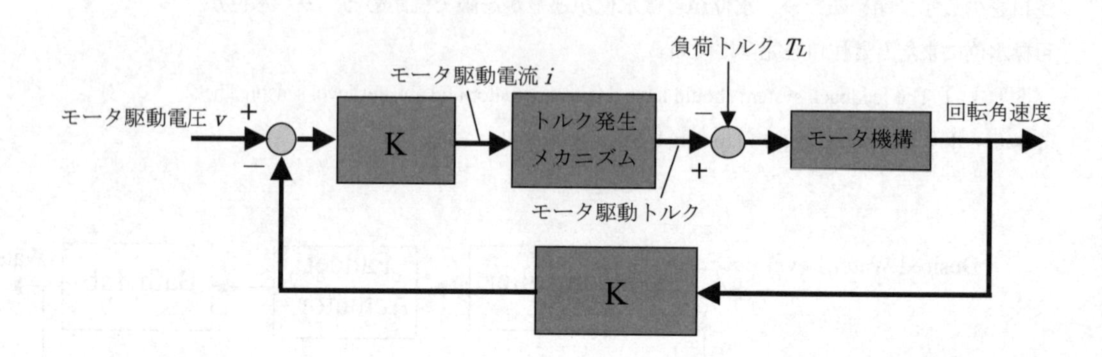


【問題 1.11】

Assuming that the volume of alcohol is negligible compared to that of water, and that temperature is uniform all in the water, the following diagram is obtained.

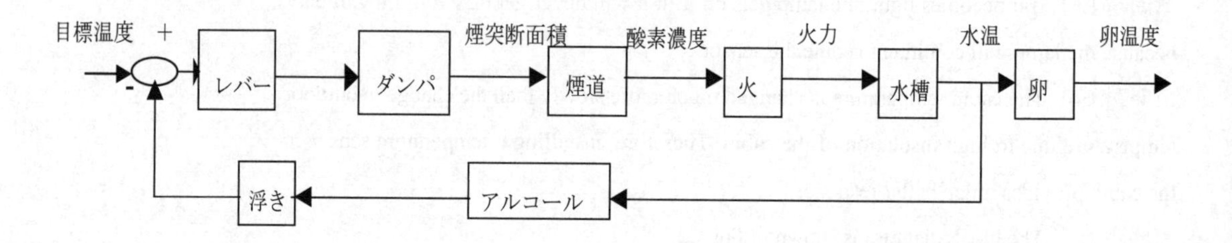

# 第2章

【問題 2.1】　【例 2.3】を参照.

(1) $f(x)=2\log x,\ x=2$，最初に，$f(x)$ の導関数を求めると，$df/dx=\dfrac{2}{x}$ となる.

いま，x=2 を上式に代入し，$df/dx\big|_{x=2}=1$ を得る．また，$f(x)=f(2)=2/(2)$ となる．　x=2 の近傍の関数は $f(x)=\delta x$ のように表すことができる．x=2 を動作点とし，その近傍の動作点では，1 の傾きの直線で近似できることがわかる.

(2) $f(x)=5\sin\theta,\ \theta=\pi/3$，最初に，$f(x)$ の導関数を求めると，

$df/dx=5\cos x$ となる．いま，x=$\pi$/3 を式に代入し，$df/dx\big|_{x=\frac{\pi}{3}}=2.5$ を得る．また，

$f(x)=f(\pi/3)=5\cos(\pi/3)$ となる．　x=$\pi$/3 の近傍の関数は，以下のように表すことができる．$f(x)=2.5\delta x$，x=$\pi$/3 を動作点とし，その近傍の動作点では，2.5 の傾きの直線で近似できることがわかる.

【問題 2.2】　【例 2.4】を参照．上式では，x=5$\pi$/6 の近傍で $\sin\theta$ を線形化する必要があるので，$x=\delta x+\dfrac{5}{6}\pi$ を用いる．ここで，$\delta x$ は x=5$\pi$/6 の近傍で，その動作範囲が小さいものとすると，

$$\frac{d^2(\delta x+\frac{5}{6}\pi)}{dt^2}+\frac{d(\delta x+\frac{5}{6}\pi)}{dt}+\sin(\delta x+\frac{5}{6}\pi)=0 \qquad \text{(a)}$$

となるが，左辺の第 1 項，第 2 項はそれぞれ以下のように表すことができる.

$$\frac{d^2(\delta x+\frac{5}{6}\pi)}{dt^2}=\frac{d^2\delta x}{dt^2} \qquad \frac{d(\delta x+\frac{5}{6}\pi)}{dt}=\frac{d\delta x}{dt} \qquad \text{(b)}$$

結局，$\sin(\delta x+5\pi/6)$ のみを対象とし，sin 項をテーラー展開し，その高次の項を無視することによって線形化すればよいことになる．$f(x)$=sin ($\delta x$+5$\pi$/6)，$f(x_o)$=$f$ (5$\pi$/6) = sin (5$\pi$/6)，$(x-x_o)=\delta x$ とすると，関数 $f(x)$ は $x=x_o$ まわりで，テーラー級数の最初の数項を用いて近似することができ，

$$\sin(\delta x+\frac{5}{6}\pi)-\sin(\frac{5}{6}\pi)=\frac{d\sin x}{dx}\bigg|_{x=\frac{5}{6}\pi}\delta x=\cos(\frac{5}{6}\pi)\delta x \qquad \text{(c)}$$

が与えられる．上式を整理して，以下の式を得る.

$$\sin(\delta x+\frac{5}{6}\pi)=\sin(\frac{5}{6}\pi)+\cos(\frac{5}{6}\pi)\delta x=-\frac{1}{2}+\frac{\sqrt{3}}{2}\delta x \qquad \text{(d)}$$

これまでに得られた式 (b)，(d) を式 (a) に代入すると，以下のような線形化微分方程式を得ることができる.

$$\frac{d^2\delta x}{dt^2}+\frac{d\delta x}{dt}+\frac{\sqrt{3}}{2}\delta x=\frac{1}{2}$$

【問題 2.3】　この電気回路の方程式を得るために，以下のような関係式を求める．

$$i = i_1 + i_2 \quad e_i = \frac{1}{C_1}\int i dt + \frac{1}{C_2}\int i_2 dt + R_2 i_2 \quad R_1 i_1 = \frac{1}{C_2}\int i_2 dt + R_2 i_2 \quad e_o = R_2 i_2$$

上式の関係より，$i(t)$，$i_1(t)$，$i_2(t)$ を消去することにより，以下のような入力電圧 $e_i(t)$ と出力電圧 $e_o(t)$ の方程式を得る．

$$\frac{1}{C_1}\int\left(\frac{1}{R_1 R_2 C_2}\int\left(e_o dt + \frac{e_o}{R_1}\right)\right)dt + \left(\frac{1}{C_1 R_2} + \frac{1}{C_2 R_2}\right)\int e_o dt + e_o = e_i$$

または

$$\frac{1}{R_1 R_2 C_1 C_2}\int e_o dt + \left(\frac{1}{R_1^2 R_2 C_1 C_2} + \frac{1}{C_1 R_2} + \frac{1}{C_2 R_2}\right)e_o + \frac{de_o}{dt} = \frac{de_i}{dt}$$

【問題 2.4】　この電気回路の方程式を得るために，以下のような関係式を求める．

$$i = i_1 + i_2 \quad e_i(t) = L\frac{di}{dt} + R_1 i + \frac{1}{C_1}\int i_2 dt \quad R_2 i_1 = \frac{1}{C_1}\int i_2 dt \quad e_o = \frac{1}{C_1}\int i_2 dt$$

上式の関係より，$i(t)$，$i_1(t)$，$i_2(t)$ を消去することにより，以下のような入力電圧 $e_i(t)$ と出力電圧 $e_o(t)$ の方程式を得る．

$$LC_1\frac{d^2 e_o}{dt^2} + (L/R_2 + R_1 C_1)\frac{de_o}{dt} + (\frac{R_1}{R_2} + 1)e_o = e_i$$

【問題 2.5】　$m_1$，$m_2$ に関するそれぞれの運動方程式を求めればよい．したがって，求める運動方程式は，以下のようになる．$m_1\ddot{x}_1 + D_1(\dot{x}_1 - \dot{x}_2) + k_1(x_1 - x_2) = F(t)$

$$-D_1(\dot{x}_1 - \dot{x}_2) - k_1(x_1 - x_2) + m_2\ddot{x}_2 + D_2\dot{x}_2 + k_2 x_2 = 0$$

【問題 2.6】　このシステムは，基礎励振運動として考えることができる．したがって，システム全体が静止しているとき，$x = 0$，$y = 0$ とすると，

$$m\frac{d^2}{dt^2}(y - x) = -ky - c\frac{dy}{dt}$$

となり，求める運動方程式は，$m\dfrac{d^2 y}{dt^2} + c\dfrac{dy}{dt} + ky = m\dfrac{d^2 x}{dt^2}$ となる．

上記の式からわかるように，左辺 $m\,d^2x/dt^2$ の変化によって，加速度計の質量 $m$ の応答が変化することが見出される．

【問題 2.7】　この系の運動エネルギの関係は，$\dfrac{1}{2}J_L\omega_m{}^2 = \dfrac{1}{2}M\dfrac{d^2 x}{dt^2}$

となる．ここで，$J_L$ は負荷 $M$ のベルト上での慣性モーメントであり，$J_L = Mr^2$ としている．

さらに，モータはベルトから一定の反力をモータが受け，その反力を $F$，そして，モータの慣性モーメント（一般には，ロータの慣性モーメント）を $J_m$ とすれば，求める運動方程式は以下のようになる．$(J_m + Mr^2)\dfrac{d\omega_m}{dt} + Fr = T(t)$

# 第 3 章

【問題 3.1】　付表 3.1 のラプラス変換表を用いる.

(1)　$f(t)=e^{3t}$，付表 3.1 の 5 より，$L[f(t)]=\dfrac{1}{s-3}$

(2)　$f(t)=1-e^{-\alpha t}$，付表 3.1 の 1 および 5 より，$L[f(t)]=\dfrac{1}{s}-\dfrac{1}{s+\alpha}$

(3)　$f(t)=e^{-\beta t}\cos\omega t$，付表 3.1 の 18 より，$L[f(t)]=\dfrac{s+\beta}{(s+\beta)^2+\omega^2}$

(4)　$f(t)=\sin(\omega t+\phi)$，三角関数の公式を用いていると，$\sin(\alpha+\beta)=\sin\alpha\cos\beta+\cos\alpha\sin\beta$ となり，この公式を元に変換すると以下のようになる．$\sin(\omega t+\varphi)=\sin\omega t\cos\varphi+\cos\omega t\sin\varphi$ ここで，右辺の sin および cos をそれぞれ付表 3.1 の 10 および 13 を用いてラプラス変換すると，

$L[\sin\omega t]=\dfrac{\omega}{s^2+\omega^2}$ $L[\cos\omega t]=\dfrac{s}{s^2+\omega^2}$ となる．したがって，求める解は以下のようになる．$L[\sin(\omega t+\varphi)]=L[\sin\omega t\cos\varphi+\cos\omega t\sin\varphi]$

$$=\frac{\omega}{s^2+\omega^2}\cos\varphi+\frac{s}{s^2+\omega^2}\sin\varphi=\frac{\omega\cos\varphi+s\sin\varphi}{s^2+\omega^2}$$

【問題 3.2】　付表 3.1 のラプラス変換表を用いる.

(1)　$F(s)=\dfrac{1}{s(s^2+\alpha^2)}$，付表 3.1 の 26 より，$L^{-1}[F(s)]=\dfrac{1}{\alpha^2}(1-\cos\alpha t)$

(2)　$F(s)=\dfrac{s+1}{s(s^2+\alpha^2)}$，付表 3.1 の 27 より，

$$L^{-1}[F(s)]=\frac{1}{\alpha^2}-\frac{(1+\alpha^2)^{1/2}}{\alpha^2}\cos(\alpha t+\varphi)\qquad \varphi=\tan\alpha$$

(3)　$F(s)=\dfrac{1}{s^2(s+\alpha)}$，　付表 3.1 の 28 より，$L^{-1}[F(s)]=\dfrac{t}{\alpha}-\dfrac{1}{\alpha^2}(1-e^{-\alpha t})$

(4)　$F(s)=\dfrac{1}{s(s+\alpha)^2}$，付表 3.1 の 30 より，$L^{-1}[F(s)]=\dfrac{1-(1+\alpha t)e^{-\alpha t}}{\alpha^2}$

(5)　$F(s)=\dfrac{1}{s^3}$，付表 3.1 の 7 より，$L^{-1}[F(s)]=\dfrac{t^2}{2}$

(6) $F(s)=\dfrac{4}{(s+2)(s+6)}$，付表 3.1 の 8 より，$L^{-1}[F(s)]=\dfrac{4\left(e^{-2t}-e^{-6t}\right)}{6-2}=e^{-2t}-e^{-6t}$

【問題 3.3】　この電気回路の方程式をキルヒホッフ（kirchhoff）の第 2 法則を用いて求めると，以下のようになる．$L\dfrac{di}{dt}+Ri+\dfrac{1}{C}\int idt=e(t)$ さらに，例題 2.6，例題 2.7 の式を以下のように変形する．$m\dfrac{d\dot{x}}{dt}+c\dot{x}+k\int\dot{x}dt=f(t)$，

$J\dfrac{d\dot{\omega}}{dt}+c\dot{\omega}+k\int\dot{\omega}dt=T(t)$ 上記，3 式を比較することにより，表にまとめるような関係を見出すことができる．

表 3.1　電気系・機械系（直動系，回転系）の関係

| 電気系 | | 直動系 | | 回転系 | |
|---|---|---|---|---|---|
| 電　圧 | $e(t)$ | 力 | $f(t)$ | トルク | $T(t)$ |
| 電　流 | $i$ | 速　度 | $\dot{x}$ | 角速度 | $\dot{\omega}$ |
| インダクタンス | $L$ | 質　量 | $m$ | 慣性モーメント | $J$ |
| 抵　抗 | $R$ | 粘性抵抗 | $c$ | 粘性抵抗 | $c$ |
| エラスタンス | $1/C$ | バネ定数 | $k$ | バネ定数 | $k$ |

【問題 3.4】　モデル化の一例を以下に示す．

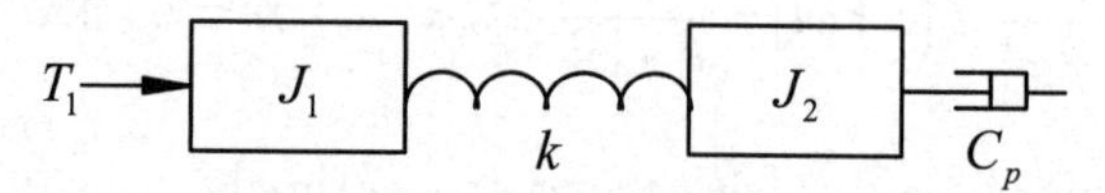


上記のモデルを元に，以下のような方程式を得る．

$$J_1s^2\theta_1=T_1-T_2=T_1-k(\theta_1-\theta_2) \tag{3.a}$$

$$J_2s^2\theta_2=T_2-T_p=k(\theta_1-\theta_2)-C_ps\theta_2 \tag{3.b}$$

上式を整理すると，

$$(J_1s^2+k)\theta_1-k\theta_2=T_1 \tag{3.c}$$

$$-k\theta_1+(J_2s^2+C_ps+k)\theta_2=0 \tag{3.d}$$

となる．さらに，$\theta_1$ について式(3.d)を整理し，

$$\theta_2=\frac{k\theta_1}{J_2s^2+C_ps+k} \tag{3.e}$$

式(3.e)を式(3.c)に代入する．

$$\begin{aligned}(J_1s^2+k)\theta_1-k\left(\frac{k\theta_1}{J_2s^2+C_ps+k}\right)&=\left(J_1s^2+k-\frac{k^2}{J_2s^2+C_ps+k}\right)\theta_1\\&=\frac{J_1J_2s^4+J_1C_ps^3+(J_1+J_2)ks^2+C_pks}{J_2s^2+C_ps+k}\theta_1=T_1\end{aligned} \tag{3.f}$$

式(3.f)を整理し，入力 $T_1$，出力 $\theta_1$ としたときの伝達関数を $G_1(s)$ とすると，以下のようになる．

$$G_1(s)=\frac{\theta_1}{T_1}=\frac{J_2s^2+C_ps+k}{J_1J_2s^4+J_1C_ps^3+(J_1+J_2)ks^2+C_pks} \tag{3.g}$$

入力 $T_1$，出力 $\theta_2$ としたときの伝達関数を $G_2(s)$ も，同様にして求めると，以下のようになる．

$$G_2(s)=\frac{\theta_2}{T_1}=\frac{k}{J_1J_2s^4+J_1C_ps^3+(J_1+J_2)ks^2+C_pks} \tag{3.h}$$

【問題 3.5】　まず，図 3.14(a)の伝達関数を求める．
図中の加え合わせ点を $x$ とすると，

$$x = X(s) - (2\frac{5}{s+1}x + \frac{5}{s(s+1)}x) \tag{3.a}$$

$$x + (\frac{10}{s+1}x + \frac{5}{s(s+1)}x) = X(s) \tag{3.b}$$

$$x(1 + \frac{10}{s+1} + \frac{5}{s(s+1)}) = x(\frac{s^2+11s+5}{s(s+1)}) = X(s) \tag{3.c}$$

となり，$x$ について整理すると，

$$x = \frac{s(s+1)}{s^2+11s+5}X(s) \tag{3.d}$$

となる。一方，$Y(s)$ は以下のようになり，

$$Y(s) = \frac{5}{s(s+1)}x \tag{3.e}$$

$x$ を代入すると，

$$Y(s) = \frac{5}{s(s+1)}x = \frac{5}{s(s+1)} \cdot \frac{s(s+1)}{s^2+11s+5}X(s)$$

$$= \frac{5}{s^2+11s+5}X(s) \tag{3.f}$$

となる．

図中(b)の $H(s)$ を求める．この図(b)の伝達関数は，付表 3.2 の 3 を用いると，

$$Y(s) = \frac{\frac{5}{s(s+1)}}{1 + \frac{5}{s(s+1)}H(s)}X(s) = \frac{5}{s^2+s+5H(s)}X(s)$$ となる．この式と式(3.f)の係数を比較し，$H(s)$ を求めると，以下のようになる．$H(s) = 2s+1$
となる． 図中(c)の $G(s)$ を求める．この図(c)の伝達関数も，付表 3.2 の 3 を用いると，$Y(s) = \frac{G(s)}{1+G(s)}X(s)$ となる．この式と式(3.f)の係数を比較することにより，求める $G(s)$ は以下のようになる．$G(s) = \frac{5}{s(s+11)}$

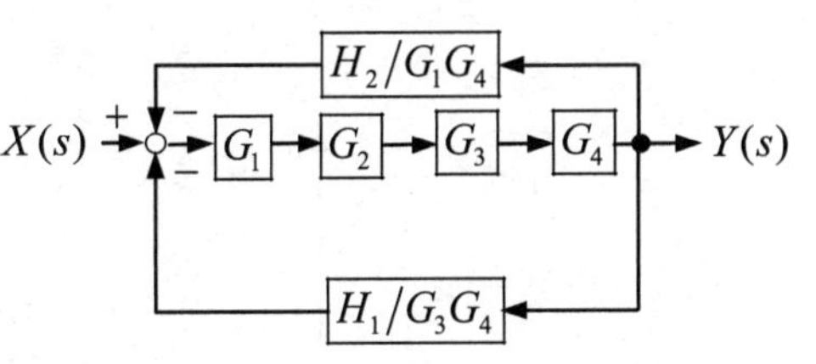


【問題 3.6】　まず，$H_1$，$H_2$ の引き出し点を付表 3.2 の 7 を用いて，図のように $G_1$ の前，$G_4$ の後ろに移動する．

右図の伝達関数を求めると，以下のようになる．

$$G(s) = \frac{G_1G_2G_3G_4}{1 + G_1G_2G_3(\frac{H_1}{G_3} + \frac{H_2}{G_1})}$$

# 第4章

【問題 4.1】 $R(s)$ から $Y(s)$ までの伝達関数は $W_{ry}(s)=5/(s+6)$ であり，

その周波数伝達関数から $\left|W_{ry}(j\omega)\right|=\dfrac{5}{\sqrt{36+\omega^2}}$，　$\angle W_{ry}(j\omega)=-\tan^{-1}\dfrac{\omega}{6}$

である．よって，$\omega=1$ でゲインは 0.822，位相は-0.165[rad]，$\omega=2$ でゲインは 0.791，位相は-0.322[rad]と計算でき，定常出力 $y(t)$ は

$y(t)=0.822\sin(t-0.165)-1.58\cos(2t-0.322)$ である．

【問題 4.2】 定常出力 $y(t)$ の振幅は伝達関数のゲイン $\left|G(\mathrm{j}\omega)\right|$ に一致するから，$\left|G(\mathrm{j}\omega)\right|$ を最大にする $\omega$ を求めればよい．表 4.1 より，

二次系のゲインは $\left|G(\mathrm{j}\omega)\right|=\dfrac{1}{\sqrt{\left\{1-\left(\dfrac{\omega}{\omega_n}\right)^2\right\}^2+\left(2\zeta\dfrac{\omega}{\omega_n}\right)^2}}$ なので，$\left|G(\mathrm{j}\omega)\right|$ を

最大にする $\omega$ は

$$f(\Omega)=\left(1-\Omega^2\right)^2+\left(2\zeta\Omega\right)^2=\Omega^4-\left(2-4\zeta^2\right)\Omega^2+1=\left\{\Omega^2-\left(1-2\zeta^2\right)\right\}^2+1-\left(1-2\zeta^2\right)^2$$

を最小にする $\omega$ である．ここで，$\Omega=\omega/\omega_n$ とした．$0<\zeta<1/\sqrt{2}$ に注意すれば，$f(\Omega)$ は $\Omega=\sqrt{1-2\zeta^2}$ で最小値をとる．結局，定常出力の振幅を最大にする角周波数は $\omega=\omega_n\sqrt{1-2\zeta^2}$ となる．

【問題 4.3】 （1）$G_1(s)$ の周波数伝達関数

$$G_1(\mathrm{j}\omega)=\frac{1+\mathrm{j}T_2\omega}{1+\mathrm{j}T_1\omega}=\frac{(1+\mathrm{j}T_2\omega)\times(1-\mathrm{j}T_1\omega)}{(1+\mathrm{j}T_1\omega)\times(1-\mathrm{j}T_1\omega)}=\frac{1+T_1T_2\omega^2+j(T_2-T_1)\omega}{1+T_1^2\omega^2}$$

から，$G_1(\mathrm{j}\omega)$ の実部を $x$，虚部を $y$，すなわち

$$x=\frac{1+T_1T_2\omega^2}{1+T_1^2\omega^2},\quad y=\frac{(T_2-T_1)\omega}{1+T_1^2\omega^2}$$

とおけば $\left(x-\dfrac{T_2/T_1+1}{2}\right)^2+y^2=\left(\dfrac{T_2/T_1-1}{2}\right)^2$ が成り立つので，$G_1(\mathrm{j}\omega)$ のベクトル軌跡は中心 $\dfrac{T_2/T_1+1}{2}+\mathrm{j}0$，半径 $\dfrac{T_2/T_1-1}{2}$ の円の上半分であることがわかる（図 4.13(a)）．

(2)同様にして

$$G_2(\mathrm{j}\omega)=\frac{1-\mathrm{j}T_2\omega}{1+\mathrm{j}T_1\omega}=\frac{1-T_1T_2\omega^2-j(T_2+T_1)\omega}{1+T_1^2\omega^2}$$

から，$G_2(\mathrm{j}\omega)$ の

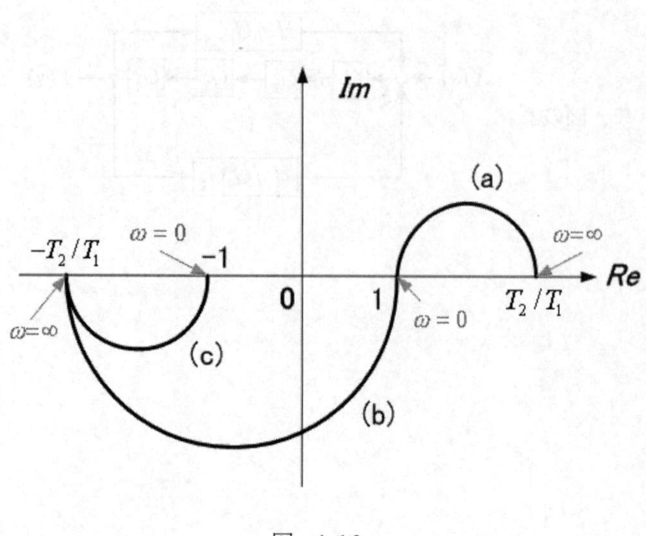


図 4.13

ベクトル軌跡は中心 $-\frac{T_2/T_1-1}{2}+\mathrm{j}0$，半径 $\frac{T_2/T_1+1}{2}$ の円の下半分である（図 4.13(b)）

(3) $G_3(\mathrm{j}\omega)=-G_1(\mathrm{j}\omega)$ であるから，そのベクトル軌跡は図 4.13(c) である．

【問題 4.4】 (1) $G_r(s)$ の周波数伝達関数 $G_r(\mathrm{j}\omega)$ を計算すると

$$G_r(\mathrm{j}\omega)=\frac{1}{(\mathrm{j}\omega)^r}=\begin{cases}\varepsilon^r & , \quad r=4k\\ -\mathrm{j}\varepsilon^r & , \quad r=4k+1\\ -\varepsilon^r & , \quad r=4k+2\\ \mathrm{j}\varepsilon^r & , \quad r=4k+3\end{cases}$$

を得る．ただし，$\varepsilon=1/\omega$，$k=1,2,\cdots$ である．よって，ベクトル軌跡は $r$ が 1 だけ大きくなると，正の実軸，負の虚軸，負の実軸，正の虚軸の順番に変化することになる（図 4.14）．

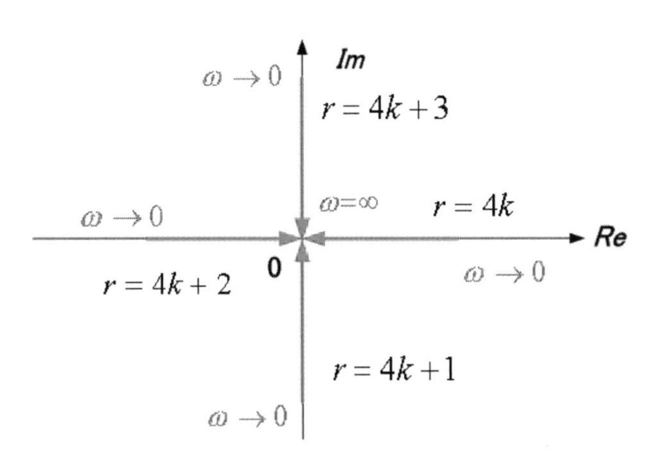


図 4.14

(2) $G(s)$ の分母多項式の次数を $n$，分子多項式の次数を $m$，相対次数 $r=n-m(\geq 1)$ とする．分母，分子を $s^m$ で割ることによって

$$G(s)=\frac{b_m+b_{m-1}s^{-1}+b_{m-2}s^{-2}+\cdots}{s^r\left(1+a_{n-1}s^{-1}+a_{n-2}s^{-2}+\cdots\right)}$$

と書くことができる．したがって

$$\lim_{\omega\to\infty}G(\mathrm{j}\omega)=\lim_{\omega\to\infty}\frac{b_m+b_{m-1}(\mathrm{j}\omega)^{-1}+b_{m-2}(\mathrm{j}\omega)^{-2}+\cdots}{(\mathrm{j}\omega)^r\left\{1+a_{n-1}(\mathrm{j}\omega)^{-1}+a_{n-2}(\mathrm{j}\omega)^{-2}+\cdots\right\}}=\lim_{\omega\to\infty}\frac{b_m}{(\mathrm{j}\omega)^r}$$

なので，$G(s)$ のベクトル軌跡の原点への漸近の様子は $b_mG_r(s)$ と同じになる．すなわち，$b_m>0$ の場合，相対次数 $r$ の値によって，原点への近づき方は図 4.14 のようになる．

【問題 4.5】 低周波域で傾き-20[dB/dec]であるから $G(s)$ は $1/s$ を因子として持つ．$\omega=0.1$ で傾きが-40[dB/dec]に変化しているので，$1/(1+10s)$ を因子として持つ．また，$\omega=0.5$ で傾きが-20[dB/dec]に変化したから $(1+2s)$ を，$\omega=5$ で傾きが-40[dB/dec]に変化したから $1/(1+0.2s)$ を因子とする．よって，$G(s)=K\frac{(1+2s)}{s(1+10s)(1+0.2s)}$ である．$\omega=1$ で

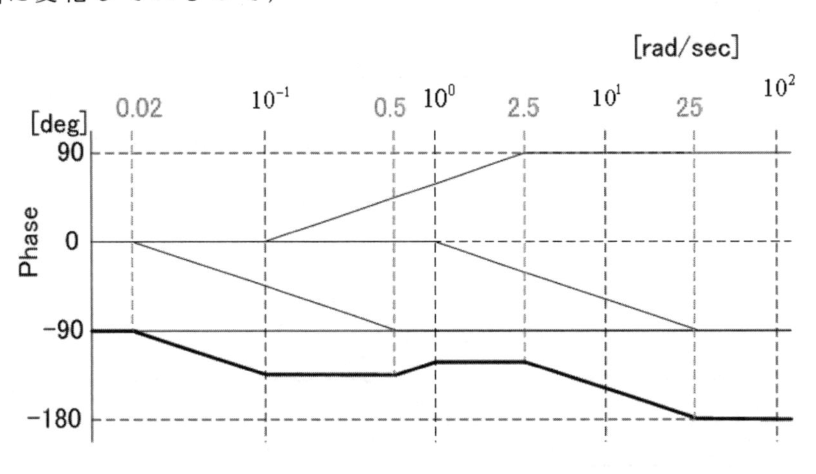


図 4.15

ゲイン $|G(\mathrm{j}\omega)|=1$ なので，$K=5$ である．位相線図は図 4.15 の通りである．

【問題 4.6】 The transfer function $W_{ry}(s)$ from $R(s)$ to $Y(s)$ is $W_{ry}(s)=\dfrac{5}{s^2+s+5}$ and its gain and phase are given as

$$|W_{ry}(\mathrm{j}\omega)|=\frac{5}{\sqrt{(5-\omega^2)^2+\omega^2}},\quad \angle W_{ry}(\mathrm{j}\omega)=\tan^{-1}\left(-\frac{\omega}{5-\omega^2}\right)$$

Therefore, by obtaining for $\omega=2$, $|W_{ry}(\mathrm{j}2)|=\sqrt{5}$ and $\angle W_{ry}(\mathrm{j}2)=-\pi/3$, the steady state output $y(t)$ is given as $y(t)=\sqrt{5}\sin\left(2t-\dfrac{\pi}{3}\right)$.

【問題 4.7】 $R(s)$ から $Y(s)$ までの伝達関数は $W_{ry}(s)=K/(Ts^2+s+K)$ であり，その周波数伝達関数から

$$|W_{ry}(j\omega)|=\frac{K}{\sqrt{(K-T\omega^2)^2+\omega^2}},\qquad \angle W_{ry}(j\omega)=-\tan^{-1}\frac{\omega}{K-T\omega^2}$$

である．$\omega=1$ に対する定常出力 $y(t)$ の振幅 $\sqrt{2}$ と位相 $-\pi/4$ から，

$$\frac{K}{\sqrt{(K-T)^2+1}}=\sqrt{2},\qquad -\tan^{-1}\frac{1}{K-T}=-\frac{\pi}{4}$$

の関係が成り立ち，これより $K=2, T=1$ を得る．

【問題 4.8】 一次遅れ系 $G(s)=1/(1+Ts)$ の周波数伝達関数 $G(\mathrm{j}\omega)=\dfrac{1}{1+\mathrm{j}\omega T}=\dfrac{1-\mathrm{j}\omega T}{1+(\omega T)^2}$ から $x(\omega)=\dfrac{1}{1+(\omega T)^2}$, $y(\omega)=-\dfrac{\omega T}{1+(\omega T)^2}$ とおけば，$G(s)$ のベクトル軌跡は複素平面上に $x(\omega)+\mathrm{j}y(\omega)$ をプロットしたものである．ここで $\left(x(\omega)-\dfrac{1}{2}\right)^2+y(\omega)^2=\left(\dfrac{1}{2}\right)^2$ が成り立つので，任意の $\omega$ に対して，$x(\omega)+\mathrm{j}y(\omega)$ は中心 $0.5+\mathrm{j}0$，半径 0.5 の円上に位置することになる．

【問題 4.9】

$G(s)=\dfrac{-10(1+0.5s)}{(1+0.2s)(1-0.2s)}$ と変形できるので

$G_1(s)=-10$ ， $G_2(s)=1+0.5s$ ， $G_3(s)=\dfrac{1}{1+0.2s}$ ，

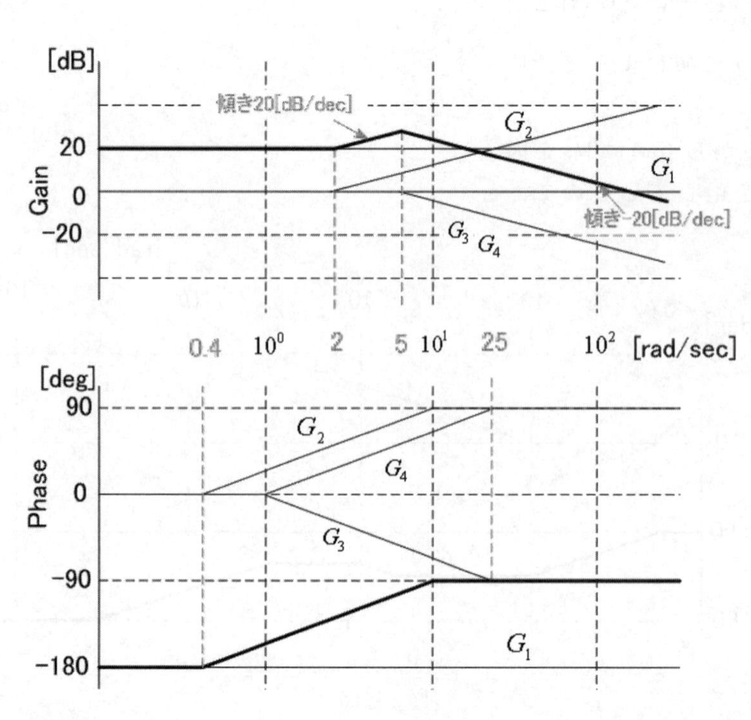


図 4.16

$G_4(s)=\dfrac{1}{1-0.2s}$ とおいて，各伝達関数の Bode 線図から $G(s)$ の Bode 線図を図 4.16 のように得る．ただし，$G_4(\mathrm{j}\omega)=\overline{G_3(\mathrm{j}\omega)}$ の関係があるので，$|G_4(\mathrm{j}\omega)|=|G_3(\mathrm{j}\omega)|$，$\angle G_4(\mathrm{j}\omega)=-\angle G_3(\mathrm{j}\omega)$ であることに注意する．

【問題 4.10】 Define $G(s)$, $H_m(s)$, and $H_{nm}(s)$ as follows.

$$G(s)=\frac{1}{s(1+0.1s)},\quad H_m(s)=1+10s,\quad H_{nm}(s)=1-10s$$

Then $G_m(s)=G(s)H_m(s),\ G_{nm}(s)=G(s)H_{nm}(s)$ .

Notice $H_m(\mathrm{j}\omega)=1+\mathrm{j}10\omega$ and $H_{nm}(\mathrm{j}\omega)=1-\mathrm{j}10\omega$ are complex conjugate, so we obtain,

$$|H_m(\mathrm{j}\omega)|=|H_{nm}(\mathrm{j}\omega)|,\ \angle H_m(\mathrm{j}\omega)=-\angle H_{nm}(\mathrm{j}\omega)\ .$$

The Bode diagram of $G_m(s)$ is shown in Fig.4.17(a) and the Bode diagram of $G_{nm}(s)$ is shown in Fig.4.17(b). Note that the two gain diagrams are same, but the phase of $G_{nm}(s)$ lags more than $G_m(s)$. This is why $G_m(s)$ is called minimum phase.

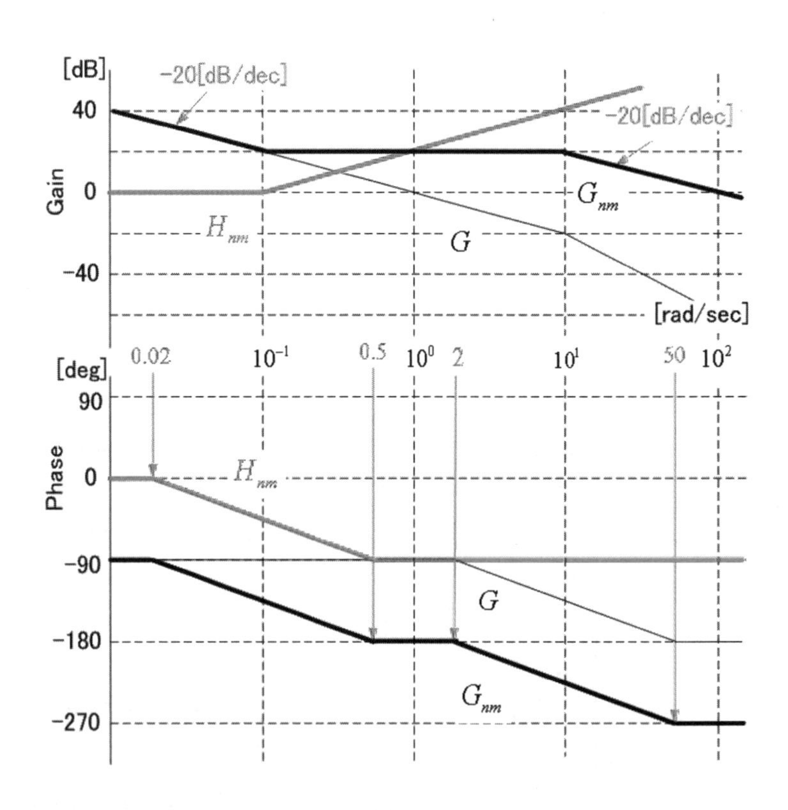


Fig.4.17-a $G_m(s)$ (minimum phase)

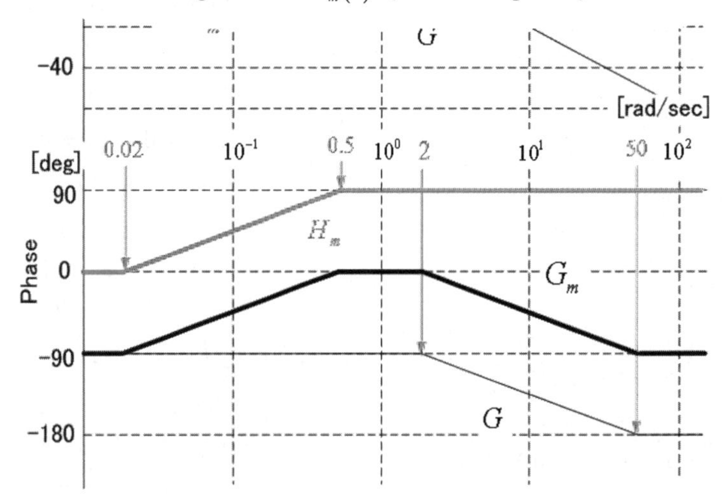


Fig.4.17-b $G_{nm}(s)$ (non-minimum phase)

# 第5章

【問題 5.1】 $y(t)$ は伝達関数を用いると，$y(t) = P(r(t) - Ky(t)) = \dfrac{P}{1+PK} r(t)$ となる．よって，特性方程式は $(s+1)(s+10)+10 = s^2+11s+20 = 0$ となり，式(5.7)と同じものとなる．また，特性根も式(5.8)と同じである．特性方程式は $r(t)$ の入力される位置にはよらず，$P$ と $K$ のみから決まる．

【問題 5.2】

(1) The characteristic equation is as follow $s^2+4s+23=0$

and the characteristic roots are obtained as follows.

$$s = -2 \pm \sqrt{19}j$$

(2) The characteristic equation is as follow $s(s+3)(s+2)+2 = s^3+5s^2+6s+2=0$ and factorized as follows. $(s+1)(s^2+4s+2)=0$ . Then characteristic roots are obtained as follows. $s=-1,\quad -2\pm\sqrt{2}$

【問題 5.3】

(1)この閉ループ系の特性方程式は $s^3+22s^2+20s+40=0$ となる．

(a)右のラウスの表 1 を作ると，ラウスの安定判別法の条件を満たし安定である．

ラウス表 1

| | | |
|---|---|---|
| $s^3$ | 1 | 20 |
| $s^2$ | 22 | 40 |
| $s^1$ | 200/11 | 0 |
| $s^0$ | 40 | |

(b) $H = \begin{bmatrix} 22 & 40 & 0 \\ 1 & 20 & 0 \\ 0 & 22 & 40 \end{bmatrix}$ が得られ，$H_2 = \begin{vmatrix} 22 & 40 \\ 1 & 20 \end{vmatrix} = 400$ $\quad H_3 = \begin{vmatrix} 22 & 40 & 0 \\ 1 & 20 & 0 \\ 0 & 22 & 40 \end{vmatrix} = 16000$ これはフルビッツの安定判別条件を満たすので，安定である．

(2)この閉ループ系の特性方程式は $s^3+7s^2+8s+10=0$ となる．

(a)右のラウスの表 2 を作ると，ラウスの安定判別の条件を満たすので安定である．

ラウス表 2

| | | |
|---|---|---|
| $s^3$ | 1 | 8 |
| $s^2$ | 7 | 10 |
| $s^1$ | 46/7 | 0 |
| $s^0$ | 10 | |

(b) $H = \begin{bmatrix} 7 & 10 & 0 \\ 1 & 8 & 0 \\ 0 & 7 & 10 \end{bmatrix}$ が得られ，$H2 = \begin{vmatrix} 7 & 10 \\ 1 & 8 \end{vmatrix} = 46 \quad H3 = \begin{vmatrix} 7 & 10 & 0 \\ 1 & 8 & 0 \\ 0 & 7 & 10 \end{vmatrix} = 460$ を得る．

これより，フルビッツの安定判別条件を満たすので安定である．

【問題 5.4】

(1)制御対象，コントローラより，ナイキスト線図は図 5.9 のようになる．これより以下の結果を得る．

(i)図からナイキスト線図が点 $(-1,0)$ の周りを回る回数 $N=0$ ．

(ii)開ループ伝達関数 $PK$ の極の中で実部が正のものの数は 0．よって $\Pi=0$ ．

(iii)上の結果から閉ループ系の不安定極の数 $Z=N+\Pi=0$ ．よって，閉ループ系は安定である．

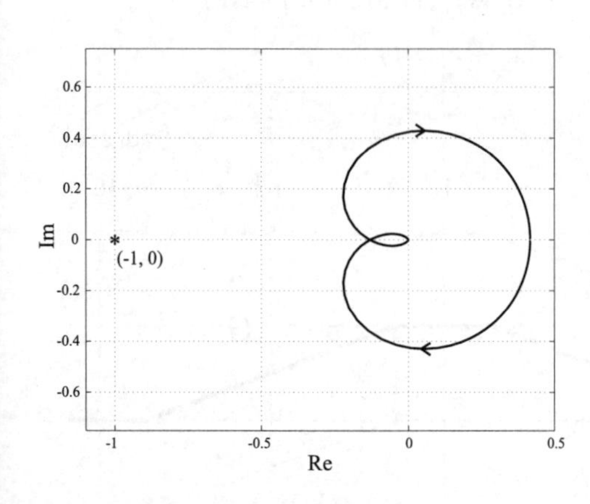


図 5.9 ナイキスト線図(問題 5.4-(1))

(2)制御対象，コントローラよりナイキスト線図は図 5.10 のようになる．これより，以下の結果を得る．

(i)図からナイキスト線図が点 $(-1,0)$ の周りを回る回数 $N=0$ ．

(ii)開ループ伝達関数 $PK$ の極の中で実部が正のものの数は 1．よって $\Pi=1$ ．

(iii)上の結果から閉ループ系の不安定極の数 $Z=N+\Pi=1$ ．よって，閉ループ系は不安定である．

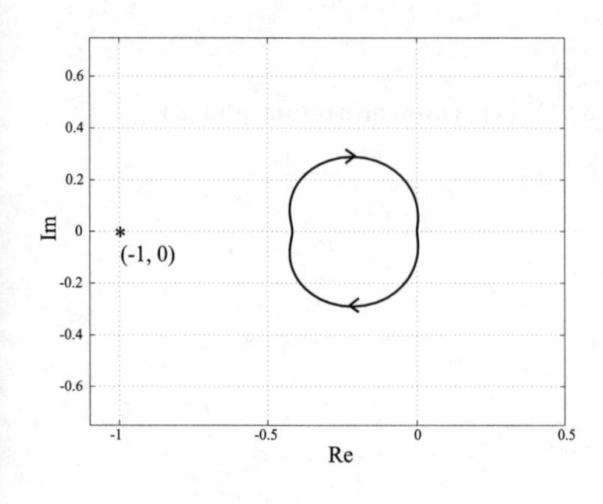


図 5.10 ナイキスト線図(問題 5.4-(2))

# 第 6 章

[問題 6.1]　$G_1(s)=4/(s+1)$ のインデシャル応答 $y_1(t)$ は $y_1(t)=4(1-e^{-t})$

であり，$G_2(s)=6/(s+2)=3/(1+0.5t)$ のインデシャル応答 $y_2(t)$ は

$$y_2(t)=3(1-e^{-2t})$$

よって，システム全体のインデシャル応答 $y(t)$ は $y(t)=y_1(t)-y_2(t)=1-4e^{-t}+3e^{-2t}$ であり，その波形は図 6.18 の通りである．

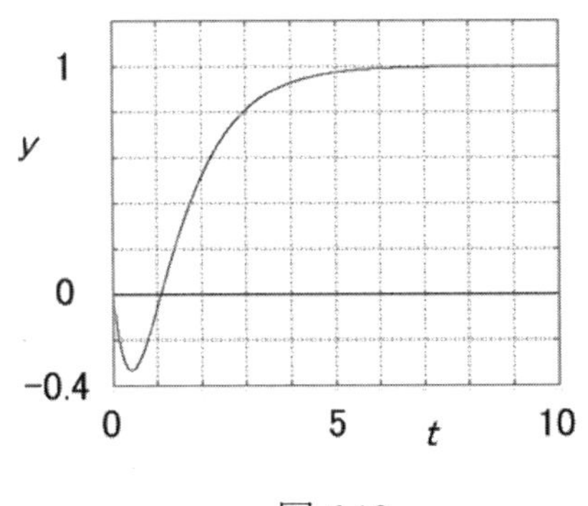


図 6.18

システム全体の伝達関数 $G(s)$ は $G(s)=G_1(s)-G_2(s)=\dfrac{-2(s-1)}{(s+1)(s+2)}$

よって，極は $\{-1,-2\}$，零点は 1 である．

[問題 6.2]　運動方程式 $M\ddot{y}+D\dot{y}+Ky=u$ から，$u$ から $y$ までの伝達関数は

$$G(s)=\frac{1}{Ms^2+Ds+K}=\frac{1}{K}\times\frac{\omega_n{}^2}{s^2+2\zeta\omega_n s+\omega_n{}^2},\qquad ただし，\frac{D}{M}=2\zeta\omega_n,\ \ \frac{K}{M}=\omega_n{}^2$$

の二次系である．図 6.11(b)のインデシャル応答から

$$\frac{1}{K}=10,\quad e^{-\frac{\pi\beta}{\gamma}}=3.73\times\frac{1}{10}\Rightarrow\frac{\pi\beta}{\gamma}=0.986,\quad \frac{\pi}{\gamma}=3$$

を得る．よって，$K=0.1$，$\zeta=0.30$，$\omega_n=1.10$ となり，$M=8.26\times10^{-2}$，$D=5.45\times10^{-2}$ である．

[問題 6.3]　フィードバック制御系の $R(s)$ から $Y(s)$ までの伝達関数 $G(s)$ は

$$G(s)=\frac{K_1}{s^2+(1+K_1K_2)s+K_1}$$

よって，二次系の減衰係数 $\zeta$，固有角周波数 $\omega_n$ と定数定数 $K_1$，$K_2$ の関係は

$$2\zeta\omega_n=1+K_1K_2,\qquad \omega_n{}^2=K_1\qquad (0.1)$$

隣り合う極大値の減衰費比が 0.02 であり，周期が 2[sec]であるから，図 6.3 より

$$e^{-\frac{2\pi\beta}{\gamma}}=0.02\ \Rightarrow\ \frac{2\pi\beta}{\gamma}=3.91\ \Rightarrow\ \frac{\beta}{\gamma}=\frac{\zeta}{\sqrt{1-\zeta^2}}=0.623\ \Rightarrow\ \zeta=0.529$$

$$\frac{2\pi}{\gamma}=2\ \Rightarrow\ \gamma=\sqrt{1-\zeta^2}\,\omega_n=\pi\ \Rightarrow\ \omega_n=\frac{\pi}{\sqrt{1-\zeta^2}}=3.70$$

したがって，式(0.1)より，$K_1=13.7$，$K_2=0.213$ を得る．

行く過ぎ量 $O_S$ は式(6.7)より

$$O_S=e^{-\frac{\pi\beta}{\gamma}}=\sqrt{0.02}=0.141$$

立ち上がり時間 $T_r$ と整定時間 $T_S$ は式(6.8)より

$$T_r=\frac{1}{\pi}\left(\frac{\pi}{2}+0.557\right)=0.677,\qquad T_S=1.54$$

である．

[問題 6.4]　一巡伝達関数 $L(s)=\dfrac{25}{s(s+7)}$ から，目標値に対しては 1 型の制御系である．

よって，目標値に対する定常位置偏差は 0．

外乱$D_1(s)$から偏差$E(s)$までの伝達関数$W_1(s)$，外乱$D_2(s)$から$E(s)$までの伝達関数$W_2(s)$は $W_1(s)=-\dfrac{s+7}{s^2+7s+25}$,　　$W_2(s)=-\dfrac{s(s+7)}{s^2+7s+25}$

である．よって，外乱$D_1(s)$に対する定常位置偏差$e_{s1}$，外乱$D_2(s)$に対する定常位置偏差$e_{s2}$は $e_{s1}=\lim_{s\to 0}sW_1(s)\dfrac{1}{s}=-\dfrac{7}{25}$,　　$e_{s2}=\lim_{s\to 0}sW_2(s)\dfrac{1}{s}=0$ である．

[問題 6.5]　目標値$R(s)$から制御出力$Y(s)$までの伝達関数$W_{ry}(s)$は

$$W_{ry}(s)=\frac{K}{s^2+3s+K}=\frac{\omega_n{}^2}{s^2+2\zeta\omega_n s+\omega_n{}^2},\quad ただし，2\zeta\omega_n=3,\ \ \omega_n{}^2=K$$

条件(1)より $e^{-\frac{\pi\beta}{\gamma}}\le 0.1 \ \Rightarrow\ \dfrac{\pi\zeta}{\sqrt{1-\zeta^2}}\ge 2.30\ \Rightarrow\ \zeta\ge 0.591$

したがって，$2\zeta\omega_n=3$，$\omega_n{}^2=K$より，$K\le 6.45$．

外乱$D(s)$から偏差$E(s)$までの伝達関数$W_{de}(s)$は$W_{de}(s)=-\dfrac{s}{s^2+3s+K}$なので，定常速度偏差$e_{sv}$は$e_{sv}=\lim_{s\to 0}sW_{de}(s)\dfrac{1}{s^2}=-\dfrac{1}{K}$

条件(2)より，$K\ge 5$．以上から，$5\le K\le 6.45$である．この制御系の一巡伝達関数は$L(s)=\dfrac{K}{s(s+3)}$であるから，速度偏差定数$K_v=K/3$．よって，目標値に対する定常速度偏差$e_v=1/K_v=3/K$は，$0.465\le e_v\le 0.6$である．

[問題 6. 6]　From the dynamic equation $D\dot{y}+Ky=u$, the transfer function from $u$ to $y$ is given as $G(s)=\dfrac{1}{Ds+K}=\dfrac{1}{K}\times\dfrac{1}{1+Ts}$ ,

where $T=D/K$. Thus the indicial response in Fig.6.15(b) is one of the first-order system and it holds that $1/K=0.1$ and $T=0.5$. Therefore, we get $K=10$ and $D=5$.

[問題 6.7]　(1) From Eq. (6.6), the time $t$ when $y(t)$ is equal to one is given as

$$\frac{1}{\sqrt{1-\zeta^2}}e^{-\beta t}\cos(\gamma t-\delta)=0\ \Rightarrow\ \cos(\gamma t-\delta)=0\ \Rightarrow\ \gamma t-\delta=\frac{(2k+1)\pi}{2}\ ,$$

thus it holds that $t=\dfrac{1}{\gamma}\left\{\dfrac{(2k+1)\pi}{2}+\delta\right\}$.

(2) Notice that $\dot{y}(t)=0$ when $y(t)$ has the extreme value. From Eq. (6.6) and $\dot{y}(t)=0$, we get that

$$\frac{\beta}{\sqrt{1-\zeta^2}}e^{-\beta t}\cos(\gamma t-\delta)+\frac{\gamma}{\sqrt{1-\zeta^2}}e^{-\beta t}\sin(\gamma t-\delta)=0$$

and it holds that

$$\tan(\gamma t-\delta)=-\frac{\beta}{\gamma}=-\frac{\zeta}{\sqrt{1-\zeta^2}}\ \Rightarrow\ \gamma t-\delta=\tan^{-1}\left(-\frac{\zeta}{\sqrt{1-\zeta^2}}\right)=-\delta+(k+1)\pi\ ,$$

which shows that $t=\dfrac{(k+1)\pi}{\gamma}$. By noticing that $\cos\{(k+1)\pi-\delta\}=(-1)^{k+1}\sqrt{1+\zeta^2}$ ,

the extreme values are given as

$$y\left(\frac{(k+1)\pi}{\gamma}\right)=1-\frac{1}{\sqrt{1+\zeta^2}}e^{-(k+1)\frac{\pi\beta}{\gamma}}\cos\{(k+1)\pi-\delta\}=1+(-1)^k e^{-(k+1)\frac{\pi\beta}{\gamma}} .$$

[問題 6.8] (1) The transfer function $W_{ry}(s)$ from $R(s)$ to $Y(s)$ is given as

$$W_{ry}(s)=\frac{2-s}{s^2+3s+2}$$

and so $Y(s)=W_{ry}(s)R(s)=\frac{2-s}{s^2+3s+2}\times\frac{1}{s}=\frac{1}{s}-\frac{3}{s+1}+\frac{2}{s+2}$ .

Therefore the output response is $y(t)=1-3e^{-t}+2e^{-2t}$ .

(2) The transfer function $W_{dy}(s)$ from $D(s)$ to $Y(s)$ is given as

$$W_{ry}(s)=\frac{(s+4)(2-s)}{s^2+3s+2}$$

and so $Y(s)=W_{dy}(s)D(s)=\frac{(s+4)(2-s)}{s^2+3s+2}\times\frac{1}{s}=\frac{2}{s}-\frac{9}{s+1}+\frac{4}{s+2}$ .

The output response is $y(t)=2-9e^{-t}+4e^{-2t}$ .

[問題 6.9] The loop transfer function is $L(s)=\frac{3s+1}{s^2(s+3)}$ , therefore the system is type 2, the steady-state position error is zero and also the steady-state velocity error is zero. From $K_a=\lim_{s\to 0}s^2L(s)=1/3$, the steady-state acceleration error is $2/K_a=6$. Finally, by noticing that the reference input $r(t)=1+t+t^2$ is composed of unit-step, unit-ramp, and unit-parabolic functions, it is easy to see that the steady-state error for the reference $r(t)$ is $6$.

[問題 6.10] (1) The transfer function $W_{re}(s)$ from $R(s)$ to $E(s)$ is given as

$$W_{re}(s)=\frac{s(s+4)}{s^2+3s+2}$$

and so $E(s)=W_{re}(s)R(s)=\frac{s(s+4)}{s^2+3s+2}\times\frac{1}{s^2}=\frac{s+4}{s(s^2+3s+2)}$ .

Therefore, by using the final value theorem, the steady-state error is

$$e_{sv}=\lim_{s\to 0}sE(s)=\lim_{s\to 0}s\times\frac{s+4}{s(s^2+3s+2)}=2 .$$

(2) The transfer function $W_{de}(s)$ from $D(s)$ to $E(s)$ is given as

$$W_{de}(s)=\frac{-(s+4)(2-s)}{s^2+3s+2}$$

and $E(s)=W_{re}(s)R(s)=\frac{-(s+4)(2-s)}{s^2+3s+2}\times\frac{1}{s^2}=\frac{(s+4)(s-2)}{s^2(s^2+3s+2)}$ .

Therefore, by using the final value theorem, the steady-state error is

$$e_{sv}=\lim_{s\to 0}sE(s)=\lim_{s\to 0}s\times\frac{(s+4)(s-2)}{s^2(s^2+3s+2)}=-\infty .$$

## 第7章

【問題7.1】(1)

[性質1]　システムの零点はなし，極は $p=-1$, -5 である．これより，−1, −5 から出発した根軌跡は無限遠点へと向かう．また，分子，分母の多項式の次数はそれぞれ $m=0$, $n=2$ である．

[性質2] 無限遠点に向かう軌跡の漸近線が実数軸となす角度は $\frac{180°}{2}=90°$ である．また，漸近線と実数軸は1つの交点を持ち，その座標は $\left(\frac{-6}{2-0},0\right)=(-3,0)$ である．

[性質3]　実数軸上の点で根軌跡となるのは，$[-5,-1]$ の範囲である．

[性質4] 根軌跡が実数軸から分岐する点は (-3,0) である．

[性質5]　ここでは考慮する必要はない．

これらの結果から，図7.8に表される根軌跡が得られる．

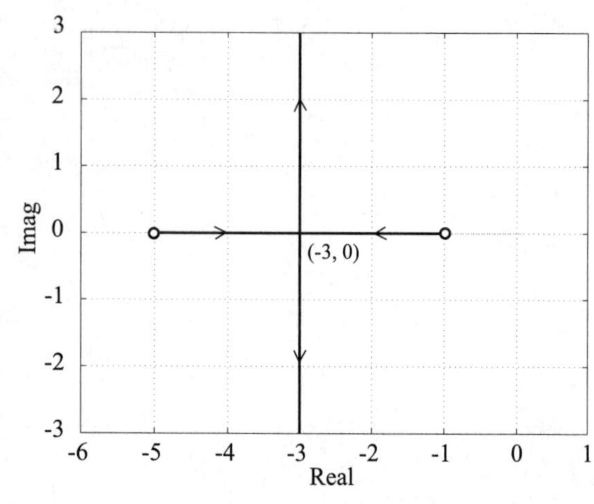

図7.8 根軌跡（問題7.1-(1)）

(2)

[性質1]　システムの零点はなし，極は $p=-1$, $-3$, $-5$ である．これより，-1, -3, -5 から出発した根軌跡は無限遠点へと向かう．また，分子，分母の多項式の次数はそれぞれ $m=0$, $n=3$ である．

[性質2] 無限遠点に向かう軌跡の漸近線が実数軸となす角度は $\frac{180°}{3}=60°$ より，60°, 180°, 240° である．また，漸近線と実数軸は1つの交点を持ち，その座標は $\left(\frac{-9}{3-0},0\right)=(-3,0)$ である．

[性質3]　実数軸上の点で根軌跡となるのは，$(-\infty,-5]$, $[-3,-1]$ の範囲である．

[性質4] 根軌跡が実数軸から分岐する点は $\frac{d}{ds}P^{-1}(s)=0$ より，

$$s=\begin{cases}-4.154 & \leftarrow \text{性質3を満たさない}\\ -1.845\end{cases}$$

となる．

[性質5]　ここでは考慮する必要はない．これらの結果から，図7.9に表される根軌跡が得られる．

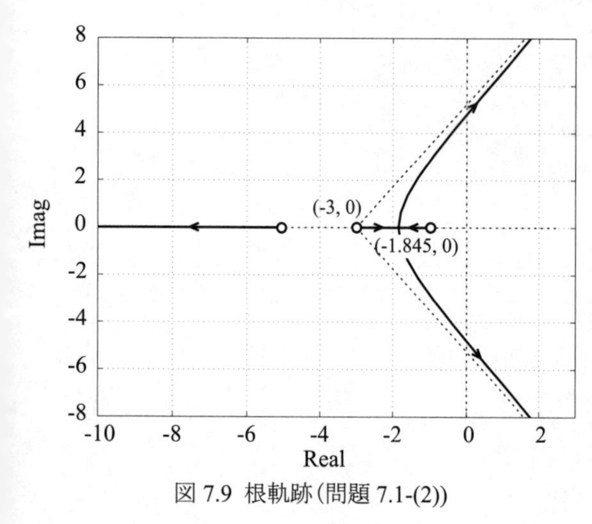

図7.9 根軌跡（問題7.1-(2)）

(3)

[性質1]　システムの零点はなし，極は $p=-1$, $-1$, $-5$ である．これより，極から出発した根軌跡は無限遠点へと向かう．また，分子，分母の多項式の次数はそれぞれ $m=0$, $n=3$ である．[性質2] 無限遠点に向かう軌跡の漸近線が実数軸となす角度は $\frac{180°}{3}=60°$ より，60°, 180°, 240° である．また，漸近線と実数軸は1つの交点を持ち，その座標は $\left(\frac{-7}{3-0},0\right)=\left(-\frac{7}{3},0\right)$ である．

[性質 3]　実数軸上の点で根軌跡となるのは，$(-\infty, -5]$ の範囲と点 $(-1, 0)$ である．

[性質 4] 根軌跡が実数軸から分岐する点は $\dfrac{d}{ds}P^{-1}(s)=0$ より，

$$s=\begin{cases}-3.66 & \leftarrow \text{性質 3 を満たさない} \\ -1.00 & \end{cases}$$

となる．

[性質 5]　ここでは考慮する必要はない．

これらの結果から，図 7.10 に表される根軌跡が得られる．

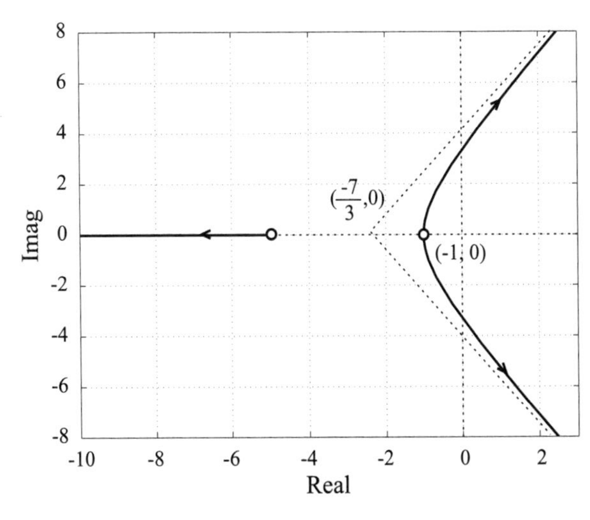


図 7.10　根軌跡(問題 7.1-(3))

(4)

[性質 1] システムの零点は $z=-4$，極は $p=-1,\ -2\pm\sqrt{2}j$ である．これより，極から出発した 1 本の根軌跡は零点へ向かい，2 本の根軌跡は無限遠点へと向かう．また，分子，分母の多項式の次数はそれぞれ $m=1,\quad n=3$ である．

[性質 2] 無限遠点に向かう軌跡の漸近線が実数軸となす角度は $\dfrac{180^\circ}{3-1}=90^\circ$ より，

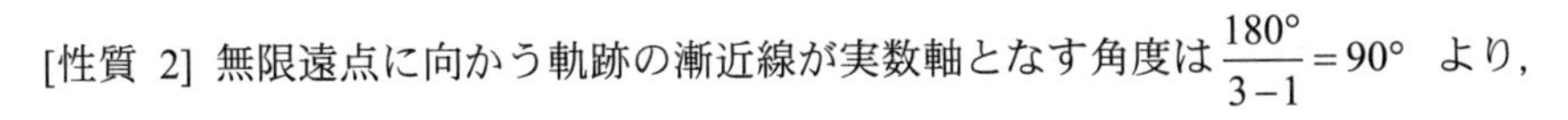

$90^\circ, 270^\circ$ である．また，漸近線と実数軸は 1 つの交点を持ち，その座標は $\left(\dfrac{-5+4}{2},0\right)=\left(\dfrac{-1}{2},0\right)$ である．

[性質 3] 実数軸上の点で根軌跡となるのは，$[-4, -1]$ の範囲である．

[性質 4] 根軌跡の実数軸からの分岐はない．

[性質 5] 複素極 $p_i$ から根軌跡が出発する角度は

$$\begin{aligned}&180^\circ-\angle(-2\pm\sqrt{2}j+1)-\angle(-2\pm\sqrt{2}j+2\mp\sqrt{2}j)+\angle(-2\pm\sqrt{2}j+4)\\&=\pm 0^\circ\end{aligned}$$

である．これらの結果から，図 7.11 に表される根軌跡が得られる．

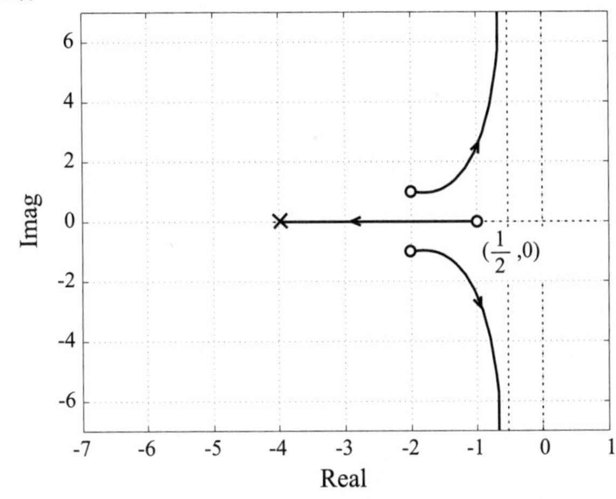


図 7.11　根軌跡(問題 7.1-(4))

(5)

[性質 1]　システムの零点は $z=-3\pm\sqrt{3}j$，極は $p=-5,\ 1,\quad 3$ である．これより，極から出発した 2 本の根軌跡は零点へ向かい，1 本の根軌跡は無限遠点へと向かう．また，分子，分母の多項式の次数はそれぞれ $m=2,\quad n=3$ である．

[性質 2] 無限遠点に向かう軌跡の漸近線が実数軸となす角度は $\dfrac{180^\circ}{3-2}=90^\circ$

[性質 3]　実数軸上の点で根軌跡となるのは，$(\infty, -5]$，$[1, 3]$ の範囲である．

[性質 4] 根軌跡が実数軸から分岐する点は $\dfrac{d}{ds}P^{-1}(s)=0$ より，

$$s=\begin{cases}-3.0913 + 4.8455j \\ -3.0913 - 4.8455j \\ 1.7985 & \leftarrow \text{性質3を満たす} \\ -1.6158\end{cases}$$

となる．

[性質 5]　複素零点 $z_i$ へ終端する角度は

$$180° + \angle(-3 \pm \sqrt{3}j + 5) + \angle(-3 \pm \sqrt{3}j - 1) + \angle(-3 \pm \sqrt{3}j - 3) - \angle(-3 \pm \sqrt{3}j + 3 \pm \sqrt{3}j)$$
$$= 451.8° = 360° + 91.37° \quad (0.1)$$

となる．これらの結果から，図 7.12 に表される根軌跡が得られる．

【問題 7.2】

(1) 特 性 方程　$1 + PK = 0$ で 与 え ら れ る の で，$k_1$，$k_0$ は 次 式 を 満 た す．

$$(s+1)(s+5) + 5(k_1 s + k_0) = (s+2)(s+4)$$

これより，$s^2 + (5k_1 s + 6s) + (5k_0 + 5) = s^2 + 6s + 8$

となり，係数を比較することで，$k_1 = 0$，$k_0 = \dfrac{3}{5}$ を得る．

(2) $k_1$，$k_0$ は次式を満たす．$(s+1)^2 + (k_1 s + k_0)(s^2 + 2s + 3) = \alpha(s+\beta)(s+2)^2$

ただし，$\alpha$，$\beta$ は定数である．これより，

$$k_1 s^3 + (1 + 2k_1 + k_0)s^2 + (2 + 3k_1 + 2k_0)s + 3k_0 + 1 = \alpha s^3 + (\alpha\beta + 4\alpha)s^2 + (4\alpha\beta + 4\alpha)s + 4\alpha\beta$$

の関係が得られて，係数を比較することで，$k_1 = \dfrac{4}{9}$，$k_0 = \dfrac{5}{9}$ を得る．ただし，

$\alpha = \dfrac{4}{9}$，$\beta = \dfrac{3}{2}$ となっている．

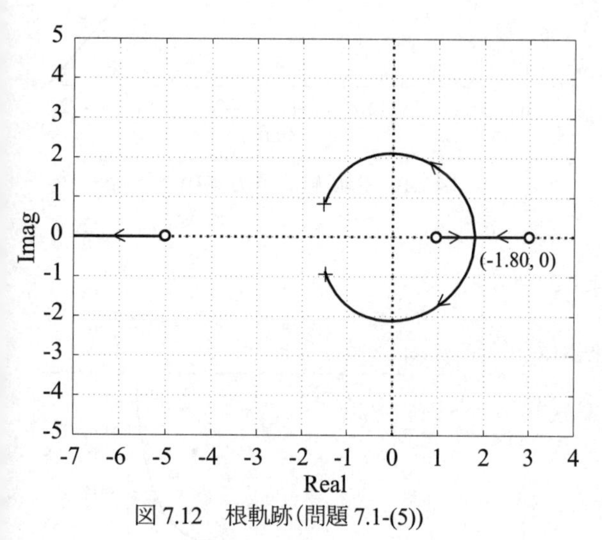


図 7.12　根軌跡（問題 7.1-(5)）

【問題 7.3】

(1) $k_1$ and $k_0$ satisfy the following equation.

$$(s-1)(s-3) + 10(k_1 s + k_0) = (s+5)^2$$

This equation is changed into, $s^2 + (10k_1 s - 4s) + (10k_0 + 3) = s^2 + 10s + 25$

Comparing the coefficients of its both sides gives $k_1 = \dfrac{7}{5}$, $k_0 = \dfrac{11}{5}$

(3) $k_1$ and $k_0$ satisfy the following equation

$$(s^2 + 3s + 4) + (k_1 s + k_0)(s+1) = \alpha(s+3)^2$$

where $\alpha$ is a constant. This equation is changed into

$$(1 + k_1)s^2 + (3 + k_1 + k_0)s + (4 + k_0) = \alpha s^2 + 6\alpha s + 9\alpha$$

We obtain $k_1 = -\dfrac{1}{2}$, $k_0 = \dfrac{1}{2}$ and $\alpha = \dfrac{1}{2}$ by comparing the coefficients of its both sides.

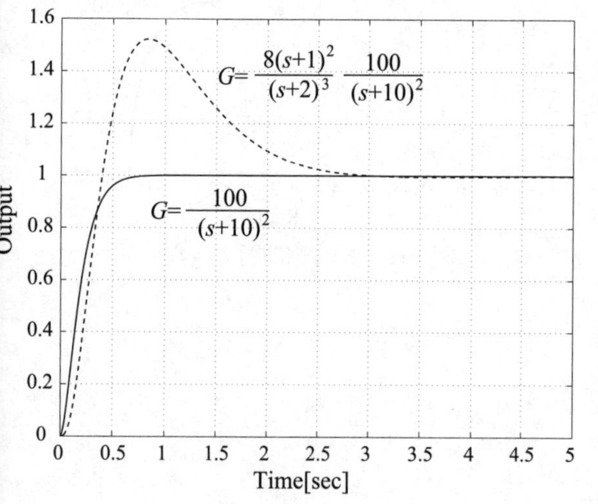


図 7.13　2 自由度制御系のステップ応答

【問題 7.4】

(1)このときの目標値 $r$ から出力 $y$ までの伝達関数 $G$ は $G = \dfrac{PK_b}{1 + PK_b} K_f$

になる．これより，$G = \dfrac{8(s+1)^2}{(s+2)^3} \cdot \dfrac{100}{(s+10)^2}$ を得る．なお，参考までに $G$ のステップ応答は図 7.13 の鎖線で与えられる．

(2)このときの目標値 $r$ から出力 $y$ までの伝達関数 $G$ は $G = G_m$

となる．これより，$G = \dfrac{100}{(s+10)^2}$ を得る．なお，参考までに $G$ のステップ応答は図 7.13 の実線で与えられる．

# 第 8 章

【問題 8.1】 $x_1$ および $x_2$ の 2 階の微分方程式であるから，状態変数として $\boldsymbol{x} = [x_1 \quad x_2 \quad \dot{x}_1 \quad \dot{x}_2]^T$，入力 $\boldsymbol{u} = [u_1 \quad u_2]^T$ ととれば，状態方程式は

$$\dot{\boldsymbol{x}} = \boldsymbol{A}\boldsymbol{x} + \boldsymbol{B}\boldsymbol{u}, \quad \boldsymbol{A} = \begin{bmatrix} 0 & 0 & 1 & 0 \\ 0 & 0 & 0 & 1 \\ -4 & -5 & -2 & -3 \\ -8 & -9 & -6 & -7 \end{bmatrix}, \quad \boldsymbol{B} = \begin{bmatrix} 2 & 1 \\ 0 & 3 \end{bmatrix} \qquad \text{となる.}$$

【問題 8.2】 Let's denote the currents in the resistances $R_1$ and $R_2$ by $i_1$ and $i_2$. From Kirchhoff's law, we get $e_i = R_1 i_1 + v_1 + v_2$, $R_2 i_2 = v_2$, $i_1 = C_1 \dot{v}_1$, $i_1 - i_2 = C_2 \dot{v}_2$. When the state variable $\boldsymbol{x} = [v_1 \quad v_2]^T$, the input $u = e_i$ and the output $y = v_2$, the coefficients of state equation are obtained as follows.

$$\boldsymbol{A} = \begin{bmatrix} \dfrac{-1}{R_1 C_1} & \dfrac{-1}{R_1 C_1} \\ \dfrac{-1}{R_1 C_2} & \dfrac{-1}{C_2}\left(\dfrac{1}{R_1} + \dfrac{1}{R_2}\right) \end{bmatrix}, \quad \boldsymbol{b} = \begin{bmatrix} \dfrac{1}{R_1 C_1} \\ \dfrac{1}{R_1 C_2} \end{bmatrix}, \quad \boldsymbol{c} = \begin{bmatrix} 0 & 1 \end{bmatrix}$$

【問題 8.3】 このタンクの水位の変動を表す方程式は

$$A_1 \dot{h}_1 = -k_1 \sqrt{h_1} + k_3 \sqrt{|h_2 - h_1|}\,\mathrm{sgn}(h_2 - h_1) + q_{1i}$$

$$A_2 \dot{h}_2 = -k_2 \sqrt{h_2} - k_3 \sqrt{|h_2 - h_1|}\,\mathrm{sgn}(h_2 - h_1) + q_{2i}$$

となる．平衡状態（$h_{20} > h_{10}$）からの微小変動に関して線形化した方程式の係数行列は次のようになる．

$$\boldsymbol{A} = \begin{bmatrix} -\dfrac{k_1}{2A_1\sqrt{h_{10}}} - \dfrac{k_3}{2A_1\sqrt{h_{20} - h_{10}}} & \dfrac{k_3}{2A_1\sqrt{h_{20} - h_{10}}} \\ \dfrac{k_3}{2A_2\sqrt{h_{20} - h_{10}}} & -\dfrac{k_2}{2A_2\sqrt{h_{20}}} - \dfrac{k_3}{2A_2\sqrt{h_{20} - h_{10}}} \end{bmatrix}, \quad \boldsymbol{B} = \begin{bmatrix} \dfrac{1}{A_1} & 0 \\ 0 & \dfrac{1}{A_2} \end{bmatrix}$$

【問題 8.4】

(1) $\boldsymbol{A}^2 = \begin{bmatrix} 0 & 0 \\ 1 & 0 \end{bmatrix}\begin{bmatrix} 0 & 0 \\ 1 & 0 \end{bmatrix} = \begin{bmatrix} 0 & 0 \\ 0 & 0 \end{bmatrix}$. Thus $\boldsymbol{A}^k = \begin{bmatrix} 0 & 0 \\ 0 & 0 \end{bmatrix}$ for $k \geq 2$

From Eq.(8.5), we get $e^{At} = \boldsymbol{I} + \boldsymbol{A}t = \begin{bmatrix} 1 & 0 \\ 0 & 1 \end{bmatrix} + \begin{bmatrix} 0 & 0 \\ 1 & 0 \end{bmatrix} t = \begin{bmatrix} 1 & 0 \\ t & 1 \end{bmatrix}$

(2) From Eq.(8.6)

$$e^{At} = \mathcal{L}^{-1}\left[\begin{bmatrix} s-\lambda & -1 \\ 0 & s-\lambda \end{bmatrix}^{-1}\right] = {}^{-1}\left[\begin{bmatrix} \dfrac{1}{s-\lambda} & \dfrac{1}{(s-\lambda)^2} \\ 0 & \dfrac{1}{s-\lambda} \end{bmatrix}\right] = \begin{bmatrix} e^{\lambda t} & te^{\lambda t} \\ 0 & e^{\lambda t} \end{bmatrix}$$

(3) $e^{At} = \begin{bmatrix} e^{\sigma t}\cos\omega t & e^{\sigma t}\sin\omega t \\ -e^{\sigma t}\sin\omega t & e^{\sigma t}\cos\omega t \end{bmatrix}$ (4) $e^{At} = \begin{bmatrix} \frac{2}{3}e^{-t} + \frac{1}{3}e^{5t} & \frac{-2}{3}e^{-t} + \frac{2}{3}e^{5t} \\ \frac{-1}{3}e^{-t} + \frac{1}{3}e^{5t} & \frac{1}{3}e^{-t} + \frac{2}{3}e^{5t} \end{bmatrix}$

(5) $e^{At} = \begin{bmatrix} e^{-t}(\cos 2t + \sin 2t) & -e^{-t}\sin 2t \\ 2e^{-t}\sin 2t & e^{-t}(\cos 2t - \sin 2t) \end{bmatrix}$

(6) $e^{At} = \begin{bmatrix} \frac{1}{2}(e^{-\alpha t} + e^{\alpha t}) & \frac{1}{2}(e^{-\alpha t} - e^{\alpha t}) \\ \frac{1}{2}(e^{-\alpha t} - e^{\alpha t}) & \frac{1}{2}(e^{-\alpha t} + e^{\alpha t}) \end{bmatrix}$

【問題 8.5, 8.8】 伝達関数行列は式(8.12)より

$$\boldsymbol{G}(s) = \boldsymbol{C}(s\boldsymbol{I} - \boldsymbol{A})^{-1}\boldsymbol{B} = \frac{3}{s(s+3)(s+5)} = \frac{1/5}{s} + \frac{-1/2}{s+3} + \frac{3/10}{s+5}$$

したがって，インパルス応答 $g(t)$ は式(8.13)より $g(t)=(2-5e^{-3t}+3e^{-5t})/10$．

また，ステップ応答 $y_s(t)$ は $y_s(t)=\dfrac{1}{10}(2+\dfrac{5}{3}e^{-3t}-\dfrac{3}{5}e^{-5t})-\dfrac{8}{75}$ となる．

【問題 8.6, 8.9】From Eq.(8.12), the transfer function matrix is

$$\boldsymbol{G}(s)=\boldsymbol{C}(s\boldsymbol{I}-\boldsymbol{A})^{-1}\boldsymbol{B}=\frac{1}{(s+4)(s+3)}\begin{bmatrix} s+3 & 0 \\ 2 & 2(s+4) \end{bmatrix}$$

Therefore, the impulse response matrix is obtained as

$$\boldsymbol{G}(t)=\begin{bmatrix} e^{-4t} & 0 \\ 2e^{-3t}-2e^{-4t} & 2e^{-3t} \end{bmatrix}$$

【問題 8.7, 8.10】伝達関数行列は式(8.12)より

$$\boldsymbol{G}(s)=\boldsymbol{C}(s\boldsymbol{I}-\boldsymbol{A})^{-1}\boldsymbol{B}=\frac{1}{(s+5)(s+2)}\begin{bmatrix} s+3 & 2 \\ 2 & 2(s+4) \end{bmatrix}$$

インパルス応答行列は，$\boldsymbol{G}(t)=\begin{bmatrix} \frac{2}{3}e^{-5t}+\frac{1}{3}e^{-2t} & \frac{-2}{3}e^{-5t}+\frac{2}{3}e^{-2t} \\ \frac{-2}{3}e^{-5t}+\frac{2}{3}e^{-2t} & \frac{2}{3}e^{-5t}+\frac{4}{3}e^{-2t} \end{bmatrix}$

【問題 8.11】

(1a) 同伴形：式(8.17)より

$$\boldsymbol{A}=\begin{bmatrix} 0 & 1 \\ -4 & 0 \end{bmatrix},\quad \boldsymbol{b}=\begin{bmatrix} 0 \\ 1 \end{bmatrix},\quad \boldsymbol{c}=\begin{bmatrix} 1 & 0 \end{bmatrix}$$

(1b) 部分分数展開形：式(8.19)より

$$\boldsymbol{A}=\begin{bmatrix} 2j & 0 \\ 0 & -2j \end{bmatrix},\quad \boldsymbol{b}=\begin{bmatrix} 1 \\ 1 \end{bmatrix},\quad \boldsymbol{c}=\begin{bmatrix} -j/2 & j/2 \end{bmatrix}$$

$\boldsymbol{T}=\begin{bmatrix} 1 & 0 \\ 0 & 2 \end{bmatrix}$ として，実ジョルダン標準形に変換する（9.2 節参照）．

$$\overline{\boldsymbol{A}}=\boldsymbol{T}^{-1}\boldsymbol{A}\boldsymbol{T}=\begin{bmatrix} 0 & 2 \\ -2 & 0 \end{bmatrix},\quad \overline{\boldsymbol{b}}=\boldsymbol{T}^{-1}\boldsymbol{b}=\begin{bmatrix} 0 \\ 1/2 \end{bmatrix},\quad \overline{\boldsymbol{c}}=\boldsymbol{c}\boldsymbol{T}=\begin{bmatrix} 1 & 0 \end{bmatrix}$$

(1c) 直列形：式(8.23)より $\boldsymbol{A}=\begin{bmatrix} 2j & 0 \\ 1 & -2j \end{bmatrix},\quad \boldsymbol{b}=\begin{bmatrix} 1 \\ 0 \end{bmatrix},\quad \boldsymbol{c}=\begin{bmatrix} 0 & 1 \end{bmatrix}$

(2a) 同伴形：$\boldsymbol{A}=\begin{bmatrix} 0 & 1 \\ 3 & -2 \end{bmatrix},\quad \boldsymbol{b}=\begin{bmatrix} 0 \\ 1 \end{bmatrix},\quad \boldsymbol{c}=\begin{bmatrix} 8 & 4 \end{bmatrix}$

(2b) 部分分数展開形：$G(s)=\dfrac{4(s+2)}{s^2+2s-3}=\dfrac{3}{s-1}+\dfrac{1}{s+3}$ より

$$\boldsymbol{A}=\begin{bmatrix} 1 & 0 \\ 0 & -3 \end{bmatrix},\quad \boldsymbol{b}=\begin{bmatrix} 1 \\ 1 \end{bmatrix},\quad \boldsymbol{c}=\begin{bmatrix} 3 & 1 \end{bmatrix}$$

(2c) 直列形：$G(s)=4\times\dfrac{s+2}{s-1}\times\dfrac{1}{s+3}=4\times\left(1+\dfrac{3}{s-1}\right)\times\dfrac{1}{s+3}$ とすると

$$\boldsymbol{A}=\begin{bmatrix} 1 & 0 \\ 1 & -3 \end{bmatrix},\quad \boldsymbol{b}=\begin{bmatrix} 3 \\ 1 \end{bmatrix},\quad \boldsymbol{c}=\begin{bmatrix} 0 & 4 \end{bmatrix}$$

(3a) 同伴形：

$$\boldsymbol{A}=\begin{bmatrix} 0 & 1 & 0 \\ 0 & 0 & 1 \\ 0 & 0 & -4 \end{bmatrix},\quad \boldsymbol{b}=\begin{bmatrix} 0 \\ 0 \\ 1 \end{bmatrix},\quad \boldsymbol{c}=\begin{bmatrix} 2 & 3 & 1 \end{bmatrix}$$

(3b) 部分分数展開形： $G(s)=\dfrac{s^2+3s+2}{s^3+4s^2}=\dfrac{1/2}{s^2}+\dfrac{5/8}{s}+\dfrac{3/8}{s+4}$ より

$$\boldsymbol{A}=\begin{bmatrix}0&1&0\\0&0&0\\0&0&-4\end{bmatrix},\quad \boldsymbol{b}=\begin{bmatrix}0\\1\\1\end{bmatrix},\quad \boldsymbol{c}=\begin{bmatrix}\frac{1}{2}&\frac{5}{8}&\frac{3}{8}\end{bmatrix}$$

(3c) 直列形： $G(s)=\dfrac{s+1}{s}\times\dfrac{s+2}{s}\times\dfrac{1}{s+4}=\left(1+\dfrac{1}{s}\right)\times\left(1+\dfrac{2}{s}\right)\times\dfrac{1}{s+4}$ とすると

$$\boldsymbol{A}=\begin{bmatrix}0&0&0\\2&0&0\\1&1&-4\end{bmatrix},\quad \boldsymbol{b}=\begin{bmatrix}1\\2\\1\end{bmatrix},\quad \boldsymbol{c}=\begin{bmatrix}0&0&1\end{bmatrix}$$

【問題 8.12】 Let the coefficient matrices of the connected system be $\boldsymbol{A}$, $\boldsymbol{B}$ and $\boldsymbol{C}$.

(1a) From Eq.(8.25), $\boldsymbol{A}=\left[\begin{array}{cc|c}0&1&0\\2&-3&0\\\hline 12&-15&-2\end{array}\right],\quad \boldsymbol{B}=\left[\begin{array}{c}0\\1\\\hline 0\end{array}\right],\quad \boldsymbol{C}=\left[\begin{array}{cc|c}0&0&-1\end{array}\right]$

(1b) From Eq.(8.26), $\boldsymbol{A}=\left[\begin{array}{cc|c}0&1&0\\2&-3&0\\\hline 0&0&-2\end{array}\right],\quad \boldsymbol{B}=\left[\begin{array}{c}0\\1\\\hline 3\end{array}\right],\quad \boldsymbol{C}=\left[\begin{array}{cc|c}4&-5&-1\end{array}\right]$

(1c) From Eq.(8.27), $\boldsymbol{A}=\left[\begin{array}{cc|c}0&1&0\\2&-3&-1\\\hline 12&-15&-2\end{array}\right],\quad \boldsymbol{B}=\left[\begin{array}{c}0\\1\\\hline 0\end{array}\right],\quad \boldsymbol{C}=\left[\begin{array}{cc|c}4&-5&0\end{array}\right]$

(2a) $\boldsymbol{A}=\left[\begin{array}{cc|cc}-4&0&0&0\\2&-3&0&0\\\hline 3&-1&1&4\\3&1&2&3\end{array}\right],\quad \boldsymbol{B}=\left[\begin{array}{cc}1&0\\0&2\\\hline 0&0\\0&0\end{array}\right],\quad \boldsymbol{C}=\left[\begin{array}{cc|cc}0&0&1&0\\0&0&0&1\end{array}\right]$

(2b) $\boldsymbol{A}=\left[\begin{array}{cc|cc}-4&0&0&0\\2&-3&0&0\\\hline 0&0&1&4\\0&0&2&3\end{array}\right],\quad \boldsymbol{B}=\left[\begin{array}{cc}1&0\\0&2\\\hline 1&2\\2&1\end{array}\right],\quad \boldsymbol{C}=\left[\begin{array}{cc|cc}1&1&1&0\\1&-1&0&1\end{array}\right]$

(2c) $\boldsymbol{A}=\left[\begin{array}{cc|cc}-4&0&1&0\\2&-3&0&2\\\hline 3&-1&1&4\\3&1&2&3\end{array}\right],\quad \boldsymbol{B}=\left[\begin{array}{cc}1&0\\0&2\\\hline 0&0\\0&0\end{array}\right],\quad \boldsymbol{C}=\left[\begin{array}{cc|cc}1&1&0&0\\1&-1&0&0\end{array}\right]$

(3a) $\boldsymbol{A}=\left[\begin{array}{cc|cc}0&1&0&0\\-3&-2&0&0\\\hline 0&0&0&1\\1&-1&-4&-3\end{array}\right],\quad \boldsymbol{B}=\left[\begin{array}{c}0\\1\\\hline 0\\0\end{array}\right],\quad \boldsymbol{C}=\left[\begin{array}{cc|cc}0&0&2&0\end{array}\right]$

(3b) Can not be connected in parallel.

(3c) $\boldsymbol{A}=\left[\begin{array}{cc|cc}0&1&0&0\\-3&-2&2&0\\\hline 0&0&0&1\\1&-1&-4&-3\end{array}\right],\quad \boldsymbol{B}=\left[\begin{array}{c}0\\1\\\hline 0\\0\end{array}\right],\quad \boldsymbol{C}=\left[\begin{array}{cc|cc}1&0&0&0\\0&1&0&0\end{array}\right]$

# 第9章

【問題 9.1】状態方程式の係数行列は次のように得られる．

$$A=\begin{bmatrix}-R/L & -1/L\\ 1/C & 0\end{bmatrix},\quad b=\begin{bmatrix}1/L\\ 0\end{bmatrix},\quad c=\begin{bmatrix}R & 0\end{bmatrix}$$

$L=1$[H]，$C=1[\mu\mathrm{F}]$，$R=r[\mathrm{k}\Omega]$とすると

$$A=\begin{bmatrix}-r\times10^3 & -1\\ 10^6 & 0\end{bmatrix},\quad b=\begin{bmatrix}1\\ 0\end{bmatrix},\quad c=\begin{bmatrix}r\times10^3 & 0\end{bmatrix}$$

固有値は$\lambda=(-r\pm\sqrt{r^2-4})\times10^3/2$である．

(1) $r=1$のとき，固有値は共役複素数となる．実ジョルダン標準形［式(9.16)］に変換すると次のようになる．$\dot{z}=\begin{bmatrix}\sigma & \omega\\ -\omega & \sigma\end{bmatrix}z,\quad \sigma=-\frac{1}{2}\times10^3, \omega=\frac{\sqrt{3}}{2}\times10^3$

(2) $r=2$のとき，固有値は重根となる．ジョルダン標準形は次のように得られる［式(9.10)］．$\dot{z}=\begin{bmatrix}\lambda & 1\\ 0 & \lambda\end{bmatrix}z,\quad \lambda=-10^3$

(3) $r=4$のとき，相異なる実固有値を持ち．次のように対角化される［式(9.7)］ $\dot{z}=\begin{bmatrix}\lambda_1 & 0\\ 0 & \lambda_2\end{bmatrix}z,\quad \lambda_1=(-2+\sqrt{3})\times10^3, \lambda_2=(-2-\sqrt{3})\times10^3$

【問題 9.2】The eigenvalues and eigenvectors of this system are

$$\lambda_1=0,\quad v_1=[1\ \ 0\ \ 0]^T$$
$$\lambda_2=-3,\quad v_2=[1\ \ -3\ \ 1]^T$$
$$\lambda_3=-5,\quad v_3=[1\ \ -5\ \ 5]^T$$

Because all eigenvalues are different, the system can be expressed in the diagonal form, $\dot{z}=\begin{bmatrix}0 & 0 & 0\\ 0 & -3 & 0\\ 0 & 0 & -5\end{bmatrix}z$. From Eq.(9.9), the solution of the state is obtained as follows.

$$x(t)=\begin{bmatrix}1\\0\\0\end{bmatrix}z_1(0)+\begin{bmatrix}1\\-3\\1\end{bmatrix}e^{-3t}z_2(0)+\begin{bmatrix}1\\-5\\5\end{bmatrix}e^{-5t}z_3(0)$$

【問題 9.3】このシステムの固有値と固有ベクトルは

$\lambda_1=-3,\quad v_1=[0\ \ 1]^T$，$\lambda_2=-4,\quad v_2=[1\ \ -2]^T$であり，次のように対角化される．$\dot{z}=\begin{bmatrix}-3 & 0\\ 0 & -4\end{bmatrix}z$．状態の解は，$x(t)=\begin{bmatrix}0\\1\end{bmatrix}e^{-3t}z_1(0)+\begin{bmatrix}1\\-2\end{bmatrix}e^{-4t}z_2(0)$

【問題 9.4】The eigenvalues and eigenvectors of this system are

$$\lambda_1=-5,\quad v_1=[1\ \ -1]^T,\quad \lambda_2=-2,\quad v_2=[1\ \ 2]^T$$

The system can be expressed in the following diagonal form: $\dot{z}=\begin{bmatrix}-5 & 0\\ 0 & -2\end{bmatrix}z$.

The solution of the state is, $x(t)=\begin{bmatrix}1\\-1\end{bmatrix}e^{-5t}z_1(0)+\begin{bmatrix}1\\2\end{bmatrix}e^{-2t}z_2(0)$

【問題 9.5】（下記の図で●印は状態が変化しないことを示す）

(1) 固有値が相異なる実数の場合（$\lambda_1 \neq \lambda_2$）…式(9.7)，(9.8)

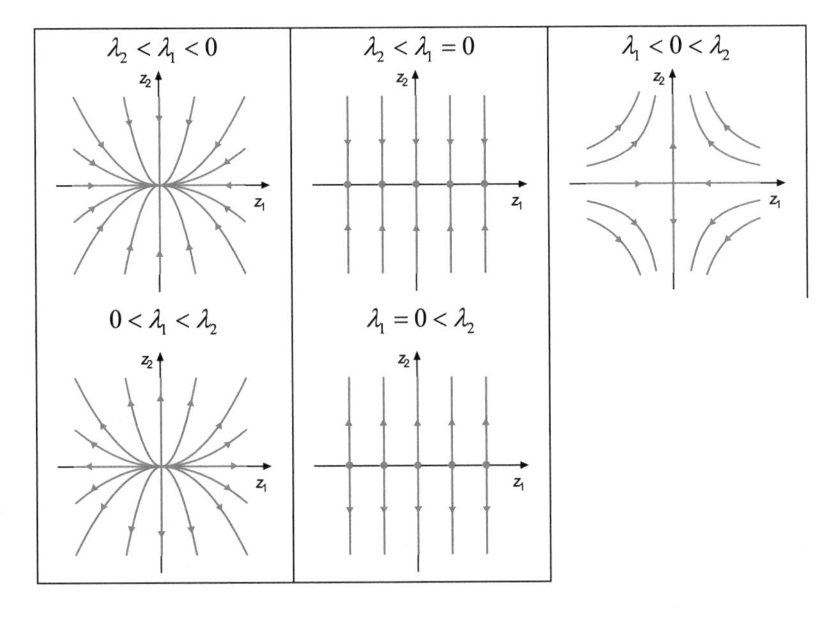


(2) 固有値が重複する場合（$\lambda_1 = \lambda_2 = \lambda$）

(2a) ジョルダン標準形…式(9.10)，(9.11)

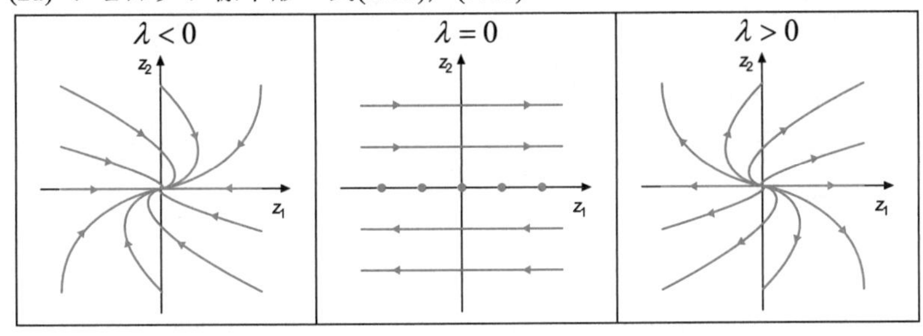


(2b) 対角形…式(9.12)，(9.13)

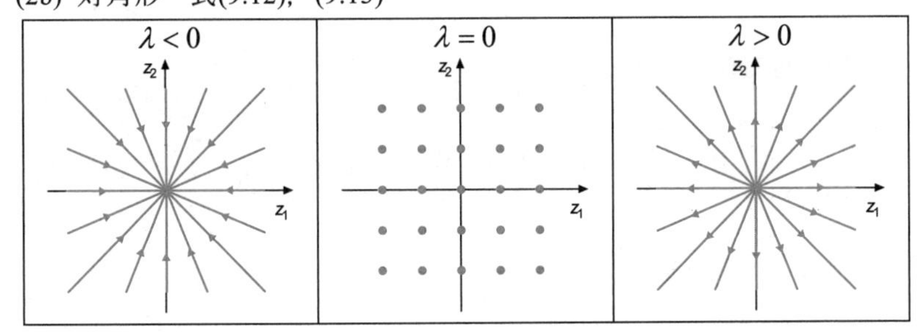


(3) 固有値が共役複素数の場合（$\lambda = \sigma \pm j\omega$）…式(9.16)，(9.17)

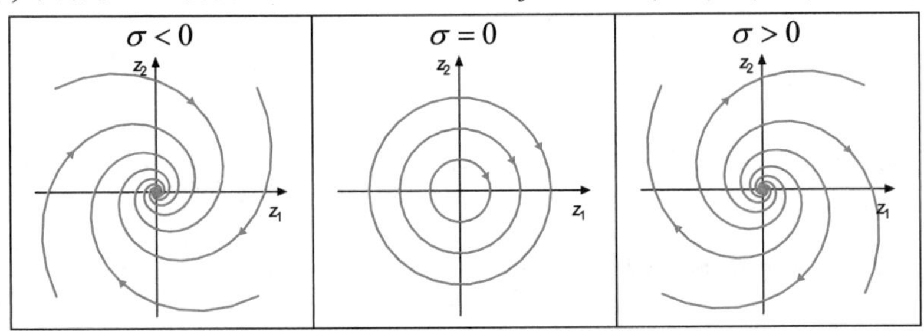

## 第 10 章

【問題 10.1】式(10.2)より

(1) $\boldsymbol{U}_c = [\boldsymbol{B} \quad \boldsymbol{AB}] = \begin{bmatrix} 1 & 0 & -4 & 0 \\ 0 & 2 & 2 & -6 \end{bmatrix}$, $\mathrm{rank}\,\boldsymbol{U}_c = 2$ より可制御

(2) $\boldsymbol{U}_c = \begin{bmatrix} 1 & -4 \\ 0 & 2 \end{bmatrix}$ より可制御　(3) $\boldsymbol{U}_c = \begin{bmatrix} 0 & 0 \\ 2 & -6 \end{bmatrix}$ より不可制御

【問題 10.2】

(1) $\boldsymbol{U}_c = \begin{bmatrix} 1 & 0 & -4 & 2 \\ 0 & 2 & 2 & -6 \end{bmatrix}$, $\mathrm{rank}\,\boldsymbol{U}_c = 2$ . The system is controllable.

(2) $\boldsymbol{U}_c = \begin{bmatrix} 1 & -4 \\ 0 & 2 \end{bmatrix}$. controllable.　(3) $\boldsymbol{U}_c = \begin{bmatrix} 0 & 2 \\ 2 & -6 \end{bmatrix}$. controllable.

【問題 10.3】式(10.10)より

(1) $\boldsymbol{U}_o = \begin{bmatrix} 1 & 0 \\ 0 & 1 \\ -4 & 0 \\ 2 & -3 \end{bmatrix}$, $\mathrm{rank}\,\boldsymbol{U}_o = 2$ より可観測

(2) $\boldsymbol{U}_o = \begin{bmatrix} 1 & 0 \\ -4 & 0 \end{bmatrix}$ より不可観測　(3) $\boldsymbol{U}_o = \begin{bmatrix} 0 & 1 \\ 2 & -3 \end{bmatrix}$ より可観測

【問題 10.4】

(1) $\boldsymbol{U}_o = \begin{bmatrix} 1 & 0 \\ 0 & 1 \\ -4 & 1 \\ 2 & -3 \end{bmatrix}$, $\mathrm{rank}\,\boldsymbol{U}_o = 2$ . The system is observable.

(2) $\boldsymbol{U}_o = \begin{bmatrix} 1 & 0 \\ -4 & 1 \end{bmatrix}$. observable.　(3) $\boldsymbol{U}_o = \begin{bmatrix} 0 & 1 \\ 2 & -3 \end{bmatrix}$. observable.

【問題 10.5】

(1) 可制御・可観測. $G(s) = \dfrac{2}{(s-5)(s+2)}$

$$\boldsymbol{A}_c = \begin{bmatrix} 0 & 1 \\ -10 & 3 \end{bmatrix},\ \boldsymbol{B}_c = \begin{bmatrix} 0 \\ 1 \end{bmatrix},\ \boldsymbol{C}_c = \begin{bmatrix} -2 & 0 \end{bmatrix},\ \boldsymbol{A}_o = \boldsymbol{A}_c^T,\ \boldsymbol{B}_o = \boldsymbol{C}_c^T,\ \boldsymbol{C}_o = \boldsymbol{B}_c^T$$

(2) 不可制御・不可観測. $G(s) = \dfrac{-1}{s-5}$

(3) 可制御・可観測. $G(s) = \dfrac{1}{(s+3)(s+5)}$

$$\boldsymbol{A}_c = \begin{bmatrix} 0 & 1 \\ -15 & -8 \end{bmatrix},\ \boldsymbol{B}_c = \begin{bmatrix} 0 \\ 1 \end{bmatrix},\ \boldsymbol{C}_c = \begin{bmatrix} 1 & 0 \end{bmatrix},\ \boldsymbol{A}_o = \boldsymbol{A}_c^T,\ \boldsymbol{B}_o = \boldsymbol{C}_c^T,\ \boldsymbol{C}_o = \boldsymbol{B}_c^T$$

(4) 不可制御・可観測. $G(s) = \dfrac{1}{s-7}$, $\boldsymbol{A}_o = \begin{bmatrix} 0 & -7 \\ 1 & 8 \end{bmatrix}$, $\boldsymbol{B}_o = \begin{bmatrix} -1 \\ 1 \end{bmatrix}$, $\boldsymbol{C}_o = \begin{bmatrix} 0 & 1 \end{bmatrix}$

(5) 可制御・不可観測. $G(s) = \dfrac{1}{s-3}$

$$\boldsymbol{A}_c = \begin{bmatrix} 0 & 1 \\ -6 & 5 \end{bmatrix},\ \boldsymbol{B}_c = \begin{bmatrix} 0 \\ 1 \end{bmatrix},\ \boldsymbol{C}_c = \begin{bmatrix} -2 & 1 \end{bmatrix}$$

(6) 不可制御　不可観測.　$G(s)=0$

【問題 10.6】

(1) controllable and observable

$$G(s)=\begin{bmatrix}\frac{1}{s-1} & 0\\ \frac{1}{s-3} & \frac{1}{s+2}\end{bmatrix}$$

(2) uncontrollable and observable

$$G(s)=\begin{bmatrix}0 & \frac{1}{s+3} & \frac{1}{s+3}\\ \frac{1}{s+2} & 0 & \frac{1}{s+2}\end{bmatrix}$$

(3) controllable and unobservable

$$G(s)=\begin{bmatrix}0 & \frac{1}{s+2}\\ \frac{-1}{s+1} & \frac{-1}{s+1}\\ \frac{-1}{s+1} & \frac{-1}{(s+1)(s+2)}\end{bmatrix}$$

(4) controllable and observable

$$G(s)=\begin{bmatrix}\frac{-1}{s-1} & \frac{1}{s-2} & 0\\ \frac{2(s-2)}{(s-1)(s-3)} & 0 & \frac{-1}{s-3}\\ 0 & \frac{1}{s-2} & 0\end{bmatrix}$$

(3) uncontrollable and observable

$$G(s)=\begin{bmatrix}\frac{-1}{s+1} & 0 & \frac{1}{s+1}\\ \frac{2s+3}{(s+1)(s+2)} & \frac{1}{s+2} & \frac{-1}{s+1}\\ 0 & 0 & 0\end{bmatrix}$$

(4) uncontrollable and unobservable

$$G(s)=\begin{bmatrix}0 & \frac{1}{s-2} & \frac{1}{s-2}\\ 0 & 0 & 0\\ 0 & \frac{1}{s-2} & \frac{1}{s-2}\end{bmatrix}$$

【問題 10.7】

(1) $\boldsymbol{U}_c=\begin{bmatrix}b_1 & -4b_1\\ b_2 & 2b_1-3b_2\end{bmatrix},\ \boldsymbol{U}_o=\begin{bmatrix}c_1 & c_2\\ -4c_1+2c_2 & -3c_2\end{bmatrix}$ より

$|\boldsymbol{U}_c|=b_1(2b_1+b_2)\neq 0$　　$|\boldsymbol{U}_o|=c_2(c_1-2c_2)\neq 0$

(2) $\boldsymbol{U}_c=\begin{bmatrix}b_1 & -4b_1+b_2\\ b_2 & 2b_1-3b_2\end{bmatrix},\ \boldsymbol{U}_o=\begin{bmatrix}c_1 & c_2\\ -4c_1+2c_2 & c_1-3c_2\end{bmatrix}$ より

$|\boldsymbol{U}_c|=(2b_1-b_2)(b_1+b_2)\neq 0$　$|\boldsymbol{U}_o|=(c_1-c_2)(c_1+2c_2)\neq 0$

【問題 10.8】First, the coefficient matrices of the connected system in series are obtained from Eq.(8.25) in Chap.8. Then the controllability and observability are examined.

| | $S_1$ | $S_2$. | Connected system |
|---|---|---|---|
| (1) | $S,\ O$ | $S,\ O$ | $\bar{S},\ O$ |
| (2) | $S,\ O$ | $S,\ O$ | $S,\ \bar{O}$ |
| (3) | $S,\ O$ | $S,\ O$ | $S,\ O$ |
| (4) | $S,\ O$ | $S,\ O$ | $\bar{S},\ \bar{O}$ |

In this table, $S,\bar{S},O$ and $\bar{O}$ denote the controllability and observability.

【問題 10.9】2 次の 1 入力 1 出力システムの係数行列を

$$\boldsymbol{A}=\begin{bmatrix}a_{11} & a_{12}\\ a_{21} & a_{22}\end{bmatrix},\ \boldsymbol{b}=\begin{bmatrix}b_1\\ b_2\end{bmatrix},\ \boldsymbol{c}=\begin{bmatrix}c_1 & c_2\end{bmatrix}$$

とすると可制御行列と可観測行列は

$$\boldsymbol{U}_c=\begin{bmatrix}b_1 & a_{11}b_1+a_{12}b_2\\ b_2 & a_{21}b_1+a_{22}b_2\end{bmatrix},\ \boldsymbol{U}_o=\begin{bmatrix}c_1 & c_2\\ a_{11}c_1+a_{21}c_2 & a_{12}c_1+a_{22}c_2\end{bmatrix}$$

であるから，それらの行列式は

$$|\boldsymbol{U}_c|=a_{21}b_1^2+(a_{22}-a_{11})b_1b_2+a_{12}b_2^2,\quad |\boldsymbol{U}_o|=a_{12}c_1^2+(a_{22}-a_{11})c_1c_2+a_{21}c_2^2$$

となる.

定数 $K$ で出力フィードバックを行った場合の閉ループ系の係数行列は

$$\boldsymbol{A}-\boldsymbol{b}K\boldsymbol{c}=\begin{bmatrix} a_{11}-b_1Kc_1 & a_{12}-b_1Kc_2 \\ a_{21}-b_2Kc_1 & a_{22}-b_2Kc_2 \end{bmatrix},\quad \boldsymbol{b}=\begin{bmatrix} b_1 \\ b_2 \end{bmatrix},\quad \boldsymbol{c}=\begin{bmatrix} c_1 & c_2 \end{bmatrix}$$

となり，この閉ループ系の可制御行列と可観測行列の行列式を計算すると，元のシステムの行列式と同じであるので，可制御性と可観測性は変わらない．

なお，第 11 章で学ぶ状態フィードバックを行った場合は，可制御性は変わらないが，可観測性は失われることがある．

【問題 10.10】The eigenvalues of this system are $3,0,-2,-4$ . The corresponding subsystems modes are controllable and unobservable, controllable and observable, uncontrollable and unobservable, uncontrollable and observable, respectively. The uncontrollable subsystems are stable, but one of the unobservable subsystems is unstable. Therefore, this system is stabilizable and undetectable.

# 第 11 章

【問題 11.1】 The eigenvalues of $\boldsymbol{A}$ are $0, -3, -5$. From Formula 11.2, this system is Lyapunov stable. But it is not asymptotic stable.

【問題 11.2】 $V(\boldsymbol{x}) = x_2^2/2 + k(1-\cos x_1) \geq 0$ (等号は $\boldsymbol{x}=0$ の時)

$$\dot{V}(\boldsymbol{x}) = x_2\dot{x}_2 + k\dot{x}_1 \sin x_1 = x_2(-k\sin x_1) + kx_2 \sin x_1 = 0$$

したがって，$\boldsymbol{x}=0$ はリアプノフ安定である．

【問題 11.3】 The linearized state equation of the system in the neighborhood of the origin is obtained as follows. $\dot{\boldsymbol{x}} = \boldsymbol{A}\boldsymbol{x}$, $\boldsymbol{A} = \begin{bmatrix} 0 & 1 \\ -k & 0 \end{bmatrix}$ Because the eigenvalues are $\pm\sqrt{k}\,j$, this system is stable.

【問題 11.4】 真上で静止した状態で線形化したときの係数行列 $\boldsymbol{A}$ は $\boldsymbol{A} = \begin{bmatrix} 0 & 1 \\ k & 0 \end{bmatrix}$．この固有値は $\pm\sqrt{k}$ であるので，システムは不安定である．

【問題 11.5】

（1） $\boldsymbol{U}_c = \begin{bmatrix} 1 & 2 \\ 0 & 1 \end{bmatrix}$, $\text{rank}\boldsymbol{U}_c = 2$. Therefore the system is controllable.

The characteristic equation of the closed-loop system for the state feedback $u = \boldsymbol{k}\boldsymbol{x}$ are $|s\boldsymbol{I} - (\boldsymbol{A} + \boldsymbol{b}\boldsymbol{k})| = s^2 + (-k_1 - 5)s + (6 + 3k_1 - k_2) = 0$

The following condition should hold so that the closed-loop system is stable.

$$-k_1 - 5 > 0 \text{ and } 6 + 3k_1 - k_2 > 0$$

That is, $k_1 < -5$ and $k_2 < 6 + 3k_1$.

（2） $\boldsymbol{U}_c = \begin{bmatrix} 0 & 0 \\ 1 & 3 \end{bmatrix}$, $\text{rank}\boldsymbol{U}_c = 1$. Therefore the system is uncontrollable.

The characteristic equation of the closed-loop system are

$$|s\boldsymbol{I} - (\boldsymbol{A} + \boldsymbol{b}\boldsymbol{k})| = (s-2)(s-3-k_2) = 0$$

The system cannot be stabilized even though feedback gain is chosen because an unstable eigenvalue exists.

【問題 11.6】 We can obtain the feedback gain by using the result of Example 11.6.

$$k_1 = a_1 - s_1 s_2,\ k_2 = a_2 + s_1 + s_2.$$

（1） $k_1 = a_1 - 2$, $k_2 = a_2 - 3$ （2） $k_1 = a_1 - 2$, $k_2 = a_2 - 2$

（3） $k_1 = a_1 - 3 - j$, $k_2 = a_2 - 2 - j$. The gains are complex numbers because the poles of closed-loop are not complex conjugate.

【問題 11.7】 公式 11.9 を用いる．可制御行列 $\boldsymbol{U}_c = \begin{bmatrix} 0 & 0 & 3 \\ 0 & 3 & 24 \\ 1 & -6 & 33 \end{bmatrix}$ である．

（1） $(s+1)(s+2)(s+3) = s^3 + 6s^2 + 11s + 6$ より

$$\boldsymbol{k} = -\begin{bmatrix} 0 & 0 & 1 \end{bmatrix} U_c^{-1}(\boldsymbol{A}^3 + 6\boldsymbol{A}^2 + 11\boldsymbol{A} + 6\boldsymbol{I}) = \begin{bmatrix} -2 & 0 & 2 \end{bmatrix}$$

（2） $(s+1)(s+1-j)(s+1+j) = s^3 + 3s^2 + 4s + 2$ より

$$\boldsymbol{k} = -\begin{bmatrix} 0 & 0 & 1 \end{bmatrix} U_c^{-1}(\boldsymbol{A}^3 + 3\boldsymbol{A}^2 + 4\boldsymbol{A} + 2\boldsymbol{I}) = \begin{bmatrix} -2/3 & 1/3 & 5 \end{bmatrix}$$

【問題 11.8】 Let the feedback gain be $\boldsymbol{k} = [k_1 \quad k_2]$. If the system is controllable, the feedback gain can be obtained by using Formula 11.9 or by comparing coefficients of the characteristic equation.

（1）This system is controllable. Comparing coefficients of the characteristic equation, $|s\boldsymbol{I}-(\boldsymbol{A}+\boldsymbol{bk})| = s^2+(7-k_1)s+(12-3k_1-2k_2) = s^2-(s_1+s_2)s+s_1s_2$

we get $k_1 = 7+s_1+s_2,\ k_2 = -(9+3s_1+3s_2+s_1s_2)/2$

（2）This system is uncontrollable.

（3）This system is controllable. $k_1 = 7+s_1+s_2,\ k_2 = -(11+3s_1+3s_2+s_1s_2)/2$

（4）This system is controllable. $k_1 = -18-4s_1-4s_2-s_1s_2,\ k_2 = 7+s_1+s_2$

【問題 11.9】閉ループ系の特性方程式を比較することにより条件を求める．すなわち，フィードバックゲイン $\boldsymbol{K} = \begin{bmatrix} k_{11} & k_{12} \\ k_{21} & k_{22} \end{bmatrix}$ として，

$|s\boldsymbol{I}-(\boldsymbol{A}+\boldsymbol{BK})| = s^2-(s_1+s_2)s+s_1s_2$ より条件を求める．

（1）$k_{11}+k_{22}-7 = s_1+s_2$，$12-3k_{11}-2k_{12}-4k_{22}-k_{12}k_{21}+k_{11}k_{22} = s_1s_2$

（2）$k_{11}+k_{22}-7 = s_1+s_2$，$10-3k_{11}-2k_{12}-k_{21}-4k_{22}-k_{12}k_{21}+k_{11}k_{22} = s_1s_2$

【問題 11.10】このシステムは例 11.8 において，$a_1=-2, a_2=0$ としたシステムである．

| | $\boldsymbol{P}$ | $\boldsymbol{k}$ | 閉ループ極 |
|---|---|---|---|
| (1) | $\begin{bmatrix} 6.88 & 4.24 \\ 4.24 & 3.08 \end{bmatrix}$ | $[4.24 \quad 3.08]$ | $-1.90, -1.18$ |
| (2) | $\begin{bmatrix} 566.9 & 400.2 \\ 400.2 & 283.1 \end{bmatrix}$ | $[4.00 \quad 2.83]$ | $-1.45, -1.38$ |
| (3) | $\begin{bmatrix} 51.39 & 12.20 \\ 12.20 & 5.04 \end{bmatrix}$ | $[12.20 \quad 5.04]$ | $-2.51 \pm 1.96j$ |
| (4) | $\begin{bmatrix} 113.74 & 12.20 \\ 12.20 & 11.15 \end{bmatrix}$ | $[12.20 \quad 11.15]$ | $-10.15, -1.00$ |

$r$ を大きくすると，式(10.38)より，$\boldsymbol{k} \to [4 \quad 2\sqrt{2}]$ となる．このとき閉ループ極は $-\sqrt{2}$（重根）に近づく．

【問題 11.11】From algebraic Riccati equation (11.30), we get,

$$p_{12} = (-q_1+8p_{11}-p_{11}^2/r)/4$$
$$p_{22} = (q_2-p_{12}^2/r)/6$$
$$-7p_{12}+2p_{22}-p_{11}p_{12}/r = 0$$

Solving the equations so that $\boldsymbol{P}$ is positive definite matrix, we obtain the following results.

| | $\boldsymbol{P}$ | $\boldsymbol{k}$ | 閉ループ極 |
|---|---|---|---|
| (1) | $\begin{bmatrix} 0.146 & 0.047 \\ 0.047 & 0.166 \end{bmatrix}$ | $[0.146 \quad 0.047]$ | $-4.06, -3.09$ |
| (2) | $\begin{bmatrix} 0.149 & 0.048 \\ 0.048 & 0.167 \end{bmatrix}$ | $[1.5\times10^{-3} \quad 4.8\times10^{-4}]$ | $-4.00, -3.00$ |
| (3) | $\begin{bmatrix} 6.775 & 0.024 \\ 0.024 & 0.167 \end{bmatrix}$ | $[6.775 \quad 0.024]$ | $-10.77, -3.01$ |
| (4) | $\begin{bmatrix} 7.177 & 2.234 \\ 2.234 & 15.835 \end{bmatrix}$ | $[7.178 \quad 2.234]$ | $-10.59, -3.59$ |

Because the original system is stable, the feedback gain $\boldsymbol{k}$ approaches $[0 \quad 0]$ and the poles of closed-loop system approach $-4, -3$ as weighting $r$ increase, i.e. extra power to make the system steady is unnecessary.

## 第 12 章

【問題 12.1】This system is expressed in the observable canonical form. Let the observer gain matrix be $\boldsymbol{G}=[g_1 \quad g_2]^T$. Comparing coefficients of the characteristic equation,

$$|s\boldsymbol{I}-(\boldsymbol{A}-\boldsymbol{GC})|=s^2+(a_2+g_2)s+(a_1+g_1)=s^2-(s_1+s_2)s+s_1s_2$$

we get $g_1=s_1s_2-a_1$, $g_2=-(a_2+s_1+s_2)$.

【問題 12.2】特性方程式の係数を比較することによりオブザーバゲイン行列 $\boldsymbol{G}=[g_1 \quad g_2]^T$ を求める.

(1) 不可観測, (2)可観測. $g_1=(16+4s_1+4s_2+s_1s_2)/2$, $g_2=-7-s_1-s_2$

(3) 可観測. $g_1=-7-s_1-s_2$, $g_2=11+3s_1+3s_2+s_1s_2$

(4) 可観測. $g_1=(14+4s_1+4s_2+s_1s_2)/2$, $g_2=-7-s_1-s_2$

【問題 12.3】Comparing coefficients of the characteristic equation,

$$|s\boldsymbol{I}-(\boldsymbol{A}-\boldsymbol{GC})|=s^3+(8+g_1)s^2+(15+8g_1+g_2)s+(15g_1+6g_2+3g_3)=(s+4)(s+5)(s+6)=s^3+15s^2+74s+120$$

we get $\boldsymbol{G}=[7 \quad 3 \quad -1]^T$. Thus, the identity observer is obtained by Eq.(12.3).

【問題 12.4】公式 12.3 より, 最小次元オブザーバは次のように得られる.

(2) $\dot{z}=s_1z-(s_1^2/2+7s_1/2+6)y+u$, (3) $\dot{z}=s_1z-(s_1^2+7s_1+10)y+(s_1+3)u$

(4) $\dot{z}=s_1z-(s_1^2/2+7s_1/2+5)y+u$

【問題 12.5】The minimal order observer is designed by a similar method to the Example 12.5. The answer is

$$\begin{bmatrix}\dot{z}_1\\ \dot{z}_2\end{bmatrix}=\begin{bmatrix}-5 & 3\\ 0 & -6\end{bmatrix}\begin{bmatrix}z_1\\ z_2\end{bmatrix}+\begin{bmatrix}-18\\ 6\end{bmatrix}\theta+\begin{bmatrix}0\\ 1\end{bmatrix}u$$

【問題 12.6】例 12.6 と同様に計算すると, Step3 で

$$\boldsymbol{A}_{22}-\boldsymbol{L}\boldsymbol{A}_{12}=-2-[l_1 \quad l_2]\begin{bmatrix}1\\ -1\end{bmatrix}=-2-l_1+l_2=-6$$

が得られるので, 例えば, $\boldsymbol{L}=[2 \quad -2]$ とすればよい. すると, 最小次元状態オブザーバは $\dot{z}=-6z+[-12 \quad 3]\begin{bmatrix}\theta\\ i\end{bmatrix}+2u$ と得られる.

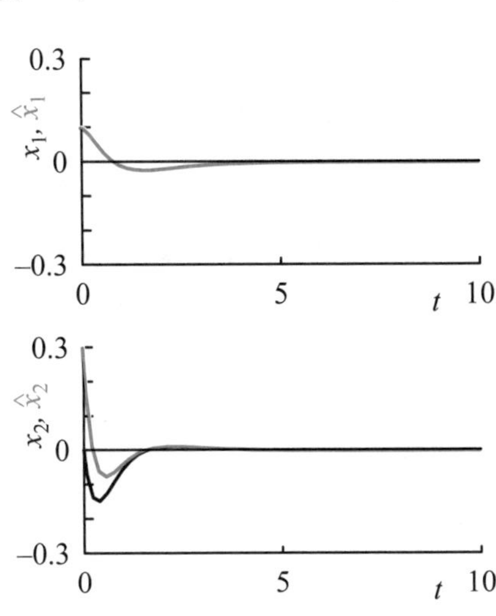


図 12.9 (a) 同一次元オブザーバによるオブザーバ・コントローラ

【問題 12.7】From Prob.12.3, the observer gain matrix is $\boldsymbol{G}=[7 \quad 3 \quad -1]^T$, and form Prob.11.7, the feedback gain matrix is (1) $\boldsymbol{k}=[-2 \quad 0 \quad 2]$, (2) $\boldsymbol{k}=[-2/3 \quad 1/3 \quad 5]$. From Eq.(12.18), the characteristic equation of the augmented system is obtained as follows: (1) $(s+1)(s+2)(s+3)\cdot(s+4)(s+5)(s+6)=0$

(2) $(s+1)(s+1-j)(s+1+j)\cdot(s+4)(s+5)(s+6)=0$

These poles are corresponding to the specified closed-loop poles and observer's poles.

【問題 12.8】オブザーバと状態 $\boldsymbol{x}(t)$ の推定値 $\hat{\boldsymbol{x}}(t)$ は

(1) $\dot{\boldsymbol{z}}=\begin{bmatrix}-7 & 1\\ -12 & 0\end{bmatrix}\boldsymbol{z}+\begin{bmatrix}0\\ 1\end{bmatrix}u+\begin{bmatrix}7\\ 14\end{bmatrix}y$, $\hat{\boldsymbol{x}}=\boldsymbol{z}$, (2) $\dot{z}=-3z-7y+u$, $\hat{\boldsymbol{x}}=\begin{bmatrix}y\\ z+3y\end{bmatrix}$

と得られる. 最適レギュレータのフィードバックゲインは, 例えば, 重み $(q_1, q_2, r)=(1,1,1)$ としたときの $\boldsymbol{k}=[4.24 \quad 3.08]$ を用いればよい. システムの初期状態を $\boldsymbol{x}(0)=[0.1 \quad 0]^T$ とし, オブザーバの初期値を(1) $\boldsymbol{z}(0)=[0 \quad 0]^T$, (2) $z=0$ としてシミュレーションした結果を図 12.9 (a), (b)に示す. 図から状態の推定値 $\hat{\boldsymbol{x}}(t)$ は状態 $\boldsymbol{x}(t)$ に追従し, 状態 $\boldsymbol{x}(t)$ は目標状態であるゼロに収束しているのがわかる (この最小次元オブザーバでは, $\hat{x}_1=y=x_1$ である).

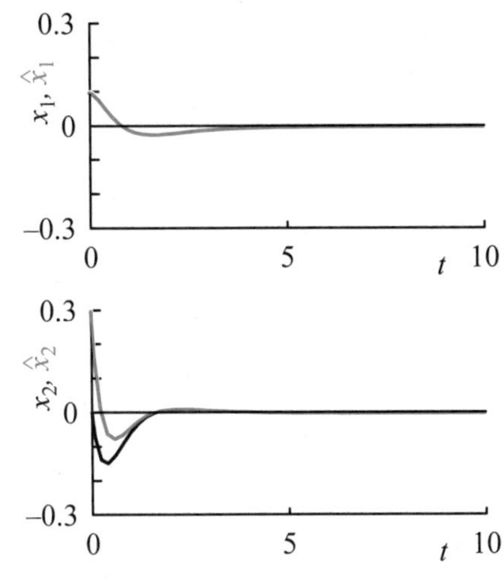


図 12.9 (b) 最小次元オブザーバによるオブザーバ・コントローラ

# Subject Index

# 索引

タ行



ナ行



ハ行



マ行

JSME テキストシリーズ一覧



〔各巻〕A4判

JSME テキストシリーズ　　JSME Textbook Series
演習　制御工学　　Problems in Control Engineering

2004年6月23日　初　版　発　行
2007年4月10日　初版第2刷発行
2023年7月18日　第2版第1刷発行

著作兼発行者　一般社団法人　日本機械学会
（代表理事会長　伊藤　宏幸）

印刷者　柳　瀬　充　孝
昭和情報プロセス株式会社
東京都港区三田 5-14-3

発行所　東京都新宿区新小川町4番1号
KDX 飯田橋スクエア2階
郵便振替口座　00130-1-19018番
電話（03）4335-7610　FAX（03）4335-7618　https://www.jsme.or.jp
一般社団法人　日本機械学会

発売所　東京都千代田区神田神保町2-17
神田神保町ビル
電話（03）3512-3256　FAX（03）3512-3270
丸善出版株式会社



ISBN 978-4-88898-353-2　C 3353

本書の内容でお気づきの点は　textseries@jsme.or.jp　へお知らせください。出版後に判明した誤植等は http://shop.jsme.or.jp/html/page5.html　に掲載いたします。